国家林业和草原局普通高等教育“十三五”规划教材

INTELLIGENT MANUFACTURING TECHNOLOGY OF FURNITURE

家具智能制造技术

何正斌　赵小矛　伊松林　编著

中国林業出版社
CFPH China Forestry Publishing House

图书在版编目(CIP)数据

家具智能制造技术／何正斌等编著. —北京：中国林业出版社，2022.7（2024.7重印）
国家林业和草原局普通高等教育“十三五”规划教材
ISBN 978-7-5219-1715-4

Ⅰ.①家… Ⅱ.①何… Ⅲ.①智能技术-应用-家具-生产工艺-高等学校-教材 Ⅳ.①TS664.05

中国版本图书馆CIP数据核字(2022)第097578号

策划编辑：杜 娟　　**责任编辑**：杜 娟 陈 惠 田夏青
电话：(010) 83143553　　**传真**：(010) 83143516

出版发行 中国林业出版社(100009 北京市西城区刘海胡同7号)
E-mail:jiaocaipublic@163.com 电话:(010)83143500
http://www.forestry.gov.cn/lycb.html
经　销 新华书店
印　刷 北京中科印刷有限公司
版　次 2022年7月第1版
印　次 2024年7月第2次印刷
开　本 850mm×1168mm 1/16
印　张 11
字　数 378千字
定　价 48.00元

前言

我国是家具生产、消费和出口大国。随着“中国制造 2025”国家行动的提出，以及由德国引领的以“智能工厂、智能生产和智能物流”为主题的工业 4.0 的推广，数字化和智能化已成为新一轮工业革命的核心。此外，随着我国经济社会和人民生活水平的提高，对家具质量、交货周期和个性化定制均提出了更高的要求，家具行业面临着产业结构调整的严峻挑战和制造技术升级的巨大需求。因此，我国家具制造业也迎来了转型升级和创新发展的重大机遇。

当前，很多企业通过技术创新和引进国外先进家具生产线，彻底改变了传统的家具生产工艺和制造方式，部分家具企业生产智能化和信息化水平大幅提高，也促使我国家具制造进一步实现定制化柔性生产，大大提高了加工效率和加工质量。同时，我国家具智能制造领域的专业人才极其缺乏，相关参考资料和教材不能与行业发展同步，无法满足师生和从业人员的需求。

本书从智能制造概述入手，通过对家具智能制造关键技术、板式家具智能制造装备、智能制造解决方案、实木家具智能制造以及虚拟制造在家具智能制造中的应用进行较全面、系统地阐述，可为家具智能制造技术提供一定的思考和借鉴。

本书适用于木材科学与工程、家具设计与工程专业，以及与木制品制造、智能制造等相关的专业的学生。全书共分为 8 章，具体包括：家具智能制造概述、家具智能制造关键技术、板式家具智能制造装备、板式家具智能制造解决方案、基于数控机床的实木家具智能制造、雕刻机在实木家具智能制造中的应用、虚拟制造在家具智能制造中的应用、边缘计算及射频识别技术在实木家具智能制造中的应用。

本书编写团队主要分工如下：第 1 章由北京林业大学赵小矛、何正斌主要编写；第 2 章由北京林业大学伊松林、何正斌主要编写；第 3 章由广州弘亚数控机械股份有限公司杨良生、吕楚涛、车天庚、罗忠省，北京林业大学何正斌主要编写；第 4 章由北京林业大学何正斌，金田豪迈（昆山）木业机械贸易有限公司关敬韬、吴仁峰主要编写；第 5 章由北京林业大学何正斌，拓普速力得软件（上海）有限公司刘振新主要编写；第 6 章由北京林业大学高俊、何正斌主要编写；第 7 章由北京林业大学何正斌主要编写；第 8 章由北京林业大学何正斌、伊松林，简木（广东）定制家居有限公司曾令东主要编写。全书由北京林业大学何正斌统稿核定。

本书的编写感谢北京林业大学“植源生物质热处理实验室”相关研究生，特别是张天放、张苡豪、杨宜航、赵凤斌、王铭婕、万倩、何露茜、赵湘玉在全书材料收集和整理过程中的辛勤工作。感谢广州弘亚数控机械股份有限公司的陈超辉、简木（广东）定制家居有限公司的余文、拓普速力得软件（上海）有限公司的陈方华和郑文等的支持以及金田豪迈公司为本单位提供的软件及资料。感谢北京林业大学 2021 年教育教学研究一般项目（BJFU2021JY049），北京林业大学“科教融合”项目（BJFU2019KJRHJY008）和 2021 年教育部产学合作协同育人项目（202102219001）的资助。

在本书编写过程中，编者们参考了国内外智能制造、个性化定制、精益生产、木制品生产工艺、家具生产工艺、家具材料及机械制造工艺等方面的图书及文献资料，以及各家具智能制造相关软件和资料，在此向相关作者及单位表示感谢。

任何感谢都难免挂一漏万，在此向支持家具智能制造的各位同仁一并致谢。鉴于编者的知识、能力及工程经验有限，书中的不妥之处，敬请各位读者谅解与批评指正。

编 者

2022 年 3 月

目录

数字内容

第8章

第1章 家具智能制造概述

随着我国经济的发展，我国的人口红利逐渐消失，现有的家具加工技术已不能适应定制家具成为消费者主流的行业现状。为了适应"中国制造2025"以及智能制造、绿色制造，实现我国从人口红利向人才红利转变的发展目标，现有的家具制造模式向智能制造转变已经迫在眉睫。

1.1 智能制造背景

1.1.1 工业4.0

1.1.1.1 工业4.0的产生

德国在智能制造技术的研究、开发和生产，以及工业过程管理方面均具有较高的专业水平，使其在装备制造业处于全球领先，具有强大的竞争力，同时，德国在信息技术方面也具有明显的优势，在自动化工程领域具有较高的技术水平。德国政府在2010年推出的《德国2020高技术战略》中提出了十大未来项目，其中最重要的一项就是工业4.0。汉诺威工业博览会之后，在德国工程院、弗劳恩霍夫协会、西门子公司等德国学术界和产业界的建议和推动下，2013年4月，德国"工业4.0"工作组发表了《保障德国制造业的未来：关于实施"工业4.0"战略的建议》报告，正式将工业4.0推升为国家战略，旨在支持工业领域新一代革命性技术的研发与创新。

纵观工业革命发展，工业革命可分为四个阶段：

①工业1.0(机械制造时代)。18世纪末期，水力和蒸汽机的出现，机械制造设备代替了手工劳动，经济社会从以农业、手工业为基础转型成为由工业及机械制造带动经济发展的模式。

②工业2.0(电气化与自动化时代)。19世纪中期，由于电力的使用，大大提高了生产效率，电力驱动产品和大规模的分工合作模式被普遍应用，零部件生产与产品装配的成功分离，实现了产品大批量生产。

③工业3.0(电子信息化时代)。20世纪70年代初，电子与信息技术被广泛应用，不断实现自动化，机器不仅代替了大部分体力劳动，还可对一些脑力劳动进行取代，使制造过程自动化控制程度大幅提高，机器逐步替代人类作业，第三次工业革命一直延续到现在。

④工业4.0(实体物理世界与虚拟网络世界融合的时代)。德国学术界和产业界认为，未来10年，基于信息物理系统(cyber-physical system，CPS)的智能化，将使人类步入以智能制造为主导的第四次工业革命。产品全生命周期、全制造流程的数字化，以及基于信息通信技术的模块集成，将形成高度灵活的个性化、数字化的产品与服务的生产模式。信息物理系统可实现人、设备与产品的实时连通，相互识别和有效交流，进而构建出一个高度灵活的个性化、数字化的智能制造模式。将生产技术，产品销售和产品体验综合起来，使产品向个性化转变，按照消费者的意愿进行定制生产，实现个性化的单件生产，且消费者可实现产品生产过程的全程参与，工业化进程如图1-1所示。

1.1.1.2 工业4.0的特征

①物联网将被用于产品制造过程，产品制造过程中的原材料，制造系统和智能产品等各个环节互联互通。

②能够满足消费者的个性化需求，在前端销售过程注重客户参与的个性化，为客户量身定做产品。

③人与设备协同制造，机器人将被大量用于制造过程，且人与机器人协同制造。

④基于信息集成的信息优化决策，产品具有感知和通信能力，内部储存其生命周期的所有信息，能够根据环境状况决定生产过程。

⑤合理分配自由，实现可持续绿色制造，智能生产实现多品种、小批量。

⑥人与制造系统间的协作，人机交互系统和智慧工厂被普及。

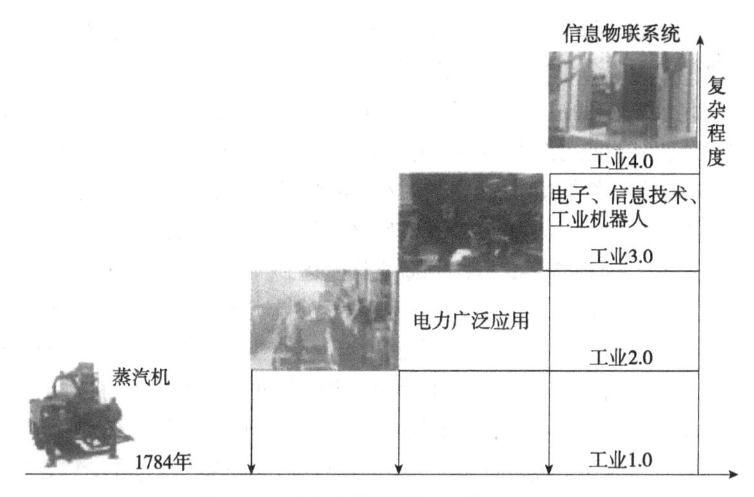

图 1-1 工业化进程图(王芳，2018)

1.1.1.3 工业 4.0 的未来发展领域

(1)智能工厂

智能工厂能够对复杂的制造过程进行管理，使其不容易受外界干扰，进而更有效地制造产品。在智能工厂里，人、机器和资源相互沟通协作。智能工厂将使制造流程的日益复杂性对于工作人员来说变得可控，在确保生产过程准确无误的同时，使制造产品在都市环境中具有可持续性，并且可以盈利。

(2)智能产品

智能产品具有可识别性，可以在任何时候被分辨出来，即使在被制造过程中，也可以知道整个制造过程中的细节和产品到达的具体制造环节。在某些领域，这意味着智能产品可以实现半自主地控制生产的各个阶段。此外，智能产品也有可能确保它们在工作范围内发挥最佳作用，同时在整个生命周期内随时确认自身的损耗程度。这些信息可以汇集起来供智能工厂参考，以判断工厂是否在物流、装配和保养方面达到最优。

(3)个性化产品

在工业 4.0 背景下，可以根据客户的需求进行个性化产品设计，同时，客户也可以直接参与到产品的设计、制造、预订、计划、生产的各个阶段。甚至会出现，即将生产前或者在生产的过程中，如果有临时的需求变化，工业 4.0 也可以让正在生产的产品改变工艺流程。

(4)高度人性化

工业 4.0 的实施，通过传感器的检测和系统对大数据的处理，将使企业员工可以根据形势和环境敏感的目标来控制、调节和配置智能制造的资源。员工将从执行任务中解脱出来，使他们能够专注于具有创新性和高附加值的生产活动，根据系统的反馈去配置相关的资源。

(5)工厂系统布局

工业 4.0 将发展出全新的商业模式和合作模式，相比传统模式，工业 4.0 通过软件系统进行数据采集、大数据分析，进而实现设备的柔性生产和控制，可实现多品种、小批量的定制化，同时实现敏捷生产；基于信息通信技术实现智能工厂和绿色生产；信息物理系统、物联网、互联网等产生大数据，通过集成处理大数据实现优化、高效的制造；基于信息物理系统的工业辅助实现对新一代智能制造工人的培养。

1.1.2 中国制造 2025

面对发达国家推行的制造业改革行动，以及我国制造业面临的挑战，国务院于 2015 年 3 月

19日发布了我国建设制造强国第一个十年的行动纲领《中国制造2025》，旨在抢占技术发展的制高点，从根本上改变中国制造业“大而不强”的局面。

《中国制造2025》提出，通过“三步走”实现制造强国的建设目标：第一步，到2025年，制造业整体素质大幅提升，创新能力显著增强，全员劳动生产率明显提高，工业化和信息化融合迈上新台阶；重点行业单位工业增加值能耗、物耗及污染物排放达到世界先进水平；形成一批具有较强国际竞争力的跨国公司和产业集群，在全球产业分工和价值链中的地位明显提升，使我国迈入制造强国行列。第二步，到2035年，我国制造业整体达到世界制造强国阵营中等水平，创新能力大幅提升，重点领域发展取得重大突破，整体竞争力明显增强，优势行业形成全球创新引领能力，全面实现工业化。第三步，中华人民共和国成立一百年时，制造业大国地位更加巩固，综合实力进入世界制造强国前列。制造业主要领域具有创新引领能力和明显竞争优势，建成全球领先的技术体系和产业体系。具体任务为，提高国家制造业创新能力，推进信息化与工业化深度融合，强化工业基础能力，加强质量品牌建设，全面推行绿色制造，大力推动重点领域突破发展，深入推进制造业结构调整，积极发展服务型制造和生产性服务业，提高制造业国际化水平。最终在新一代信息技术产业、航空航天装备、先进轨道交通装备、电力装备、生物医药及高性能医疗器械、高档数控机床和机器人、海洋工程装备及高技术船舶、节能与新能源汽车、新材料和农业装备领域实现突破，实现中国制造向中国创造的转变、中国速度向中国质量的转变以及中国产品向中国品牌的转变，完成中国制造由大变强的发展任务。

我国智能制造研究始于20世纪80年代末，至今已经取得了一大批智能制造技术的基础研究成果和先进制造技术成果。同时，新一代信息技术与制造业深度融合，正在引发影响深远的产业变革，形成新的生产方式、产业形态、商业模式和经济增长点。各国都在加大科技创新力度，推动3D打印、移动互联网、云计算、大数据、生物工程、新能源、新材料等领域不断取得新突破。基于信息物理系统的智能装备、智能工厂等智能制造正在引领制造方式的变革；协同设计、大规模个性化定制、精准供应链管理、全生命周期管理以及电子商务等正在重塑产业价值链体系；可穿戴智能产品、智能家电和智能汽车等智能终端产品不断拓展了制造业新领域。我国制造业转型升级、创新发展迎来了重大机遇。

经过几十年的快速发展，我国制造业规模跃居世界第一位，建立起门类齐全、独立完整的制造体系，成为支撑我国经济社会发展的重要基石和促进世界经济发展的重要力量。持续的技术创新大大提高了我国制造业的综合竞争力。以新型传感器、智能控制系统、工业机器人、自动化成套生产线为代表的智能制造装备产业体系初步形成，一批具有自主知识产权的重大智能制造装备实现了突破，形成了若干具有国际竞争力的优势产业和骨干企业，我国已具备了建设工业强国的基础和条件。但我国仍处于工业化进程中，与先进国家相比还有差距。制造业大而不强，自主创新能力不够，关键核心技术与高端装备对外依存度高，以企业为主体的制造业创新体系不完善；产业结构不合理，高端装备制造业和生产性服务业发展滞后；信息化水平不高，与工业化融合深度不够；产业国际化程度不高，企业全球化经营能力不足。推进制造强国建设，必须着力解决以上问题。此外，还要加强智能制造人才培养，建立并完善智能制造人才培养体系和激励机制，培养更多智能制造领域的科研人才、管理人才和技术人才。

1.1.3　工业化与信息化的融合

《中国制造2025》的核心是信息化、工业化深度融合（简称两化融合），主攻方向是推进智能制造，而“互联网+”是重要的实现路径。一方面，利用新一代信息技术和互联网平台去改造、提升和优化现有的行业和企业；另一方面，用互联网的理论、理念和思维去创造新的业态和新的方式，进而谋划产业未来。行业和企业要主动地增强行动力，改变自己，增强竞争力。互联网企业在参与这场声势浩大历史变革中要发挥独特的作用，同时也要发展自己。对于电子信息产业，应该加快转型和建设开发，巩固网络基础，提供公共服务，提升技术设备的保障。家具等木制品传统企业只能通过两化融合、开展“跨界连接”，致力于传统产业的重构再造，提升价值链，推动产业的高端化、产品的智能化，做优做强企业，才能实现中国的制造强国梦。

生产车间是实现两化融合的基础，两化融合要求加快推广制造执行系统(manufacturing execution systems，MES)。如果说德国工业4.0的实施主体主要是各类高水平的中小企业，那么与之相对应，我国的两化融合最重要的实施主体应该是产品生产车间。首先包括智能装备，如电子开料锯、自动直线封边机等；其次是由智能装备构建智能和智能软件控制的生产线；最后是实现所有产品加工的多个生产线组成的智能车间，制造执行系统可以实现上接ERP系统，下接硬件设备，可以对生产车间的设备、人员、执行过程、工具、量具、能源、生产计划以及质量等进行统筹管理，有效地从执行层面提升企业的制造实力，实现资源利用的最优化、企业效益的最大化。

实现车间智能化升级改造。通过实施MES系统，利用采集技术收集各种数据，可以从全生命周期、全流程的角度来分析研究企业的生产执行情况，从中发现车间的短板，进行升级、优化和改进，从而提升车间的总体能力。而各个车间通过已有的MES系统的智能化改造，可以将生产率大幅提升。

为了实现两化融合，企业需要具备如下技术：

(1)基于信息物理系统的业务管理可视化技术

定制家具背景下，家具等木制品制造过程中所涉及的设备、产品的属性、性能、状态发生变化以后，企业需要针对这些变化进行相应的作业、管理、决策的调整，那么就需要采取一系列先进的方式来实现这样的作业、管理与决策。如历史性、统计性数据展示框架，监控型展示框架，基于交互式分析的展示模式，基于全业务、全数据的菜单式展示等。

(2)虚拟技术

通过虚拟的产品或生产线进行模拟分析，可以在构建实物之前，发现不足，完善并优化设计，从而提高一次成功率。现在的3D打印技术可实现增材制造，实现零部件的快速成型，实现虚拟向现实的转化。家具生产线的虚拟模拟，可以在生产线建造之前，基于软件平台对生产线进行规划。

(3)大数据技术

工业大数据思维，分维度、分层次汇集数据，并对数据进行分析并应用，可以创造出新的价值，为未来的决策提供指导。但由于大数据需要投入大量的成本，当前企业执行起来具有一定难度，需要企业下决心进行投入，在平衡投入与产出的关系基础上进行。

(4)标准化技术

实现数据、信息的记录、传递、存储、分析、应用，都离不开标准与协议。在产品层面，产品、零部件的质量、互换性也离不开标准与协议。因此在实施两化融合的过程中，标准化成为其关注的重点内容之一。制造业的技术标准将直接影响市场竞争，成为市场利益、技术壁垒，谁的标准被世界认可，就将获得巨大的标准红利。

实施两化融合必须突破传统的思维惯性，要以互联网为载体、大数据为内容、分析应用为工具，产品创新为结果，从而形成覆盖全流程、全生命周期的生态链。新一轮的工业4.0不仅仅是技术革命，还是商业模式革命、产业思维革命，无论是政府的决策者、制造型企业的负责人、管理者，还是一线员工，都需要优化、创新，实现自我的提升。通过技术改进、实施MES，提升自动化、智能化水平，促进互联网、大数据、云计算的深度应用，从而构造出具有中国特色的两化融合。

1.1.4 家具智能制造背景

随着消费者对定制家具的不断需求，传统的家具大规模制造模式已无法适应客户的需求。

1.1.4.1 板式家具制造现状

当前板式家具制造过程中存在成本不断上升，而且由于大量的人工参与导致产品出错率高、产品质量较差、客户体验感缺失，定制背景下的产品多样化导致定制产品交货周期长，以及传统加工过程对具有一定经验的工人依赖性强、招工难等问题。总的来说，板式家具生产经历的三次重大变革：第一次以推台锯、手动封边机、三排钻等简易设备为标志，效率不高、质量一般，人工拆单得到生产数据进而指导工人组织生产；第二次以电子开料锯、自动直线封边机、数控排钻等自动化设备生产，有效缓解了产能瓶颈，但仍无法根除“错、漏、补”等问题；第三次以智能化、柔性化设备为基础，运用软件技术、网络技术、数据库技术等信息手段，将信息流贯穿于产品设计、制造及管理产品生命周期中，可提高生产质量、降低生产成本，实现敏捷响应市场。

1.1.4.2 实木家具制造现状

(1)技工减少、招工难度大

红木等实木家具选料与开料环节的机械化、自动化程度还比较低，对人工的依赖程度比较大，大都运用传统手工艺，但拥有传统技艺的工匠越来越少，企业出现招工难、用工难的尴尬局面。

(2)手工加工、安全性低

红木等实木家具加工过程中主要是靠手工操作，很容易碰伤，存在一定的安全隐患。

(3)异型部件、效率不高

对于异型部件来说，手工加工不仅需要很高的技术，还存在步骤烦琐、加工效率低、费时费力等问题。

(4)精度较低、装配困难

实木家具的手工加工过程中易出现较大误差，给装配带来了极大的不便。因此，对于我国大多数家具制造企业而言，当前的急迫任务是实现传统生产装备网络化和智能化的升级改造、生产制造工艺数字化和生产过程信息化的升级改造。但是，对于不同企业，其产品、生产特点、需求等各个方面差异巨大。因此，智能制造需要因“企”制宜，从自身需求出发，以提升企业竞争力(提升质量、效率，降低成本等)为目的，根据企业的产品特点，结合智能领域内的先进设备、软件、系统集成等供应商的意见和建议，制订最符合企业客观需求的方案。同时，不断培育出智能制造工厂，逐步形成行业的智能制造整体解决方案，以“用户案例”的形式在行业中复制推广。

目前，家具企业向智能制造转型还存在如下问题：

①在大数据时代，家具产品设计制造活动已经从过去的以经验为主过渡到以知识为主。计算机、互联网技术的迅速发展与广泛应用方便了新产品研发人员对设计制造知识的获取，但也让家具设计制造知识的体量呈几何级数增长，如何从庞大的知识库中检索到满足当前新产品研制需求的家具设计制造知识，并面向特定的设计人员和设计任务进行精确与动态的知识推送，是提高家具产品研发效率需解决的关键问题。

②用户在追求高质量家具产品的同时，也会更多地追求低价格和短交货期。但家具企业采用以人工为主的传统家具制造模式，这会延长家具的制造周期，降低开发效率。以云计算为基础的家具设计资源部署、匹配、调用技术的缺失无法面向特定的设计任务有效匹配、调用数字化设计资源，从而降低优化设计效率，延长交货期，不利于企业利用有利时机快速抢占市场。

③定制背景下，客户对家具的需求越来越复杂，需要根据不同的客户需求设计并制作出对应的客户满意的家具产品，这对家具制造过程的智能化要求较高。

④由于家具制造设备的专用化和加工对象的复杂化，一个家具部件需要多台设备按照一定的工序对待加工部位进行多次精确装夹和加工，并在加工过程中实现多台设备的工作状态信息和加工数据流转。这就需要将同一加工过程中的设备以物联网的形式进行连接，以确保多台设备加工的紧密衔接，构建由智能化设备组成的智能制造执行系统，实现设备对工件加工的精密化、智能化。

1.2 智能制造概念和特征

1.2.1 智能制造的概念

智能制造(intelligent manufacturing，IM)的概念是1988年由美国的P. K. Wright和D. A. Bourne在“Manufacturing Intelligence”一书中首次提出，自20世纪90年代智能制造提出开始，智能制造经历了精益制造、柔性制造、敏捷制造、数字化制造、网络化制造、云制造、智能化制造等不同类型。根据工业和信息化部专家组给出的定义：智能制造是基于新一代信息技术，贯穿设计、生产、管理、服务等制造活动各个环节，具有信息深度自感知、信息深度自分析、信息深度自判断、智慧优化自决策、精准控制自执行、环境变化自适应等功能的先进制造过程、系统与模式的总称。所以，智能制造是制造技术与数字技术、智能技术及新一代信息技术的融合，具有以智能工厂为载体、以关键制造环节智能化为核心、以端到端数据流为基础、以网络互联为支撑等特征，目标是快速响应市场需求、缩短产品研制周期、降低运营成本、提高生产效率、提升产品质量、降低资源能源消耗。

智能制造领域也已成为全球经济增长的新热点，当传统的规模化生产模式在劳动力成本上升、能源需求居高不下等刚性约束下时，如何走出一条集约化、绿色化的可持续发展之路是世界各国企业面临的重大挑战。与此同时，互联网、大数据、云计算、物联网等新一代信息技术的出现，为传统的制造系统的创新，实现传统制造到智能制造的跨越创造了条件。我国2016—2020年智能制造发展规划纲要已经明确指出：智能制造在全球范围内的快速发展已经成为制造业重要发展趋势，对产业发展和分工格局带来了深刻影响。

智能制造主要解决的问题包括：

①全面改变设计与制造之间的关系，实现在线设计与在线制造的“无缝对接”，全面提升效率。家具智能制造过程中，采用前端接单软件和拆单软件对家具进行设计，然后生产设备能够自动识别的加工程序，实现整个过程中数据零修改。

②减少制造成本，缩短制造周期。通过数据集成和大数据分析，得到最优制造方案，达到优化配置生产要素的目的，从而实现节约成本、提高生产率的管理目标。家具智能制造中能够对所有订单进行揉单生产，将加工性质相似的零部件进行同批加工，并对标准化零部件和非标零部件分批加工，进而缩短制造周期，降低制造成本。

③提供快速、有效、批量个性化的产品和服务。互联网使用户可以在线参与体验设计过程，实现个性化的需求，而制造的智能化过程可以通过设备的柔性制造实现批量的个性化定制生产，全面解决企业在生产“多品种小批量”产品时的低效率和高成本。家具制造过程中通过智能设备识别部件上面的条码，并根据条码上的加工信息进行设备调整，最终实现“多品种小批量”产品的快速生产，从而提高企业的竞争力。

总体来讲，智能制造的目的就是通过智能方法、智能设计、智能工艺、智能加工、智能装配和智能管理等技术进一步提高产品设计及制造全过程的效率，实现制造集约化、精益化、个性化。通过信息技术开展分析、判断、决策等智能活动，将智能活动与智能设备相融合，将智能贯穿于整个制造和管理的全过程。最终目的是满足市场多元化、快速反应实现批量定制的要求。

作为“中国制造2025”的主攻方向，智能制造是我国制造业由大变强的关键途径。智能制造可实现对制造过程信息流和物流的自动感知和分析，对制造过程信息流和物流的自主控制，对制造过程的自主优化运行，实现从产品、制造、模式、基础四个维度的智能设计、智能生产、智能管理和智能制造服务(图1-2、图1-3)。

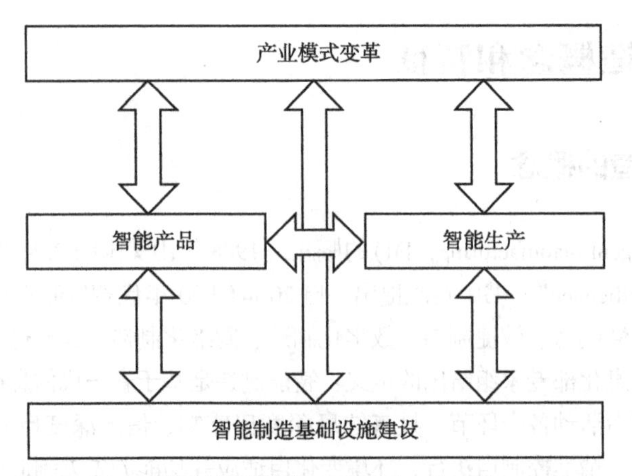

图1-2　智能制造推进的四个维度（范君艳，2019）

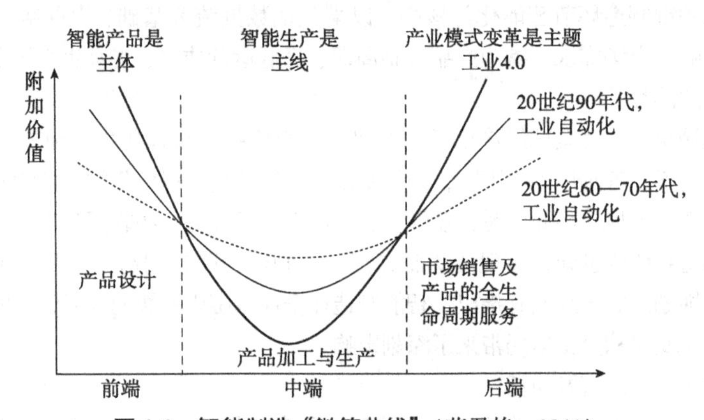

图1-3　智能制造"微笑曲线"（范君艳，2019）

1.2.2　智能制造的特征

智能制造是一个复杂的系统，它能够建立产品从原材料到制造到物流和服务的全生命周期数据集成和共享平台，通过管理产品相关信息，实现产品全生命周期管理，实现生产现场的智能装备互联互通，面向定制化设计和制造，支持多品种、小批量生产模式，通过使用智能化的生产管理系统与智能装备，实现生产过程全生命周期的智能化管理，以及状态自感知、实时分析、自主决策、自我配置、精准执行的自组织生产过程。智能制造具有以下特征：

①能够主动适应产品的变化，与需求匹配一致。能够根据市场消费者对产品的个性化需求而实现制造流程的随时改变，进而快速响应市场上消费者所需要的家具产品。

②制造过程中用前端得到的生产数据指令指挥智能化装备生产，设备全面代替工人，减少对人工操作的依赖，避免了人工参与过程中的出错，全面提升加工效率和加工精度。甚至可通过人与智能机器的合作，实现机器部分取代人在制造过程中的脑力劳动。

③实现多种设备协同加工，实现信息互联互通。生产过程中的每个产品和零部件是可标识和可跟踪，设备能够相互配合，共同完成加工过程。

④可以进行制造过程再设计、智能系统再优化和系统再创造。根据需要可对生产过程进行适时改进，设备通过软件感知到改进指令后，可进行快速生产改进。

⑤虚拟制造与物理制造有机结合。实现产品或生产线前期的虚拟制造，当产品制造过程得到优化后再进行物理制造，缩短制造周期，得到产品实物，降低制造成本。

1.3　智能制造系统

1.3.1　定义

智能制造系统(intelligent manufacturing system，IMS)是一种由智能机器和人类专家库共同组成的人机一体化系统。它是基于智能制造技术，结合神经网络、遗传算法等人工智能技术、智能制造机器、材料技术、现代管理技术、信息技术、自动化技术和系统工程理论与方法，所形成的网络集成、高度自动化的制造系统。智能制造系统是实现智能制造和展示智能制造模式的载体，通过使用智能化的生产管理系统和智能装备来实现生产过程的智能化。智能制造系统通过将智能化的生产管理系统与网络化的智能装备集成起来并进行交互作用，来实现智能化、网络化分布式管理，进而实现企业业务流程与工艺流程的协同。其中，生产管理系统包括工厂/车间业务与生产管理软件、监控软件、企业资源计划(ERP)、制造执行系统(MES)、产品全生命周期管理(PLM)/产品数据管理(PDM)、数据采集与监视控制系统(SCADA)等；网络化智能装备包括高档数控机床与机器人、增材制造装备、智能传感与控制装备、智能检测与装配装备、智能物流与仓储装备等。

1.3.2　组成

智能制造系统框架通过产品生命周期、系统层级和智能功能三个维度构建而成，如图 1-4 所示。

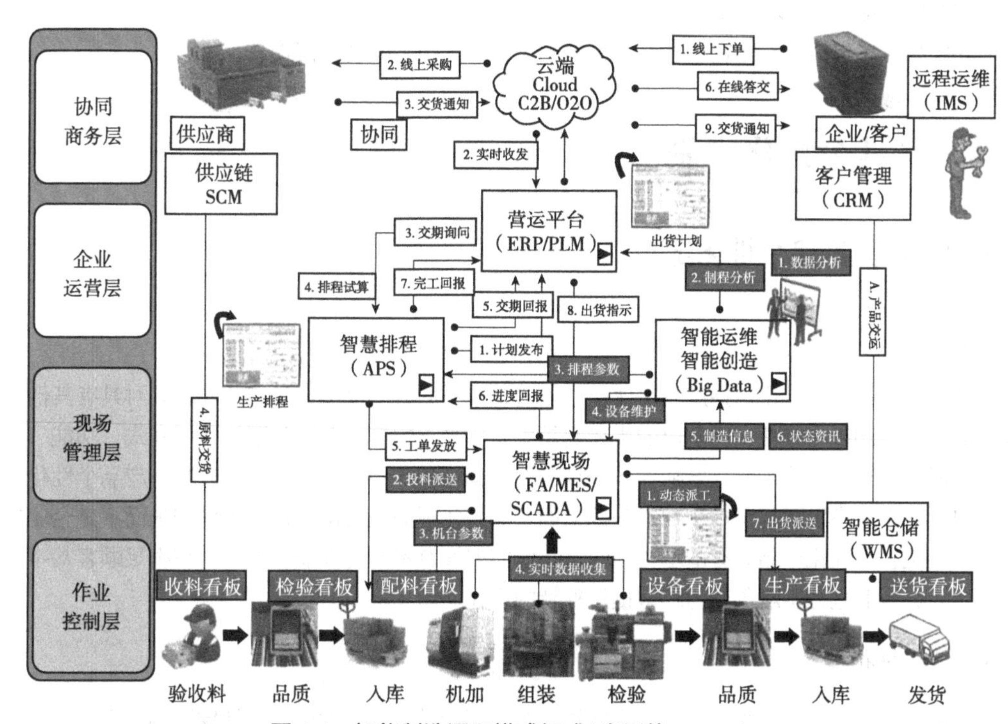

图 1-4　智能制造通用模式组成(庞国锋，2019)

(1)产品生命周期

生命周期是由产品设计、制造、物流、销售、服务等一系列相互联系的活动组成的整体，这些活动不是独立存在，而是相互关联和相互影响的。

(2)系统层级

系统层级包括设备层、控制层、车间层、企业层和协同层。

①设备层包括传感器、仪器仪表、条码、射频识别装置、智能设备和机械装置等，是企业进行生产活动的物质技术基础。

②控制层包括可编程逻辑控制器(PLC)、数据采集与监视控制(SCADA)系统、分布式控制系统(DCS)和现场总线控制系统(FCS)等。

③车间层实现面向工厂/车间的生产管理，包括制造执行系统(MES)等。

④企业层实现面向企业的经营管理，包括企业资源计划(ERP)系统、产品生命周期管理(PLM)、供应链管理(SCM)系统和客户关系管理(CRM)系统等。

⑤协同层由产业链上的不同企业通过互联网共享信息实现协同研发智能生产、精准物流和智能服务等。

(3)功能

功能包括资源要素、系统集成、互联互通、信息融合和新兴业态五个方面。

①资源要素包括产品图纸、产品工艺文件、原材料、制造设备、生产车间和工厂等物理实体，以及进行家具制造的人员。

②系统集成指通过二维码、射频识别、软件等信息技术集成原材料、零部件、设备等各种制造资源，由小到大实现从智能装备到智能生产单元、智能生产线、数字化车间、智能工厂，以及智能制造系统的集成。

③互联互通指通过有线、无线等通信技术，实现机器之间、机器与控制系统之间、企业之间的互联互通。

④信息融合指在系统集成和通信的基础上，利用云计算、大数据等新一代信息技术，在保障信息安全的前提下，实现信息协同共享。

⑤新兴业态包括个性化定制、远程运维和工业云等服务型制造模式。

1.4 家具个性化定制

1.4.1 家具产品个性化定制

1.4.1.1 定义

狭义上的产品个性化是指产品整体或产品的某一方面具有该类产品的共性，同时具有其他同类产品没有的功能与特性，因明显的优势而领先。广义上的产品个性化不仅包括样式、功能、外观、品质、包装及设计，而且要延伸到产品个性化销售和产品个性化服务理念等。产品个性化是一种建立在完全满足顾客个性化要求基础上的产品，体现的是每位客户的个性需求而不是企业的个性。总之，个性化产品具有基本相同的核心价值但具有不同的性能和质量。在满足顾客基本需求情况下，企业进行不断创新为顾客提供独特的产品。

1.4.1.2 特征

①共性是前提保障。个性化产品必须建立在常规产品之上，然后进行延伸得到的产品，产品的质量和基本功能必须得到保证，不然一切个性化努力都是徒劳。如一件椅子，如果不具备坐具功能，其他造型再好顾客也不会购买。

②高品质是核心要求。产品的个性化是为了满足消费者的偏好而设计的，个人的兴趣爱好和成长经历不同，就会对产品产生不同的偏好。因此企业应当采取“人有我优、质量领先”的方法，注重顾客的需求和产品质量。企业应该以顾客的需求来设计产品，保证产品质量，制定出顾客满

意的标准，持续不断地进行改革创新，使产品与服务的品质不断提高。

③高信赖性是最终目标。个性化产品可以在顾客心中建立起高品质、人性化的形象，有利于提高家具企业在目标顾客群当中的信赖度，从而更快地抢占市场，提高产品可信度。

④创新性是重要保证。在激烈的市场竞争中，决定家具企业成败的因素很多，其中值得注意的是企业要用性能更优、质量更好、成本更低、款式更新的产品占领市场，就必须进行创新。产品创新是提高企业竞争力的核心，也是降低成本的重要途径。

1.4.1.3 作用

①赢得客户认可。生产个性化产品是以满足顾客个性化需求为目的重要途径，要求一切从顾客需求出发，通过设立顾客需求数据库，与数据库中的每一位顾客建立良好关系，根据顾客喜好进行差异化服务，最终满足顾客个性化需求，赢得客户的认可。

②增加企业竞争力。随着市场竞争日益激烈，谁的产品最能满足顾客需要，谁就能最终赢得市场。而个性化产品是顾客根据自己的个性需求获得的设计产品，属于顾客最满意的产品。因此，为顾客提供最满意的产品可增加企业核心竞争力。

③最大限度地满足消费者个性化需求。在传统的家具市场中，消费者所需的家具只能从卖场的现有产品中进行选购，消费者只能选择与自己理想产品相近的家具，很难百分百满意。而在个性化营销中，消费者选购家具产品时，完全根据自己的需求，如果现有家具产品不能满足个性化需求，则可向企业提出具体要求，企业也能满足消费者的个性化需求，让消费者买到称心如意的家具。

④提高企业的利润。由于个性化产品生产过程中，家具企业与消费者保持长期的互动关系，企业能及时了解市场需求的变化而有针对性地制造，进行按单生产，避免了产品库存积压，从而缩短生产周期并降低流通费用。另外，个性化产品使产品需求价格增加了弹性，由于售价的提高，企业单位产品利润也相应提高，企业经济效益得以实现。

1.4.1.4 形成原因

产品个性化的形成主要是由于市场竞争日趋激烈。随着人们生活水平的提高，人们的消费观念也在不断发生变化，所以很多企业都在不停地尝试开拓新产品。同时，产品种类越来越丰富，供过于求，消费者可以在众多的同类产品中随意挑选，这就对商家提出了更高的要求，需要企业制造出个性化产品，进而满足消费者的需求。科技发展日新月异，厂商快速制造新产品，核心产品与实际产品要做到差别化有一定的难度，因此，保持产品的独特性是每个企业所追求的目标。

1.4.1.5 发展理念

①新奇优廉。采用“人无我有、人有我新、人新我优、人优我廉”的思路，通过对消费者需求和产品特性进行研究，采用不拘一格、新奇制胜、物美价廉的方式进行家具产品制造，进而占领家具市场。

②绿色产品。随着社会的进步和公众环保意识的增强，环境问题早已开始引起国家和社会的关注，因此，在考虑经济利益的同时，开发制造出符合环保要求的绿色产品，其开发制造过程要遵循从“清洁生产”出发，有节材、节能、节水、低噪声、低污染等环保功能。

③限产限销。其出发点是满足顾客的求异心理，现代消费者都在刻意追求家具产品的个性化，不想与别人的装修风格雷同，可采用个性化产品吸引客户的关注。

1.4.2 家具大规模个性化定制

1.4.2.1 背景

1970 年，美国未来学家阿尔文・托夫勒在《未来的冲击》一书中提出了以标准化和大规模生产的成本和时间，给客户提供特定需求的个性化产品和服务。1987年，斯坦·戴维斯在《完美的未来》一书中首次将这种生产方式命名为"Mass Customization"，即大规模定制(MC)。1993年，B·约瑟夫·派恩在《大规模定制：企业竞争的新前沿》一书中写到："大规模定制的核心是产品品种的多样化和定制化大量增加，而不增加成本，实现个性化定制产品的大规模生产，进而实现其战略优势和经济价值。"

近年来，随着家具企业的不断发展，企业之间的竞争开始转向基于客户需求的竞争。为客户提供个性化的家具产品，通过家具定制达到客户的满意度，并让客户参与到家具产品的设计中来，进而实现其体验感，已经成为家具企业追求的一种必然趋势。大规模定制的生产模式结合了定制生产和大规模生产两种生产方式的优势，在满足客户个性化需求的同时，保持较低的生产成本和较短的交货周期。因此，大规模定制是基于全局思维，集合企业、客户、供应商、员工和环境于一体，采用整体优化的思维，充分利用企业现有资源，在标准技术、现代设计方法、信息技术和先进制造技术的支持下，根据客户的个性化需求，以低成本、高质量和高效率提供定制产品和服务的生产方式。其基本思想在于通过产品结构和制造流程的整合设计，运用现代化的信息技术、软件技术、柔性制造技术等一系列高新技术，把产品的定制生产问题转化为批量生产，以大规模生产的成本和速度，为单个客户或小批量、多品种市场定制任意数量的产品。

在家具大规模定制过程中，可以根据客户的需求，按订单进行接单(门店销售)、设计、制造和装配。根据客户的特殊需求，对家具产品的造型和结构进行重新定义和设计，使其美学和功能满足消费者的需求，结构满足后期的大规模定制生产。这个过程中，家具企业在接到订单后，完全按照订单的具体要求，设计满足客户特殊要求的定制化产品，每个环节都可由客户订单决定。制造过程中，根据客户需求进行结构设计、制造和装配，最终向顾客提供个性化的定制产品。在这种生产模式下，订单的造型结构设计与制造阶段，以及其他生产相关的活动都是由客户订单作为驱动力，同时，销售活动也是由客户订单驱动，企业通过缩短产品的交货期来降低库存。

1.4.2.2　特点及要求

大规模个性化定制具有大规模生产和个性化定制的共同特点，具体如下：

①专业化的产品制造。大规模定制的基础是产品的模块化设计、零部件的标准化和通用化。在家具产品零部件的制造过程中，各种相似零部件的制造任务可以采用大规模生产的设备，如板式家具可根据32mm系统进行结构设计，使得很多部件均有相同的加工工艺，并基于成组技术采用大批量生产模式进行生产，对于部分定制的部件采用柔性生产线进行制造，以克服传统刚性自动线的局限，并在一定范围内具有可调性或可重构性，能完成较大批量的相似零部件制造，进而为客户快速提供个性化家具。

②模块化的产品设计。在客户个性化需求的背景下，如何快速捕捉客户当前需求和潜在需求，进而抢先为其提供所需产品成为企业发展的关键。大规模定制生产模式以客户需求为导向，是一种需求拉动型的生产模式。模块化产品具有便于分散制造和容易寻找合作企业等优点，新产品开发的核心企业所做的工作是产品的持续创新研究、设计和开拓市场，产品制造环节则完全可以分散出来由专业化制造企业按照标准进行生产。模块化产品大多情况下只须更新个别模块，即能满足客户个性化需求，而无须重新购买一种新产品，这样不仅能节约成本，还能尽可能减少原料的浪费，比如板式家具可以根据板材颜色，零部件互换等方式得到新造型的家具，而其加工工艺无须改变。

③伙伴化的企业合作关系。在传统的供求关系中，制造商与供应商均根据自己的立场去希望利益最大化，很难达到实质的合作。大规模定制是以竞合的供应链管理为手段。在定制模式下，竞争不是发生在企业与企业之间，更多的是在供应链与供应链之间。大规模定制企业必须与供应商建立起既竞争又合作的关系，才能整合企业内外部资源。同时，传统的制造企业更多关注自己的产品，大规模定制下，制造商向服务商转变，不仅需要关注自己的产品，更需要关注客户的感受和需求，并根据需要为其提供满意的产品。

④软件和柔性制造系统的应用。随着软件的大量应用，比如家具门店销售时用的门店接单软件，拆单用的拆单软件和生产过程中用的制造管理系统等的大量应用，以及智能化柔性设备的应用，使得大规模定制成为现实，企业能够根据客户的需求，快速、高精度和低成本制造出客户需要的个性化家具，实现从家具设计到制造的全过程数据零修改，提高生产效率，降低生产成本。

为了实现大规模个性化定制，家具企业需要具备如下的能力：

(1)企业需要具备快速且准确捕获客户需求的能力

在大规模定制背景下，制造商逐渐向服务商转变，客户对企业产品和服务的满意是企业生存与发展的核心。准确获取客户需求信息，然后为客户定制所需的产品和服务，满足每个客户的个性化需求，才能使企业立于不败之地。因此，准确捕获客户需求的能力对于实施大规模定制至关重要。

(2)面向客户多样化的个性需求，企业需要具备敏捷的产品开发能力

为了满足客户多样化和个性化的需求，企业需要采用相应的多样化、个性化的产品来满足客户，因此企业须具备敏捷的产品开发设计能力，以快速响应市场变化和市场机遇为目标，结合先进的管理模式和研发技术，采用设计产品族和统一并行的开发方式，对零部件和制造工艺进行通用化设计、对产品进行模块化设计，以减少重复设计，使新产品具备快速制造的能力。

(3)企业需具备柔性的生产制造能力

多样化和定制化的产品对企业的生产制造能力提出了新的挑战。传统的刚性生产线是专门为一种产品而设计的，可以快速生产一种产品，但如果进行定制产品的制造，其效率太低，无法满足多样化和个性化的制造要求。因此，企业需要拥有智能化柔性制造生产线，结合智能制造软件，最终实现大规模定制产品的柔性制造，满足客户的个性化需求。同时，利用柔性制造系统(Flexible Manufacturing System，FMS)，进行高效率、高精度和高柔性的加工，能根据家具产品任务或生产环境的迅速变化进行调整，以适应多品种、小批量的产品生产。

1.4.3 家具模块化设计

1.4.3.1 概述

家具大规模定制生产方式不仅需要满足消费者的个性化需求，还必须采用大规模生产方式来降低生产成本，进而解决企业面临的两个问题，即既要让产品满足客户个性化的需求，又要使产品的制造成本和交货周期与大规模生产的产品相近。大规模定制既要展现无限的产品外部多样化和个性化，同时又不能因产品多样化而导致加工过程中的成本和时间增加。因此，大规模定制的实现必须依靠先进的信息技术、制造技术和管理方式。

大规模定制背景下的产品设计已不再是针对单一产品进行，而是在产品的概念设计阶段就考虑一系列类似产品的设计，即产品族设计。产品族设计是家具制造业企业快速开发产品、降低成本、缩短周期，进而实现大规模定制生产的有效途径，目前已在汽车和家电等行业得到了广泛应用。

产品族的开发主要包括产品族模块化设计和产品配置设计。产品族模块化是大规模定制的前提，可以实现将无限的产品特征转化为有限的产品模块；产品配置设计是大规模定制中的核心，是根据已有的模块及产品主结构之间的相互约束关系，通过合理的组合搭配，最终形成满足客户个性化要求的产品。

1.4.3.2 家具模块化设计的过程

当家具企业得到客户的订单之后，应优先采用大批量生产的方式来满足用户的个性化需求，对产品进行模块化设计，从而降低产品成本，提高生产效率，缩短产品交货周期，实现产品快速按订单的设计和制造过程。

家具模块是产品组成的一部分，具有独立的功能，相同种类的模块在产品族中可以重复利用和互相交换，相关模块的排列组合就可以形成最终的产品。模块化则是一个将系统或工程按一定规则进行分解或整合的动态过程，是使用模块的概念对产品或系统进行规划和组织。

家具产品的模块化设计是在对一定范围内的不同功能或相同功能的不同性能、不同规格的产品进行功能分析的基础上，划分并设计出一系列功能模块，通过模块的选择和组合构成不同的产品，以满足消费者不同需求的设计方法。

产品模块化设计是标准化和规范化的产物，是实现产品资源重复利用的基础，也是实现产品配置设计和产品造型设计的关键。家具企业实行大规模定制可以利用各种模块化的家具零部件，根据不同的客户要求组合成不同的产品，如不同家具的颜色、不同结构的组合等。在这种生产过程中，产品是根据订单在标准的模块中进行生产的，组装过程采用定制化，而所需零部件的加工过程仍然以大规模标准化的方式生产。这样，每个客户都可以得到符合特定需求的“新家具产品”，而家具企业则是采用成熟的技术和模块化配合，采用不同的组合方式来制造“成熟家具产品”。

1.4.3.3 家具模块化设计的作用

①简化设计流程，实现资源的重复利用。通过模块化设计，可大大减少家具的设计时间，降低家具的设计成本，提高其生产效率，缩短供货周期。通过不同家具部件的配置，最终实现快速模块配置组合出客户所需家具产品。

②提高家具质量，增加家具企业对市场的快速反应能力。采用模块化设计的家具产品，每个模块都相对独立，进而实现将成熟的技术和产品设计成模块，通过可行性分析和实验，得到性能稳定的产品部件后，再将其引入现有产品中，代替已有的部件，进而得到“新产品”。这样，既能保证产品的先进性和竞争优势，又确保了产品质量的稳定和可靠。同时，模块的相对独立可以更容易地诊断和隔离家具产品制造过程中的质量等问题，进而有利于生产线的管理，最终保证产品的质量。

③满足用户的个性化需求。通过模块化设计，将不同部件根据消费者的多样化需求进行配置，最终实现有限的模块组合出“无限”的产品，还可以加速新产品的创新，最终满足客户的不同需求。

④家具企业可实现同时生产多种产品。家具企业通过对消费者需要的产品进行揉单分析，实现标准化家具部件的数目最大化。家具企业在制造过程中采用“标准部件+非标准部件”的方式，最后生产使产品个性化的非标部件，进而减少库存并降低成本。

1.4.3.4 家具模块化设计的特征

①互换性。由于家具部件模块的设计是面向产品族进行，互换性就是模块的核心，那些实现相同功能但具有不同性能的各个家具部件模块，相互之间应该具有很强的互换性，如板式柜类家具的左右旁板设计等，只有这样才能实现模块的多重配置和重复利用，最终实现模块化的真正价值。

②独立性。为了便于生产管理，家具部件模块必须具有很强的独立性，能够独立进行生产，同时又相互依存和相互作用。模块的独立包括功能的独立性和物理结构的独立性。家具部件在功能和结构上的相对独立是对产品进行模块拆分和模块重新利用的前提。

③层级性。衡量一个家具制造系统能否成为模块化系统的主要依据就是看系统是否具有模块性，即清晰而简明的层级结构。家具产品是由各种家具零部件构成的，最后形成特定功能的一个有机体，具有明显的层级性和逻辑性。

④一体性。尽管在模块的前期设计和后期制造过程中是相互独立的，但其最终目标是服务整个产品，必须为产品的功能性和个性化服务，所以不同模块之间需要进行一体化设计。模块化的设计一定不能针对某一个特定家具产品进行设计，必须要面向产品系列、产品族进行设计。最终

通过模块的不同组合，得到具有不同功能和不同性能的多样化产品，满足客户个性化需求，进而解决家具产品品种多样、原创设计费用高、个性化产品制造周期长、质量不稳定和成本之间的矛盾。

1.4.3.5 家具产品族设计

家具大规模定制的宗旨是利用大规模生产的速度和成本优势，结合个性化需求，最终获得定制家具。利用产品族进行造型和工艺设计，能够实现大规模定制所要求的高效率、低成本和个性化的需求。产品族开发过程中，通过对家具企业现有客户订单系统进行大数据分析，挖掘并预测市场未来对产品的不同需求，不再是传统的仅考虑一种家具产品的开发，而是面向整个产品族，如柜类、椅类和沙发类等，提取符合消费者需求的产品共性参数，对整个产品族进行设计。相比传统单件家具的设计开发，面向产品族的开发，最终形成一系列可变的动态产品模型。在此动态产品模型的支持下，当针对单个客户需求进行开发时，可快速配置出满足客户需求的个性化产品。因此，面向产品族开发，具有开发对象从单一产品转变为系列产品、开发方法从串行转变为并行、参与开发组织从孤立的职能部门转变为合作团队等特点。

产品族是一种利用有限的设计、制造和服务来发展多样性和个性产品的方法。进而使得产品族中的产品具有相同的市场定位和客户群体需求，具有相似的产品结构和制造工艺等共同属性，同时，产品族也具有模块化、互换性、多样性、可制造性和可装配性等个性化特征。

产品族设计是在产品模块化设计的基础上，对现有产品进行族类型分析和设计的过程。通过对特定用户群进行调研，可以动态地调整得到产品族的特性，不同的产品族能够满足特定消费者的需求。经过对产品族进行规划设计，可以提升家具企业的竞争力，并实现家具产品根据市场需要进行适时快速调整，以应对市场的变化。

产品族设计过程如下：

①收集并提取消费者的多样化需求，并将相同的需求进行集合归类，然后转化为产品系列参数，如消费者常用的木门尺寸。

②根据产品系列参数的变化范围，确定基础模型产品，并将其分解为产品模块，形成产品的基础模块，如木门的框架和芯板等。

③系列化设计产品的基础模块，结合企业的生产能力和客户需求，设计不同的系列模块，搭建产品模块体系。

④基于不同消费者需求，分析产品模块的相容性，判断模块的通用程度，并依此规划不同的模块族，进而形成产品族，将模块纳入产品结构模块库当中，以供参考和调用，如门边框长度可采用相隔 2~10mm 为一个模数，根据消费者需要进行调用。

面对用户个性化需求日益增长的家具市场，新产品开发设计在成本、周期和质量等方面面临的压力越来越大。将产品结构及功能设计进行模块化分割，并对一些局部需求的求解方案进行设计重用，是一种有效的解决办法。要实现这个目标，就需要建立能适应产品市场需求的各种基础家具部件模块，这些模块应当具有足够的柔性，以提供面向用户需求的各种解决方案，这就是配置设计的基本思想。建立在模块化、系列化基础之上的产品配置设计是现代产品的主要方法之一。产品配置设计能够满足产品的个性化需求，规避大规模生产带来的产品同质化现象，可通过搜集用户对产品的需求或建议，完成家具产品功能和艺术性分析，进行功能配置、功能模块的仿真分析，最终提交用户满意的产品，进而满足特定的用户特殊需求，实现大规模定制。

第2章 家具智能制造关键技术

随着智能制造技术在制造业中的逐渐推广，对家具制造等传统行业中的产品设计、制造、企业管理和客户服务相关专业人才提出了新的挑战。不仅要求他们了解智能制造模式，还必须掌握智能制造相关软件、智能制造工厂运行管理等信息化软件及系统等相关技术，以适应未来智能制造岗位的需求。

智能制造要求在产品全生命周期的各个环节实现高度的数字化、智能化和网络化，最终达到产品数字化设计、智能装备互联与数据互通、人机交互，以及实时判断与决策。工业软件、工业电子技术、工业制造技术和新一代信息技术都是构建智能工厂、实现智能制造的基础。①工业软件的大量应用是实现智能制造的核心与基础，这些软件主要有计算机辅助设计(CAD)、计算机辅助制造(CAM)、计算机辅助工艺(CAPP)、企业资源管理(ERP)、制造执行系统(MES)、产品生命周期管理(PLM)等。②工业电子技术集成了传感、计算和通信三大技术，解决了智能制造中的感知、大脑和神经系统问题，为智能工厂构建了一个智能化、网络化的信息物理系统。它包括现代传感技术、射频识别技术、制造物联技术、定时定位技术，以及广泛应用的可编程控制器、现场可编程门阵列技术和嵌人式技术等工业制造技术，这些技术是实现制造业快速、高效、高质量生产的关键。智能制造过程中，以技术与服务创新为基础的高新制造技术需要融人生产过程的各个环节，以实现生产过程的智能化，提高产品生产价值。③工业制造技术主要包括高端数控加工技术、机器人技术、满足极限工作环境与特殊工作需求的智能材料生产技术、基于3D打印的智能成型技术等。④信息技术主要解决制造过程中离散式分布的智能装备间的数据传输、挖掘、存储和安全等问题，是智能制造的基础与支撑。新一代信息技术包括人工智能、物联网、互联网、工业大数据、云计算、云存储、知识自动化、数字孪生技术及产品数字孪生体和数据融合技术等。

2.1 企业资源管理软件 ERP

2.1.1 概述

ERP(enterprise resource planning)是企业资源计划的全称。ERP 以服务产品设计为目的，能够有效综合企业财务、物流、供应链、生产计划、人力资源、设备、质量管理等软件操作系统的综合企业资源计划系统软件。它通过科学、精准及系统化的管理方法，为企业及员工制定科学有效的具体决策执行方案。它可以保证企业高效地根据市场配置资源，从而提高财富创造的效率，为企业在全面智能制造时代的发展奠定基础，ERP 在企业管理中起着重要作用，具体如下：

(1)管理整个供应链资源

企业为了获得市场，必须将“供应商—制造商—分销网络—客户”这一供应链纳入企业自己能够精确掌控的闭环系统，进而实现对设计、生产、物流、营销、售后服务整个过程进行无缝对接，避免资源浪费，实现以客户需求为导向的精益生产要求。ERP 系统是实现供应链无缝精准高效运行的重要环节。因此，企业只有开发出先进的 ERP 系统，才能保证企业在供应链环节的竞争中立于不败之地。

(2)服务精益生产，实现敏捷制造

在家具定制背景下，混合型生产方式逐渐代替传统的单一生产模式，这要求企业的精益生产(lean production)和敏捷制造(agile manufacturing)能够同步进行。精益生产要求生产、物流、营销、售后服务过程无缝精准对接，避免资源浪费。而确保无缝对接的智能控制算法必须综合权衡企业同其销售代理、客户和供应商的利用共享合作模式。但精益生产只能在市场需求确定的前提下才能确保企业供应链的无缝精准运行。当消费者的需求发生改变，制造模式和制造方法都会发生相应的改变。为了实现企业对市场的快速反应，以消费者需求为指导，建立起特定的虚拟供应链系统进行分析，形成虚拟工厂进行虚拟分析，以指导产品生产部门根据市场需求提供对应产品，不断开发新产品，满足客户的需求。

(3)实现提前计划与过程控制的闭环反馈

ERP 系统将生产计划、原材料计划、采购计划、销售计划、利润计划、财务预算和人力资源计划等提前融入供应链系统中，基于计划，通过监控物流、进度和资金流的同步性及一致性来完成相关作业，进而实现财务状况的有效管理并对相关企业生产活动进行评估预判，避免物流和资金流的不同步，最终为企业做出正确的生产销售决策奠定基础。在企业决策过程中，由于人的因素占主要因素，所以要求管理向扁平化组织方式转变。随着人工智能时代的到来，ERP 系统可以将很多专家库的专业决策过程纳入计算机可控编程逻辑中，实现企业的柔性、精准和快速管理。

(4)实现多环节的无缝对接

ERP 系统可实现企业管理理念、业务流程、基础数据、人力物力、计算机硬件和软件的综合最佳无缝衔接匹配。

2.1.2 分类

ERP 系统按功能可分为通用型 ERP 系统和专业型 ERP 系统。

①通用型 ERP 系统。通用型 ERP 系统只具备基本的数据记录能力，无法添加企业特殊要求的功能接口，可完成材料买入卖出、仓库管理、产品分类、客户关系管理等基本功能。

②专业 ERP 系统。专业 ERP 系统可基于企业需求，采用不同算法设计定制出企业需要的系统，不仅具备通用型 ERP 系统的数据记录功能，还可以实现管理服务的多元细致化设计。

ERP 系统按技术架构可分为 C/S 架构 ERP 系统和 B/S 架构 ERP 系统。

①C/S 架构 ERP 系统。C/S 构架即 Client/Server(客户/服务器)架构，需要使用高性能计算机、工作站或小型机，客户端需要安装专用的客户端软件。

②B/S 架构 ERP 系统。B/S 架构即 Browser/Server(浏览器/服务器)架构，要求客户端必须安装一个浏览器并保证它能通过网络服务器同数据库进行数据交互。

2.1.3 优点

据美国生产与库存控制学会(APICS)资料显示，MRP Ⅱ/ERP 系统能产生以下经济效益：①库存减少 30%~50%；②延期交货情况减少 80%；③采购提前期缩短 50%；④停工待料情况减少 60%；⑤制造成本降低 12%；⑥管理人员减少 10%的同时生产能力提高 10%~150%。

2.2 制造执行系统软件 MES

2.2.1 概述

制造执行系统(manufacturing execution system，MES)是一套面向制造企业车间执行层的生产信息化管理系统。MES 能通过信息传递对从订单下达到产品制造完成的整个生产过程进行优化管理。当工厂发生事件时，MES 能对此及时做出反应和报告，并用当前的准确数据对它们进行指导和处理。这种对状态变化的迅速响应使 MES 能够减少企业内部无效的活动，有效地指导工厂的生产运营过程，从而使其既能提高工厂的及时交货能力，改善物料的流通性能，又能提高生产回报率。MES 可以向企业提供订单管理、物料管理、过程管理、生产排程、品质控管、设备控管，以及对外部系统的 PDM 整合接口与 ERP 整合接口等模块。MES 是将企业生产所需核心业务的所有流程整合在一起的信息系统，它提供实时化、多生产形态架构、跨公司生产管制的信息交换，具有可随产品、订单种类及交货期的变动弹性调整参数等诸多能力，为企业打造一个扎实、可靠、全面、可行的制造协同管理平台，能有效地协助企业管理存货，降低采购成本，提高准时交货能力，增进企业少量多样的生产管控能力，更有利于适应定制家具的智能制造过程。

企业上层无法通过 ERP 系统真实了解车间层出现的具体问题，比如无法得到用户产品投诉溯源产品生产过程信息，如原料供应商、操作机台、操作人员、工序、生产日期和关键的工艺参数等；无法自动防止零部件装配错误、产品生产流程错误、产品混装和货品交接错误；无法真正了解过去一定时间内生产线上出现最多缺陷的产品和次品的数量；无法知道产品库存量、前后各道工序生产线上各种产品的数量，供应商和交货周期；无法分析生产线上设备的负荷率，影响设备生产潜能是设备故障、调度失误、材料供应不及时、工人培训不够，还是工艺指标不合理造成的；产品质量检测数据无法自动统计分析；无法实现自动对产品生产数量、合格率和缺陷代码进行自动统计。为解决上述问题，MES 便产生。

2.2.2　主要功能模块

①资源分配及状态管理模块。主要用于管理原料、加工装备、工具、人员需求等各种生产实体，为生产计划服务，保证生产过程正常进行，通过提供资源的历史使用情况和实时状况，确保设备能够正确安装和运行。

②生产工序调度模块。通过指定每个生产工序的优先级、加工属性及方法等，综合考虑生产过程中的交错、重叠和并行加工来准确计算出设备上下料和调整时间，制定出正确合理的加工顺序，最大限度地减少生产过程中的准备时间。

③生产单元分配模块。以作业、订单、批量和工作单等形式管理各生产单元间的工艺流，调整车间已制订的生产进度，对返修品和废品进行处理，用缓冲管理的方法控制任意位置的产品数量，当车间有突发情况时，要及时根据需要提供一定顺序的调度信息，并按此进行相关的实时操作，进而降低损失，提高效率。

④生产过程管理模块。通过实时监控并跟踪产品生产流程，在被监视或被控制的设备上进行一些操作，通过报警功能，使车间人员能够及时察觉到出现问题的加工工序，也可以通过数据采集接口，实现智能设备与 MES 之间的数据交换，进而提高生产率。

⑤人力资源管理模块。实时提供相关人员的工作状态，以时间对比、出勤报告、行为跟踪等为基础的费用为基准，实现对人力资源的间接行为跟踪管理能力。

⑥维修管理模块。通过对设备和工具的维修过程的指导及跟踪，实现设备和工具的最佳利用效率。

⑦计划管理模块。通过监视生产过程，为正在进行操作的人的决策提供支持，或自动修改相关过程，快速解决生产中的问题。

⑧文档控制模块。通过控制、管理并传递与加工工序相关的工作指令、图纸、零部件数控加工程序、批量加工记录，以及各种转换操作间的通信记录，向操作者提供操作数据或向设备控制层提供加工指令。

⑨信息在线跟踪模块。通过状态信息提供作业人员、供应商的资财、关联序号、实时生产条件、警报状态等其他事项。

⑩执行分析模块。通过对比分析实际加工情况和计划的情况，报告实际的作业运行结果与理想的偏差。

⑪数据采集模块。通过数据采集接口来获取并更新与生产管理功能相关的各种数据和参数，包括产品跟踪、维护产品历史记录以及其他参数。

2.2.3　特点及作用

MES 涵盖生产调度、产品跟踪、质量控制、设备故障分析、网络报表等诸多管理环节。通过数据库和互联网，MES 能向生产部门、质检部门、工艺部门、物流部门及时反馈数据管理信息，并有机综合协调整个企业的精益生产过程。MES 具有强大的数据采集功能，能够很好地整合数据采集渠道，如 RFID、条码设备、PLC、传感器等，可对整个车间制造现场进行海量现场数据的实时精准采集，能够依托 RFID、条码与移动计算技术，形成从原料供应、生产到销售物流的闭环数据信息系统，可进行产品溯源，监控正在生产的产品状况，实现准时制生产(just-in-time)库存管理与看板管理，实时精准的产品性能品质分析，最终可为企业的制造过程提供有效指导。

2.3　产品生命周期管理软件 PLM

2.3.1　概述

产品生命周期管理(product lifecycle management，PLM)可适用于相同或不同地点的企业内部及产品研发过程中具有合作关系的企业之间，支持产品全生命周期信息创建、管理、分发和应用的一系列应用解决方案，PLM 可以将与产品相关的人力资源、流程、应用系统信息进行集成。

PLM 主要包括以下内容：①XML、可视化、协同和企业应用集成等基础技术和标准；②机械 CAD、电气 CAD、CAM、CAE、计算机辅助软件工程 CASE、信息发布工具等信息创建和分析的工具；③数据仓库、文档和内容管理、工作流和任务管理等核心功能；④配置管理、配方管理等应用功能；⑤面向业务或行业的解决方案和咨询服务。

PLM 主要包括三部分，CAX 软件(产品创新的工具类软件)、cPDM 软件(产品创新的管理类软件，包括 PDM 和在网上共享产品模型信息的协同软件等)和相关的咨询服务。我国基于产品创新的技术信息化体系提出了具有自主创新特色的 C4P(CAD/CAPP/CAM/CAE/PDM)。PLM 涵盖从产品创建，到产品使用至产品完全报废的全生命周期内的产品数据信息管理理念。由于 PDM 主要是针对产品研发过程的数据和过程的管理，无法承担研发部门及企业间的产品数据交互融合功能，为了改变这一现状，PLM 出现，它不仅针对研发过程中的产品数据进行管理，同时也包括产品数据在生产、营销、采购、服务、维修等环节的应用。

2.3.2　基本功能

PLM 的基本功能包括产品数据管理、项目管理、流程管理、供应商管理、个人工作管理、分布式业务协同管理、工作动态及绩效管理、数据安全管理、系统集成管理等。其中产品的数据管理是 PLM 系统中最基本、最核心的功能，是实现其他相关功能的基础。

①产品数据管理。产品数据是企业最宝贵的财富，通过实施 PLM 系统能确保企业产品数据的完整性、一致性和正确性，同时也能够方便设计研发人员及相关人员在权限范围内查找到所需数据，实现企业内部的数据共享，避免重复劳动，缩短设计研发周期，提高设计研发质量。

②项目管理。产品数据产生过程中企业人员之间的协同、图纸文档的签审流程、变更流程等业务管理需求，需要通过项目管理及工作流程管理来实现。

③工作流管理。在企业的日常工作中，很多工作也都是按照企业自身的相关流程来执行，如签审流程、变更流程、订单开发流程等，流程也可以与项目管理相结合(在项目中某任务调用相关流程)，还可以因为某事件而触发。

④供应商管理。供应商管理为企业从众多的供应商信息中及时获取采购与货源方面的信息，以便更好地控制整个运作过程，制定正确的战略决策，并从此供应商的合作关系中持续获得较大程度的回报。企业有必要对已存在的供应商信誉度给出正确的评价，并且挖掘更有潜在价值的供应商，为企业所需的货源提供更好的选择。

⑤销售与维护管理。公司销售部门可以通过 PLM 销售管理平台进行产品的虚拟展示，产品基本参数的查阅，并进行进销存管理等。公司售后部门在接到客户反映的产品质量及售后问题时，能够通过系统查阅问题产品的生产过程日志等数据，并能迅速的将问题反馈给相关人员，以便进行工艺改进。

⑥产品报废回收管理。在产品报废及更新换代之后，系统还能够进行回收管理，将回收的产品按照公司的相关规定进行流程化处理，确保产品从设计到回收的每一个环节都有据可查。

⑦个人工作管理。个人工作效率提升是企业整体效率提升的基础，现在企业任务繁多，每个设计研发人员都有大量繁杂的工作，设计研发人员如何将自己的工作进行系统高效的管理，是提升个人工作效率的前提。

⑧分布式业务协同管理。由于集团性公司，人员、部门众多，设计研发及生产分散，因此需要系统能够满足不同人员之间、不同部门之间、设计研发与各分子公司之间的业务协同管理。

⑨工作动态及绩效管理。随时把握设计研发人员的工作动态，使得企业领导能够及时准确的了解到设计研发人员的工作成绩、完成效率等，从而及时掌控和调整工作进度，最终提高设计研发的质量和效率。通过工作成果动态管理及工作任务动态管理，企业管理人员能够及时、准确的掌握所有设计研发人员完成的工作量，产生的具体成果，执行任务的能力等信息，从而实现对设计人员的绩效评定。

⑩数据安全管理。系统提供多重安全机制来确保数据的安全，使得正确的人在正确的时间可以获得正确的数据，不属于自己权限范围内的数据就无法进行相应的操作。同时系统提供多种赋权方式来简化和系统管理的工作强度。

⑪系统集成管理。企业信息化是一个整体，在实施 PLM 系统时要充分考虑其他相关系统的集成，避免出现信息化孤岛。

2.3.3 主要优点

目前，PLM 系统在发达国家制造业 IT 管理系统的应用上较为普遍。应用研究表明，实施了 PLM 以后的企业，原材料成本可节省 5%~10%，库存流转率可提高 20%~40%，开发成本可降低 10%~20%，市场投放时间减少 15%~50%，质保费用降低 15%~20%，制造成本降低 10%，生产率提高 25%~60%。

2.4 计算机辅助工艺过程设计 CAPP

2.4.1 概述

计算机辅助工艺过程设计(computer aided process planning，CAPP)，是指借助于计算机软硬件技术和支撑环境，利用计算机进行数值计算、逻辑判断和推理等功能来制订零部件机械加工工艺过程。通过向计算机输入被加工零部件的几何信息和加工工艺信息，由计算机自动输出零部件的工艺路线和工序内容等工艺文件的过程。CAPP 可利用计算机技术辅助工艺师完成零部件毛坯设计、加工方法选择、工艺路线制定、工艺设计(机床和刀具的选择、夹具的设计和选择、加工余量的分配、切削用量的选择、工艺流程图的生成)、工时定额计算的设计和制造过程，解决手工工艺设计效率低、一致性差、质量不稳定、不易达到优化等问题。

2.4.2 作用

(1)从产品设计制造的角度看，CAPP 是连接 CAD 和 CAM 的桥梁和纽带，从管理的角度来看，CAPP又是连接产品信息同制造资源计划(manufacturing resource planning，MRP)的纽带。CAPP是实现CAD/CAM/MRP集成的关键。

(2)CAPP使工艺设计人员摆脱大量、烦琐的重复劳动，将其主要精力转向新产品、新工艺、新装备和新技术的研究与开发。

(3)CAPP可显著缩短工艺设计周期，保证工艺设计质量，提高产品的市场竞争力。

(4)CAPP可提高产品工艺的继承性，最大限度地利用现有资源，降低生产成本。

(5)CAPP可使没有经验的工艺师设计出高质量的工艺规程，以缓解当前产品制造工艺设计任务繁重，且缺少有经验工艺设计人员的矛盾。

(6)CAPP技术使生产信息化，为先进制造技术和科学管理技术提供数据源头，是生产过程各个环节信息集成和数据共享的必备条件和基础。

(7)CAPP技术为并行工程各子系统之间实现各环节双向信息通信提供了可能，使设计阶段就能考虑产品生命周期中随后阶段的各种相关环节因素，把可能发生的问题尽量解决。

(8)CAPP有助于推动企业开展工艺设计标准化的最优化工作，提高工艺设计水平。

(9)CAPP为企业信息化提供正确的工艺数据，保证数据的一致性和安全性，为企业逐步推行应用工程打下重要基础。

2.5 计算机集成制造系统CIMS

2.5.1 概述

计算机集成制造系统(computer integrated manufacturing system，CIMS)是借助计算机硬件及软件，综合运用现代管理技术、制造技术、信息技术、自动化技术、系统工程技术，将企业生产全过程的市场分析、经营管理、工程设计、加工制造、装配、物料管理、售前售后服务、产品报废处理中的组织、技术、经营管理三要素与其信息流、物流有机地集成并优化运行，实现企业整体优化，以达到产品高质、低耗、上市快、服务好，从而使企业赢得市场竞争。CIMS代表着当今先进制造技术的发展趋势，它以实现企业信息集成为主要标志，以增强企业生产、经营能力为目标，最终提高企业参与市场竞争的综合实力。

(1)CIMS强调企业生产的各个环节，即市场分析、经营决策、管理、产品设计、工艺规划、加工制造、销售以及售后服务等全部活动过程是一个不可分割的整体，要从系统的观点进行协调，进而实现全局优化。

(2)企业生产要素包括人、技术及经营管理，尤其要继续重视发挥人在现代化企业生产中的主导作用。

(3)企业生产活动包括信息流及物料流两大部分，信息流的管理尤其重要，而且要重视信息流与物料流之间的集成。

(4)CIMS是一门综合性技术，它综合并发展了与企业生产各环节有关的各种技术。CIMS的主要特征是集成化和智能化。集成化反映了自动化的广度，把系统空间扩展到市场、设计、加工、检验、销售、用户服务等全过程；而智能化则体现了自动化的深度，即不仅涉及物料流自动化，还包括了信息流自动化。

2.5.2 构成

CIMS一般由4个功能系统和2个支撑系统构成。4个功能系统分别是管理信息系统、产品设计与制造工程设计自动化系统、制造自动化柔性制造系统、质量保证系统；2个支撑系统为计算机网络系统及数据库系统。企业在实施时，应根据企业自身的需求和条件，分步或局部实施。

2.5.2.1 功能系统

(1)管理信息系统

管理信息系统是以制造资源计划(manufacturing resource planning，MRP-Ⅱ)为核心，包括预测、经营决策、各级生产计划、生产技术准备、销售、供应、财务、成本、设备、工具、人力资源等管理信息功能，通过信息集成，达到缩短产品生产周期、降低流动资金占用，提高企业应变能力的目的。因此，必须认真分析生产经营中物质流、信息流和决策流的运动规律，研究它们与企业生产经营活动中产品的各种信息进行筛选集成与优化信息处理，保障企业能够有节骤、高效益地运行。管理信息系统有下列特点：

①它是一个一体化的系统，可把企业中各个子系统有机的结合起来。

②它是一个开放系统，它与其他分系统有着密切的信息联系。

③所有的数据来源于企业的中央数据库(这里是指逻辑上的)，各子系统在统一的数据环境下工作。

(2)产品设计与制造工程设计自动化系统

该系统是用计算机辅助产品设计、制造准备，以及产品性能测试等阶段的工作，通常称为CAD/CAPP/CAM系统，它可以使产品开发工作高效、优质地进行。

①CAD(computer aided design)系统包括产品结构设计，定型产品的变型设计及模块化结构的产品设计。

②CAPP(computer aided process planning)系统是用计算机按设计要求完成将原材料加工成产品所需要的详细工作指令的准备工作。

③CAM(computer aided manufacturing)系统通常进行刀具路径规划、刀具轨迹仿真以及加工等工艺指令，输送给制造自动化系统。

(3)制造自动化柔性制造系统

该系统是在计算的控制与调度下，按照代码将毛坯加工成合格的零件并装配成部件或产品。制造自动化系统的主要组成部分有加工中心、数控机床、运输小车、立体仓库、计算机控制管理系统等。

(4)质量保证系统

通过采集、存储、评价与处理，存在于设计、制造过程中与质量有关的大量数据，以便保证并提高产品的质量。

2.5.2.2 支撑系统

(1)计算机网络系统，是支持各个系统的开放型网络通信系统，采用国际标准和工业标准规定的网络协议(如MAP，TCP/IP)等，可实现异种机互联，异地局域及多种网络互联，满足各应用系统对网络支持服务的不同需求，支持资源共享、分布处理、分布数据库、分成递阶和实时控制。

(2)数据库系统，是覆盖企业全部信息的数据储存和管理系统，可实现企业的数据共享和信息集成。通常采用集中与分布相结合的3层递阶控制体系结构，分为主数据管理系统、分布数据管理系统、数据控制系统，以保证数据的安全性、一致性、易维护性等。

2.6 信息物理系统CPS

信息物理系统(cyber-physical system，CPS)是一种集信息空间、通信网络、物理空间于一体的深度融合系统，是加快实现信息化和工业化于一体的智能制造的重要支撑体系。由于其在智能电网、无人机、远程医疗、智能工厂、智能化家居及智能交通等许多方面潜在的应用价值，最近十几年受到学术界和工业界的广泛重视。CPS主要是通过计算(computer)、通信

(communication)、控制(control)有机融合与深度协作，其中信息空间和物理空间通过通信网络实现信息交流，以达到信息空间能够及时地反映物理空间状态并做出最优的决策来控制物理空间。CPS实现计算、通信与物理系统的一体化设计，可使系统更加可靠、高效、实时协同，具有重要而广泛的应用前景。

CPS的意义在于将物理设备联网，让物理设备具有计算、通信、精确控制、远程协调和自治五大功能。CPS对网络内部设备的远程协调能力、自治能力、控制对象的种类和数量，特别是网络规模远远超过现有的工控网络。

2.7 仓库管理系统WMS

仓库管理系统(warehouse management system，WMS)是通过入库业务、出库业务、仓库调拨、库存调拨、虚仓管理和即时库存管理等功能，有效控制并跟踪仓库业务的物流和成本管理全过程，实现或完善企业仓储管理的信息管理系统。企业仓库管理系统是一款标准化、智能化过程导向管理的仓库管理软件，能够准确、高效地跟踪管理客户订单、采购订单及进行仓库的综合管理，彻底转变仓库传统管理模式。实现过程管理，能够进行数据采集、数据输入、定位取货等功能，让管理更加高效、快捷。

WMS一般包括基本信息管理、货物流管理、信息报表、收货管理、上架管理、拣选管理、库存管理、盘点管理、移库管理、打印管理和后台服务系统等。其中基本信息管理系统支持对包括品名、规格、生产厂家、产品批号、生产日期、有效期和箱包装等商品基本信息进行设置，货位管理能对所有货位进行编码并存储在系统的数据库中，使系统能有效追踪商品所处位置，也便于操作人员根据货位号迅速定位到目标货位在仓库中的物理位置；上架管理系统在自动计算最佳上架货位的基础上，支持人工干预，提供已存放同品种的货位、剩余空间，并根据避免存储空间浪费的原则给出建议的上架货位，按优先度排序，操作人员可以直接确认或人工调整；拣选管理指令中包含位置信息和最优路径，根据货位布局和确定拣选顺序，系统自动在RF终端的界面等相关设备中根据任务所涉及的货位给出指导性路径，避免无效穿梭和商品找寻，提高了单位时间内的拣选量；库存管理系统支持自动补货，通过自动补货算法，不仅能确保拣选面存货量，还能提高仓储空间利用率，降低货位蜂窝化现象出现的概率。

2.8 高级计划与排程APS

高级计划与排程(advanced planning and scheduling，APS)，是指在有限生产资源约束的前提下，通过优化方法，为所有的生产任务精确安排生产资源和生产时间，使生产及时完成，并使资源充分利用，是一种基于供应链管理和约束理论的先进计划与排程工具。

在多品种、小批量、定制化、交期短、急单改单频繁，生产过程中工序繁杂、机器设备人力等生产资源的产能有限的背景下，如果采用人工排产，会产生计划编制耗时长，工作强度大；遗漏产能因素，计划不准确；面对紧急订单、计划重排困难；订单准时交付率低，交付周期过长，以及成本增加等问题。因此，APS就产生了。

APS一般从ERP/MES/PLM等系统获取排程的静态制造基础数据和动态订单库存数据等；结合客户优先级、订单交期、相同产品连续生产、资源负载均衡等整体目标和策略，进行一键式的智能排产，得到订单交期的评估结果、精细的工序级生产计划、准确的投料计划，并以多种甘特图和报表的形式展示结果。

APS适用于流程型和离散型制造企业，它能更好、更准确地产生ERP要求的各类计划，满足企业计划调度和排产需求，可为企业制订出资源计划和生产作业计划、物料需求计划、资源使用计划、库存计划、采购计划、成本计划和批量跟踪计划等。

①资源计划和生产作业计划。从生产作业中的物料、精细到具体工位的中间品情况、占用的工序时间、相关的供应商或库存、批量数量等。

②物料需求计划。物料需求和生产工序动态存在，而不是由BOM静态产生，一般是上道工序的产出品作为下道工序的需求物料，只有上道工序的产出不能满足下道工序时才产生物料需求，并要有供应商精确的到货时间。当物料需求量、时间和位置都很精确，就可以使得库存物料的需求数量相对很少。

③资源使用计划。用户可以看到任意时刻的资源使用情况和资源使用率。如不满意，可以人工调整以达到最佳情况，并可用于帮助调整企业的设备需求计划。

④库存计划。以APS资源约束原理计算出的结果为依据做出的库存计划，不但非常精确，而且大大减少库存量。

⑤采购计划。有了订单，才产生生产排产计划、物料需求计划。计划精确到分秒、工位，采购计划也更准确，采购量也更少。

⑥成本计划。用户可看到订单的成本，而且可以看到中间品和制品的成本，可在满足订单的情况下，通过调配排产得到最大利润。

⑦批量跟踪计划。由于工序中每道工艺都有严格的资源使用和记录，某人某台设备何时加工某产品的某一步都记录在案，产品跟踪起来很方便。

2.9 工业物联网IIoT

2.9.1 概述

物联网(internet of things，IoT)是由英国企业家凯文·阿什顿(Kevin Ashton)在1999年提出的，它是用来描述一个物质世界通过无处不在的传感器与计算机通信(交换数据)的系统，所以物联网通常被称为“万物互联”。

物联网与CPS的相同之处在于，在很大程度上，任何独立于人类的技术都需要传感器、控制器和执行器之间的信息流动，没有信息流动，设备就无法在变化的环境中进行计算和调整。物联网与CPS都具有采集信息的功能，都依赖于信息的交换，都接入了互联网，并使得它们的数据都能够被呈现在云端应用中。物联网与CPS不同之处在于物联网更强调网络的连通，而CPS更强调网络的虚拟作用，通过虚拟的网络去操作物理的真实设备。物联网更倾向于使用无线通信方式来监控事物，控制的成分不多甚至没有，而CPS在拥有监控能力的同时还拥有更强大的计算能力，可以做复杂运算并执行繁杂的任务。

工业4.0的基本原理是物联网和CPS的结合，实现产品、组件和生产机器都将实时收集和共享数据，并做出智能控制。这促成了从集中的工厂控制系统到分散的智能的转变。制造业未来的智能工厂则是工业4.0最重要的一个应用场景，而智能工厂的关键要素是实时在不同设备和不同人员之间交换数据和信息，这些数据可以代表生产状态、能耗行为、物料移动、客户订单和反馈、供应商的数据等。因此，下一代智能工厂必须能够几乎实时地适应不断变化的市场需求、技术选择和条例。

工业物联网(industrial internet of things，IIoT)在此环境下应运而生，IIoT是指通过将具有感知能力的智能终端、无处不在的移动计算模式、泛在的移动网络通信方式应用到工业生产的各个环节，提高制造效率，把握产品质量，降低成本，减少污染，从而实现智能工业。IIoT支持各种新的信息技术，能够连续地从各种传感器和对象获取信息，安全地将传感器读数转发到基于云的数据中心，并以闭环系统的形式无缝地更新相关参数。通过这种方式，IIoT能够有效地检测故障并触发维护过程。

2.9.2 制造物联网

制造物联网是将网络、嵌入式、射频识别技术、传感器等电子信息技术与制造技术相融合，实现对产品制造与服务过程及全生命周期中制造资源与信息资源的动态感知、智能处理与优化控制的一种新型制造模式。制造物联网系统通过向制造工厂提供专业化、标准化和高水准的系统平台及解决方案，将企业信息化延伸至生产车间，直达最底层的生产设备，从而构建起数字化透明工厂。制造物联网系统的实时监控和预报警机制弥补了企业管理资源的不足，通过原始数据经提炼，可以帮助制造企业快速、大幅度地降低制造成本，持续地提高管理水平、经营绩效和综合竞争力，实现传统制造业的转型升级。

2.10 云制造

2.10.1 概述

云制造理论融合了先进制造、敏捷制造、网格制造，结合了先进的互联网、云计算技术，是一种面向服务化的新型智能制造模式。相比传统的制造模式，云制造模式下的生产制造具有独特的优势与特征。

(1)高度的系统集成

传统制造信息系统往往直接根据用户的需求定制某一方面的服务，业务模式过程零散，并没有从系统的角度实现生产过程全生命周期的整合，往往会造成众多服务系统之间的信息孤岛，无法实现系统化的分析与优化。云制造模式是高度集成化的制造模式，可以为上下游产业链提供一个良好的沟通桥梁，其通过实现对制造资源与能力的聚集，统一处理与集成配置生产过程中的制造系统资源。

(2)制造资源的高度虚拟化

云制造的目标是为生产制造管理人员提供可随时随地、准确可靠、依据需求索取的制造过程全生命周期服务。面对生产制造过程中数目众多的生产资源，实现系统化集成分析的前提就是对物理制造资源进行高度虚拟化，构建虚拟资源池。制造资源虚拟化就是通过智能传感网络实现物理实体的智能互通与融合管控，以突破物理资源的空间限制，实现在虚拟环境对资源进行整合与利用，云制造环境下的制造资源应具备高度虚拟化的能力与特点。

(3)虚拟制造资源的快速处理与融合

云制造环境中，物理制造资源实现了高度的虚拟化，这一过程会在虚拟世界产生庞大的数据集，面对如此大体量的虚拟资源，如何实现快速可靠的存储与处理是实现云制造理论的关键需求之一。

2.10.2 云制造系统层次模型

云制造系统层次模型可分为生产层、感知层、网络接口层、融合处理层与应用层。

(1)生产层

即物理资源层，该层由众多物理资源组成，是云制造模型研究中依托的实际应用场景。生产层的物理资源包括生产加工设备(如机床等)、装配车间设备(如装配线等)以及物流辅助资源(如AGV小车等)。这些资源分布于产品生产过程中的全生命周期，具有空间分散、种类繁多等特点，建立云制造模型物理资源层的主要目的之一就是有效地将制造资源进行分类与管理。

(2)感知层

主要目的是通过基于物联网、智能传感与虚拟仪器等技术实现对物理制造资源(即设备层)的泛在感知，实现物理资源到虚拟制造资源之间的映射。制造资源虚拟化的手段主要是通过在机床中加装传感器，利用虚拟仪器实现对加工设备的状态信息的感知；对于装配车间，通过 RFID 设备实现对生产信息的实时采集，并用数据库存储这些采集到的信息。感知层是整个云制造模式的关键，通过制造资源的虚拟化，为后续虚拟制造资源的集成处理提供依据。

(3)网络接口层

是底层虚拟制造资源与上层虚拟资源处理与融合层通信的桥梁。通过该层的搭建实现设备信息之间的融合互联，消除各个系统之间的通信壁垒。并且通过该层还可以为未来制造资源扩展提供接口，保障了整个云制造模式的可扩展性。

(4)融合处理层

是云制造模式的计算核心，在该层级将实现对海量制造资源的存储、处理与融合。由于云制造模式需要实现对产品生产过程的全生命周期进行协调与管理，所以融合处理层需要具有高效可靠的数据存储与处理能力，以能满足云制造模式中实时性与高效性的要求。融合处理层的搭建将利用分布式大数据处理技术，通过 Hadoop 与 Spark 分布式数据处理框架构建虚拟制造资源处理平台，实现海量数据的高效存储与数据的流处理与批处理模式，为系统应用层提供计算保障。

(5)应用层

是云制造系统业务模式的展示、交互与可视化平台，该层级可以通过分析系统使用者的实际需求，以云制造模型中其他层级作为基础，搭建个性化与服务化的应用平台。与此同时，应用层中为后续业务组件的开发留有接口，通过标准化的模式可以实现应用层的横向扩展，实现云制造模式的动态性与可扩展性。

通过云制造模型五个层级的搭建，可以对制造资源实现虚拟化、集成化、动态化与高效化的协同管理，为用户提供可靠的分析模式。与此同时，通过可视化界面的开发，实现生产过程的可观可控，用户也可以通过该界面实现对生产过程的反馈，为生产过程的智能管理通过模式与分析工具方面的支撑。

2.11 工业大数据

2.11.1 概述

工业大数据，即制造车间生产过程中和管理过程中海量资料的数字化结果。进行工业大数据分析需要进行数据采集，采集的主体包括各类传感器、监控设备、生产设备和生产人员等。根据数据产生过程和主体的不同，将这些数据源分为设备数据、生产数据和运营数据三个部分。

(1)设备数据

设备数据是指数控装备等物理设备自身在工作中产生的数据。这些数据一般被嵌入在生产设备中的传感器，摄像机和 RFID 读取器等采集器采集。网络物理系统(CPS)将物理设备接入互联网并建立了传输通道，使得物理设备产生结构复杂的，并且可能包含新类型的数据可以被源源不断地采集。除了 CPS 外，基于互联网云中的大数据处理和分析系统将收集和分析来自支持 IoT 设备的数据。这些数据处理方案都可以将数据转化为有价值的信息，可用于帮助生产人员或智能机器做出更具相关性和指导性的决策。

(2)生产数据

生产数据包括产品数据，制造过程的成本和操作数据，以及经营、设备调试和维护等这些生产过程中产生的数据。利用这些数据可以对生产对象的生产过程进行管理。如企业在产品由原材料到成品的各个环节可以产生大量的贸易和消费数据，通过数据挖掘和分析，可以帮助企业进行需求分析和成分控制。对于后期服务，分析生产数据可以对产品设计缺陷和生产加工过程的缺陷挖掘出来，从而更早地发现问题。

(3)运营数据

车间生产的产品在运营过程产生的数据有成本、产品可用率、产品维修率、反馈数据和建议等。广而言之，运营数据包括组织结构、生产系统、设备系统和质量控制等方面的数据。数字化车间正常运行也需要深度分析产品的产后使用故障率等数据，这些数据可以更好地提高数字化车间的生产质量。

大数据技术、车间采集和通信等技术的发展，使得通过数据挖掘和知识发现为数字化车间等制造主体提供全面系统的信息成为可能。例如，数据挖掘可以对上述三个部分的数据发现的信息有：设备设计缺陷、产品设计缺陷、设备健康状况以及生产加工缺陷等。

2.11.2 特点

来源于不同领域的大数据尽管不尽相同，并且对数字化车间的大数据尚没有统一的定义，但是这些数据都具备了一般大数据的“3V”特征。第一“V”为容量大(volume)，表示数据量积攒超过一定维度，其计量单位基本多以PB为单位；第二“V”为更新快(velocity)，主要体现的是数据产生的速度快，也就要求了数据处理速度也要快，如铣削刀的一个加速度传感器每秒就能产生10MB的数据；第三“V”为类型多(variety)，指的是数据类型繁多，如数字化车间的数据类型既包括管理系统和数字化传感器等产生的结构化数据，又包括检测图像等的非结构化数据。对于工业大数据，一般认为还有两个“V”。一个是可见性(visibility)，它指的是发现对现有资产和过程的更深层次的理解，具体表现形式是将不可见的知识转化为可见值。另一个“V”是价值性(value)，指的是数据的价值密度分布离散，20%的数据具有80%的价值。价值性还意味着工业大数据对分析准确性的要求远高于包括社交媒体和客户行为在内的传统行业的分析。实际数字化车间中会存在多个独立的生产系统和各种传感器，它们将产出无数的多源异构的空间数据。按照传统的结构型可以对这些数据分为：①结构化数据，例如传感器信号、监控器数据以及RFID数据等；②半结构化数据，例如生产系统产生的XML和JSON等格式的信息；③非结构化数据，例如图像和音频和视频数据等。

2.12 增材制造技术

增材制造(additive manufacturing，AM)技术是指采用材料逐渐累加的方法制造实体零件的技术，相对于传统材料去除一切削加工技术，是一种“自下而上”的制造方法。增材制造又被称为3D打印技术(3D printing)，是一种根据3D模型数据逐层连接材料来制作零件的技术。该技术融合了计算机科学、自动化控制、材料科学、光电技术等先进学科技术，相比传统制造技术通过去除材料进行成型的方式(如车和铣等)，其逐层制造的特点使其可以针对任意零件自由成型。随着增材制造技术的不断发展，也从最初的原型制造转向了直接制造、批量制造，世界各国关于增材制造标准化工作的开展也表明该技术在逐步走向成熟以及规模化应用，在现代制造业中的占比逐步提高。目前，增材制造技术在国家战略、原型产品开发、个性化需求定制等方面均受到关注，具备广阔的发展和应用前景。

典型的增材制造过程包含获得三维模型数据，将三维数据离散为二维层片数据，逐层生成工作路径，成型制造四个过程。目前已形成了包括选择性激光烧结技术(selective laser sintering，SLS)、选择性激光熔化技术(selective laser melting，SLM)、三维印刷技术(three dimension printing，3DP)、激光熔覆成型技术(laser metal deposition，LMD)、光固化成型技术(stereo lithography apparatus，SLA)和熔融沉积制造技术(fused deposition modeling，FDM)。

2.13 虚拟现实技术

2.13.1 概述

虚拟现实(virtual reality VR)是指采用计算机技术为核心的现代高科技生成的逼真的视、听、触觉等一体化的虚拟环境，用户借助必要的设备以自然的方式与虚拟世界中的物体进行交互，相互影响，从而产生亲临真实环境的感受和体验，并配合特定持握或穿戴设备与虚拟环境中的事物进行互动。

虚拟现实技术是仿真技术的一个重要方向，是仿真技术与计算机图形学人机接口技术、多媒体技术、传感技术、网络技术等多种技术的集合，是一门富有挑战性的交叉技术前沿学科和研究领域。虚拟现实技术主要包括模拟环境、感知、自然技能和传感设备等方面。模拟环境是由计算机生成的、实时动态的三维立体逼真图像。感知是指理想的 VR 应该具有一切人所具有的感知。除计算机图形技术所生成的视觉感知外，还有听觉、触觉、力觉、运动等感知，甚至还包括嗅觉和味觉等，也称多感知。自然技能是指人的头部转动，眼睛、手势或其他肢体行为动作，由计算机来处理与参与者动作相适应的数据，并对用户的输入做出实时响应，并分别反馈到用户的五官，传感设备是指三维交互设备。

2.13.2 特点

①多感知性。它指除一般计算机所具有的视觉感知外，还有听觉感知、触觉感知、运动感知，甚至还包括味觉、嗅觉感知等。理想的虚拟现实应该具有一切人所具有的感知功能。

②存在感。它指用户感到作为主角存在于模拟环境中的真实程度。理想的模拟环境应该达到使用户难辨真假的程度。

③交互性。它指用户对模拟环境内物体的可操作程度和从环境得到反馈的自然程度。

④自主性。它指虚拟环境中的物体依据现实世界物理运动定律动作的程度。

2.14 云计算与大数据

云计算(cloud computing)是基于互联网相关服务的增加、使用和交付模式，通过互联网来提供动态易扩展且经常是虚拟化的资源。云计算是一种按使用量付费的模式，这种模式提供可用的、便捷的、按需的网络访问，进入可配置的网络、服务器、存储、应用软件、服务等计算资源共享池，这些资源能够被快速提供，只需投入很少的管理工作，或与服务供应商进行很少的交互。

云计算是分布式计算、并行计算、效用计算、网络存储、虚拟化、负载均衡、热备份冗余等传统计算机和网络技术发展融合的产物，可以让人们体验每秒 10 万亿次的运算能力，这么强大的计算能力可以模拟核爆炸，预测气候变化和市场发展趋势。用户可通过计算机、笔记本电脑、手机等方式接入数据中心，按自已的需求进行运算。

云计算的出现降低了用户对客户端的依赖，将所有的操作都转移到互联网上。以前为了完成某项特定的任务，往往需要使用某特定客户端软件，在本地计算机上来完成，这种模式最大的弊端是信息共享不方便。比如一个工作小组需要几个人共同起草一份文件，传统模式是每个小组成员单独在自已的计算机上处理信息，然后将每个人的分散文件通过邮件或者 U 盘等形式与同事进行信息共享，如果小组中的某位成员要修改某些内容，需要这样反复地和其他同事共享信息和商量问题，这种传统方式效率很低。云计算把所有的任务都搬到了互联网上，小组中的每个人只需要用一个浏览器就能访问那份共同起草的文件，这样，如果A做出了某个修改，B只需要刷新一下页面，马上就能看到A修改后的文件，使得信息的共享相对于传统的模式更加便捷，这些文件都是统一存放在服务器上的，而成千上万的服务器会形成一个服务器集群，也就是大型数据中心。这些数据中心之间采用高速光纤网络连接，这样全世界的计算能力就如同天上飘着的一朵朵云，它们之间通过互联网连接。有了云计算，很多数据都存放到了云端，很多服务也都转移到了互联网上，这样，只要有网络连接，就能够随时随地访问信息、处理信息和共享信息，而不再是做任何事情都仅仅局限在本地计算机上，不再是离开了本地计算机就不能处理任何信息的模式。

云计算使计算分布在大量的分布式计算机上，而非本地计算机或远程服务器中，企业数据中心的运行将与互联网更相似，这使得企业能够将资源切换到需要的应用上，根据需求访问计算机和存储系统。具有如下特点：

(1)超大规模

云计算具有相当大的规模，Google云计算已经拥有100多万台服务器，Amazon、IBM、微软、Yahoo等的云计算均拥有几十万台服务器，云计算能赋予用户前所未有的计算能力。

(2)虚拟化

云计算支持用户在任意位置使用各种终端获取应用服务。所请求的资源来自“云”，而不是固定的有形实体。用户只需一台笔记本电脑或者一部手机，就可以通过网络服务来得到所需要的资源，完成对应的任务。

(3)高可靠性

云计算使用了数据多副本容错、计算节点同构可互换等措施来保障服务的高可靠性，使用云计算比使用本地计算机可靠。

(4)通用性

云计算不针对特定的应用，在“云”的支撑下可以构造出千变万化的应用，同一个“云”可以同时支撑不同的应用运行。

(5)高可扩展性

“云”的规模可以动态伸缩，满足应用和用户规模增长的需求。

(6)按需服务

“云”是一个庞大的资源池，可以像水、电、燃气按需购买。

(7)廉价

由于云计算的特殊容错措施，可以采用极其廉价的节点来实现，其自动化集中式管理使大量企业无须负担日益高昂的数据中心管理成本，其通用性使资源的利用率较之传统系统大幅提升，因此用户可以充分享受其低成本优势，经常只要花费很低的成本，在短时间内完成以前需要高价且耗时很长的任务。

(8)潜在危险性

云计算除了提供计算服务外，还提供存储服务，但云计算服务当前垄断在私人机构(企业)手中，而它们仅仅能够提供商业信用，一旦商业用户大规模使用私人机构提供的云计算服务，无论其技术优势有多强，都不可避免地会让这些私人机构以“数据(信息)”的重要性挟制整个社会。虽然云计算中的数据对于数据所有者以外的其他用户是保密的，但对于提供云计算的机构而言，确实毫无秘密可言。

云计算与大数据之间是相辅相成，互相影响的关系。大数据挖掘处理需要云计算作为平台，而大数据涵盖的价值和规律则能够使云计算更好地与行业应用结合，并发挥更大的作用。云计算将计算资源作为服务支撑大数据的挖掘，而大数据的发展对实时交互的海量数据查询、分析提供了需要的价值信息。云计算与大数据的结合将可能成为人类认识事物的新工具，人类对客观世界的认识是随着技术的进步以及工具的更新而逐步深入的，过去人类首先认识的是事物的表面，通过因果关系由表及里，由对个体认识进而找到共性规律。现在通过云计算和大数据的结合，人们就可以利用高效、低成本的计算资源分析海量数据的相关性，快速找到共性规律，加速人们对于客观世界有关规律的认识。大数据的信息隐私保护是云计算和大数据快速发展和运用的重要前提，没有信息安全也就没有云服务的安全。

2.15 数字孪生

数字孪生就是针对一个潜在的或者实际存在的产品、系统或过程，从微观到宏观用一系列数字信息结构对其进行全面描述。在理想情况下，所有从物理实体上能获取的信息都能在数字孪生上获取。数字孪生可以描述真实物理系统的近乎实时运行的数字图景，并可以利用数字孪生体监控并优化业务性能。数字孪生技术在产品设计、制造和服务阶段都起到不同的作用。

2.15.1 设计阶段

在产品的设计阶段，利用数字孪生可提高设计的准确性，并验证产品在真实环境中的性能，这个阶段的数字孪生，主要包括数字模型设计、模拟和仿真。数字模型设计过程中，使用 CAD 工具开发出满足技术规格的产品虚拟原型，精确的记录产品的各种物理参数，以可视化的方式展示出来，并通过一系列的验证手段来检验设计的精准程度；模拟和仿真过程中，通过一系列可重复、可变参数、可加速的仿真实验，来验证产品在不同外部环境下的性能和表现，在设计阶段就验证产品的适应性。

2.15.2 制造阶段

在产品的制造阶段，利用数字孪生可以加快产品导入的时间，提高产品设计的质量、降低产品的生产成本和提高产品的交付速度。产品制造阶段的数字孪生是一个高度协同的过程，通过数字化手段构建起来的虚拟生产线，将产品本身的数字孪生同生产设备、生产过程等其他形态的数字孪生高度集成起来，实现生产过程仿真、数字化产线和关键指标监控和过程能力评估。

生产过程仿真在产品生产之前完成，通过虚拟生产的方式来模拟在不同产品、不同参数、不同外部条件下的生产过程，实现对产能、效率以及可能出现的生产瓶颈等问题的提前预判，加速新产品导入的过程；数字化生产线建立过程中，将生产阶段的各种要素，如原材料、设备、工艺配方和工序要求，通过数字化的手段集成在一个紧密协作的生产过程中，并根据既定的规则，自动完成在不同条件组合下的操作，实现自动化的生产过程，同时记录生产过程中的各类数据，为后续的分析和优化提供依据；关键指标监控和过程能力评估过程中，通过采集生产线上的各种生产设备的实时运行数据，实现全部生产过程的可视化监控，并且通过经验或者机器学习建立关键设备参数、检验指标的监控策略，对出现违背策略的异常情况进行及时处理和调整，实现稳定并不断优化的生产过程。

2.15.3 服务阶段

随着物联网技术的成熟和传感器成本的下降，很多工业产品，从大型装备到消费产品，都使用了大量的传感器来采集产品运行阶段的环境和工作状态，并通过数据分析和优化来避免产品的故障，改善用户对产品的使用体验。这个阶段的数字孪生，可以实现远程监控和预测性维修、优化客户的生产指标，并对产品使用情况进行反馈。远程监控和预测性维修过程中，通过读取智能工业产品的传感器或者控制系统的各种实时参数，构建可视化的远程监控，并给予采集的历史数据，构建层次化的部件、子系统乃至整个设备的健康指标体系，并使用人工智能实现趋势预测；基于预测的结果，对维修策略以及备品备件的管理策略进行优化，降低和避免客户因为非计划停机带来的损失；对于很多需要依赖工业装备来实现生产的工业客户，工业装备参数设置的合理性以及在不同生产条件下的适应性，往往决定了客户产品的质量和交付周期，而工业装备厂商可以通过海量采集的数据，构建起针对不同应用场景、不同生产过程的经验模型，帮助其客户优化参数配置，以改善客户的产品质量和生产效率；最后通过采集智能工业产品的实时运行数据，工业产品制造商可以洞悉客户对产品的真实需求，不仅能够帮助客户加速对新产品的导入周期、避免产品错误使用导致的故障、提高产品参数配置的准确性，更能够精确的把握客户的需求，避免研发决策失误，并对产品使用情况进行反馈。

2.16　工业机器人

机器人(robot)是自动执行工作的机器装置，它既可以接收人类指挥，又可以运行预先编排的程序，也可以基于人工智能技术制定的原则进行行动。工业机器人是面向工业领域的多关节机械手或多自由度的机器装置，它能自动执行工作，是靠自身的动力和控制来实现各种功能的一种机器。它可以接受人类指挥，也可以按照预先编排的程序运行。

2.16.1　作用

工业机器人已在汽车制造业的流水线上大规模使用，在家具智能制造线上的应用也逐渐广泛，利用工业机器人可以减少人员流动、解决技工不足等问题；减少原材料浪费，提高成品率等；节省生产空间，降低投资成本，满足安全生产法规；扩大产能，降低运营成本；提升产品质量和一致性，增强生产柔性等。具体作用如下：

①代替工人从事某些单调、频繁和重复的长时间作业，消除枯燥无味的工作，降低工人的劳动强度。

②用于危险和恶劣的环境，如高温高压等环境。

③完成对人体有害的工艺操作，增强工作环境安全性，从事特殊环境下的工作，减少劳资纠纷。

④提高生产自动化程度，减少工艺过程的停顿时间，提高生产效率。

⑤提高对零部件的处理能力，提高产品质量，减少废品率，用于替代有技术的劳动力。

⑥提高自动化程度，根据需求调节生产能力，实现柔性化制造过程。

2.16.2　特点

①可编程。在柔性自动化的背景下，工业机器人可根据工作环境和工作属性的改变进行再编程，因此特别适合于小批量、多品种产品的制造，在高效率的柔性制造过程中发挥着重要作用，是柔性制造系统中的一个重要组成部分。

②拟人化。工业机器人的机械结构有类似人的行走、腰转、大臂、小臂、手腕、手爪等部分，由计算机进行控制。另外，智能工业机器人还具备接触传感器、力传感器、负载传感器、视觉传感器，以及声觉传感器等，能够对环境进行自适应。

③通用性。大部分工业机器人在执行不同的作业任务时具有较好的通用性，这个过程可通过更换工业机器人手部末端操作器等方式实现其执行不同的作业任务。

④多学科性。智能机器人不仅可以通过各种传感器获取外部环境信息，还具备记忆能力、语言理解能力、图像识别能力及推理判断能力等，这些都是微电子技术的应用。为了满足不同行业的需求，工业机器人技术正逐渐向着具有多种感知能力、行走能力和较强的环境自适应能力方向发展，集精密化、柔性化和智能化等先进制造技术于一体，具备精细制造、精细加工以及柔性生产等能力，可广泛用于制造、安装、检测和物流等生产环节。

2.16.3　构成及技术参数

2.16.3.1　基本构成

一台完整的工业机器人一般由操作机、驱动系统、控制系统，以及可更换的末端执行器组成。

①操作机。操作机是工业机器人的机械主体，是用于完成各种作业的执行机械，具有各种结构形式和尺寸，用于执行不同的作业。为了提高工业机器人的柔性能力，工业机器人普遍采用的关节型结构，具有类似人体腰、肩和腕等部位的仿生结构。

②驱动系统。工业机器人作业过程中操作机的运动需要采用驱动系统提供动力，目前多采用压缩空气、压力油和电能作为工业机器人的动力源，对应的驱动装置分别为气缸、油缸和电动机。驱动装置一般安装在操作机的运动部件上，具有结构小巧紧凑、重量轻、惯性小、工作平稳等特点。

③控制系统。控制系统是工业机器人的“大脑”，它结合各种控制电路硬件和软件来操纵工业机器人，并协调工业机器人与生产系统中其他设备的关系。工业机器人的控制系统不仅要注重其自身动作的控制，还要建立其自身与作业对象之间的控制联系。一个完整的控制系统不仅包括作业控制器和运动控制器，还应该具备控制驱动系统的伺服控制器，以及检测工业机器人自身状态的传感器反馈部分。现代工业机器人的电子控制装置由可编程控制器、数控控制器或计算机构成，控制系统是决定工业机器人功能和水平的关键部分。

④末端执行器。工业机器人的末端执行器是指连接在操作机腕部的直接用于作业的机构，包括用于抓取、搬运的手部，用于喷漆的喷枪，用于焊接的焊枪、焊钳，或打磨用的砂轮，以及检测用的测量工具等。工业机器人操作机腕部的机械接口可以连接各种末端执行器，按作业内容安装不同手爪或工具，进而扩大工业机器人的作业范围。

2.16.3.2　技术参数

①自由度。自由度是指工业机器人所具有的独立坐标轴运动的数目，不包括末端执行器的开合自由度。自由度关节通常实现平移、回转或旋转运动。

②定位精度和重复定位精度。工业机器人的定位精度和重复定位精度体现了其工作精度。定位精度是指工业机器人末端执行器实际到达位置与目标位置之间的匹配度。重复定位精度是指工业机器人重复定位其末端执行器于同一目标位置的能力，可用标准差来衡量。工业机器人具有绝对精度低、重复精度高的特点。一般情况下，由于工业机器人的运动学模型与实际工业机器人的物理模型存在一定误差，导致工业机器人的绝对精度要比重复精度低一到两个数量级。

③工作空间。工作空间是指工业机器人操作机的手臂末端或手腕中心所能到达的工作区域或工作范围。因为工业机器人采用各种各样的末端执行器，其工作空间是指不安装末端执行器时的工作区域。合理的工作空间形状和大小需要避免存在末端执行器不能到达的作业死区，导致工业机器人不能完成任务。

④最大工作速度。最大工作速度可以用自由度上最大的稳定速度或操作机手臂末端最大的合成速度来表示，工作速度越大，工作效率越高。但工作速度太大需要花费更多时间去升速或降

速，进而对工业机器人最大加速度要求较高。

⑤承载能力。承载能力是指工业机器人在工作空间内的任何位姿上所能承受的最大重量。承载能力由负载重量、运动速度和加速度大小及运动方向有关。一般来说，承载能力是末端执行器的重量和负载重量的总和。

2.16.4 种类

①移动机器人。移动机器人(automated guided vehide AGV)是由计算机控制，具有移动、自动导航、多传感器控制、网络交互等功能，它可广泛应用于机械、电子、纺织、医疗、食品、造纸等行业，也用于自动化立体仓库、柔性加工系统、柔性装配系统(以 AGV 作为活动装配平台)，同时可在车站、机场、邮局等物品分拣中作为运输工具。移动机器人可实现点对点自动存取的高架箱储、作业和搬运，实现精细化、柔性化、信息化，缩短物流流程，降低物料损耗，减少占地面积，降低建设投资。

②点焊机器人和弧焊机器人。点焊机器人具有性能稳定、工作空间大、运动速度快和负荷能力强等特点，焊接质量明显优于人工焊接，大大提高了点焊作业的生产率。弧焊机器人主要应用于各类汽车零部件的焊接生产。

③激光加工机器人。激光加工机器人是将机器人技术应用于激光加工中，通过高精度工业机器人实现更加柔性的激光加工作业。

④真空机器人。真空机器人是一种在真空环境下工作的机器人，主要应用于半导体工业中，实现晶圆在真空腔室内的传输。

⑤洁净机器人。洁净机器人是一种在洁净环境中使用的工业机器人，用于要求在洁净环境中进行生产的产品制造。

2.16.5 应用举例

2.16.5.1 机器人自动分拣线

板式家具生产过程中经过前期的揉单后分批次进行加工，在进行包装之前需要对各个工件进行分拣，机器人分拣线可实现板式家具部件的自动化分拣过程，大大提高生产效率，并避免了人工分拣的差错(图 2-1)。

①当板式部件加工完成之后，通过输送线上的扫码器识别该部件的包装属性，并将信息传递给机器人。

②机器人根据得到的信息，将该工件送入对应的堆垛环岛，对应的位置进行存放。

图 2-1 板式家具机器人自动分拣线

2.16.5.2 机器人自动包装线

板式家具机器人包装生产线可实现板式家具部件的自动化包装过程，大大提高生产效率和工作质量，节省了人力(图2-2)。

图2-2 板式家具机器人自动包装线

①加工好的板式部件进入包装线之前，通过输送线上的扫码器识别该部件的包装属性，并将信息传递给机器人。

②裁纸设备根据事先设定的部件包装属性，得到适用于码垛完成的部件对应的包装纸。

③机器人根据事先设定的部件包装属性，从对应的分料环岛上取料，并完成部件码垛等工序，其中，包装纸和满垛通过线体自动输出或输入。

第3章 板式家具智能制造装备

板式家具是指主要部件由各种人造板作基材的板式部件所构成，并以连接件接合方式组装而成的家具。其产品构造特征是“(标准化)部件+(五金件)接口”。板式家具的优点有：①节省天然木材、提高木材利用率；②减少翘曲变形，改善产品质量；③简化生产工艺，便于实现机械化流水线生产；④造型新颖质朴、装饰丰富多彩；⑤拆装简单、便于实行标准化生产、利于销售和使用。

3.1 板式家具部件加工工艺

板式家具部件所使用的主要材料是各种人造板材。常见的有空心板、细木工板、刨花板、多层板、中密度纤维板等。板式家具部件的加工过程中主要包括裁板、封边、打孔、开槽等过程，某板式家具部件的生产工艺流程，如图3-1所示。

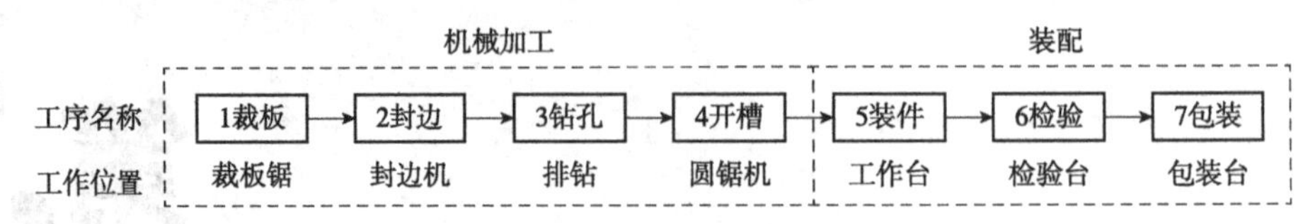

图3-1 板式家具部件的生产流程

3.1.1 基材锯裁

板式家具的基材可直接按照家具部件的尺寸规格锯裁。部件的锯裁尺寸要根据封边工艺和封边材料的尺寸，留出侧边的加工余量。如果用锯机锯裁，应注意正确调整机器，锯片或锯条的锯齿不要太大，进给速度要适当。否则，会产生部件边部崩裂现象。大批量的板式家具部件在加工过程中，是在连续生产线上进行，包括侧边锯削、齐边、涂胶、封边、倒棱、砂磨、钻孔等。

3.1.2 边部处理

覆面板经裁边后，周边显出覆面材料与芯料的切面及交接缝，不仅影响美观，并且在使用过程中容易吸收空气中的水分，引起覆面材料脱胶、开裂、剥落等缺陷，因而大大地缩短使用寿命。特别是以刨花板、纤维板作为芯料的覆面板，这些缺陷尤为显著。因此，覆面板边部处理不仅能起保护作用，而且通过边部处理能使覆面板达到形体美的要求。因此，边部处理是必不可少的重要工序。侧边处理方法有涂饰法、封边法、镶边法、包边法、V形槽木条封边法等，如图3-2所示。

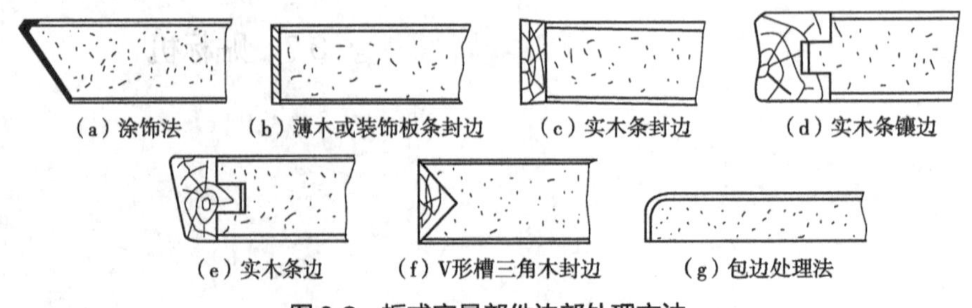

图3-2 板式家具部件边部处理方法

(1)涂饰法

涂饰法是在部件侧边用涂料涂饰、封闭，即先用腻子填平，再涂底漆和面漆。涂料的种类和颜色要根据部件的平面饰面材料选定。

(2)封边法

覆面板封边是指用实木条、薄木或单板、装饰板条、塑料薄膜封边带、有色金属封边条等跟其周边紧密接合在一起的一种加工工艺。封边工艺有手工操作和机械(封边机)封贴；胶黏剂由骨胶、皮胶发展到现在常用的合成树脂胶、热熔胶和多元共聚树脂胶；烫压封边由手工熨斗发展到现在的电阻加热、低压电热、高频加热和热熔胶烫封。封边法的工艺流程为：部件侧边涂胶，覆贴封边材料，胶黏剂固化和修整的过程。覆面板封边的基本要求是接合牢固、密缝；表面平整、清洁，无胶痕；确保尺寸与形状的精度。根据覆面板被封边的形状或封边的方式不同，可分为直线封边、曲线封边、异型封边、包边。

①直线封边。即覆面板被封的边为平直的表面。覆面材料为胶合板、薄木或单板的覆面板，一般用实木条、薄木条、单板条进行封边，以表现出木材的质感。覆面板对封边条需要进一步加工成各种成型面，则要采用较厚的实木条进行封边。

②曲线封边。曲线封边是指对覆面板弯曲形边部的封边，封边材料为塑料封边带、覆木条等，可用曲线封边机进行封边。

③异型封边。异型封边是指覆面板成型面的封边。对于芯料为刨花板、纤维板的覆面板，有的直接加工为成型面，然后进行封边处理，异型封边所用的封边材料多为 PVC 封边带，也可用刨切薄木或装饰板条。

(3)镶边法

镶边法是在部件的侧边用木条、塑料条或金属材料，以胶黏和槽沟方法包覆在部件周边。

(4)包边法

包边法是指用覆面材料对芯料进行覆面的同时进行封边处理。即覆面材料与封边材料为一体，覆面材料的幅面尺寸大于芯料的幅面尺寸，将周边多余的材料弯过来用于封边。此法常用于刨花板、中密度纤维板部件上。

3.1.3 加工成型面

对于实木封边的覆面板，为增加封边条美观性，需铣削成各种成型面，覆面板的成型面有直线形和曲线形两种，一般利用立式铣床进行加工，也可用回转工作台铣床及镂铣机进行加工。

①立式铣床加工成型面。直线形成型面的切削加工进给轨迹为直线，可以借助立式铣床上的导轨，直接利用成型铣刀在立式铣床上进行加工而成。曲线形成型面的切削加工进给轨迹为曲线，需要借助样模与成型铣刀在立式铣床上进行加工而成。由于覆面板具有较大幅面，所以加工成型面的立式铣床需要有较大幅面工作台。其加工工艺要跟实木零部件成型面加工相同。

②回转工作台铣床加工成型面。在有回转工作台的铣床上加工各种弯曲成型面的覆面板，将被加工的覆面板固定在回转工作台上的样模上，当工作台与样模旋转一圈，就能一次性将覆面板上的成型面加工完成。此方法生产效率高，且安全可靠，但需专用的样模，制造成本较高。

③镂铣机加工成型面。利用镂铣机不仅可加工覆面板的成型面，而且可以在覆面板表面上进行铣槽及雕花。

3.1.4 钻孔和开榫

板式家具部件的装配，采用连接件或简单的直角榫插接。

(1)钻孔

板式家具部件连接用的圆棒榫孔、螺栓孔、五金连接件安装孔，都需要先钻孔。有的需在板材平面上钻孔，有的需在侧边或端头钻孔，部件上的孔较多，规格大小不一，要根据其实际使用要求，准确地定位，控制孔间距离的精度。例如圆棒榫孔，需要在一个部件的平面钻孔，在另一部件侧边的相对安装位置钻孔，若孔距误差大，圆棒榫就无法安装，影响部件装配。

在覆面板上尚需加工各种用于安装连接件与装配的孔，并将覆面板上独立的圆孔，如安装锁、挂衣棍、铰链等的孔，因所有圆孔的中心距离均为 32mm 的倍数，故又称为 32mm 系统孔，需采用 32mm 模数的多排钻进行加工。

板式家具部件上的 32mm 系统孔一般都采用“对称原则”设计。所谓“对称原则”，就是使板式家具部件上的安装孔上下左右对称分布。处在同一水平线上或同一垂直线上的系统孔之间的中心距离，均为 32mm 的整数倍。32mm 系统孔采用基孔制配合，钻头直径均为整数值，并成系统。

(2)开榫

有的固定式板式家具的上部结构采用贯通开口直角多榫插合连接，这就需要在部件的上端开直角榫，采用胶接和插接方法固定。

3.1.5 表面修整

由于受设备加工精度、加工方式、刀具锋利程度、工艺系统弹性变形以及工件表面残留物、加工搬运过程污染等因素的影响，使被加工件表面出现凹凸不平、撕裂、毛刺、压痕、木屑、灰尘、胶纸条和油渍等。对于覆面材料为胶合板、薄木、单板的覆面板，其表面及边部尚需进行修整处理，以提高光洁度。覆面板表面砂光，普遍使用卧式砂光机。

3.1.6 装配

板式家具的装配要注意各部件之间是否垂直或平行，结合是否严密，结构是否牢固，连接件安装是否正确，门扇安装要灵活、开关方便，开启角度合适，关闭要严密，其他五金件安装要正确。

采用传统的板式家具部件加工模式，存在产品出错率高，产品质量不稳定，对工人的技能依赖性强等问题。随着智能制造在我国家具企业的逐渐推广，板式家具智能制造装备显得越来越重要，越来越多的企业引入了板式家具智能制造生产线。

3.2 数控裁板锯

3.2.1 组成及功能

数控裁板锯主要用于板式家具制作过程中，根据设计要求，对原材料进行自动定长切割，切割完的板件再经过封边、钻孔等工序即可完成整个工件的加工。

数控裁板锯(也称开料锯)主要由五大部分组成，即主机、锯切机构、压料机构、接料机构、送料机构(图 3-3)。主机上安装有横向导轨，锯切机构放置于导轨上，能够在导轨上实现往复式

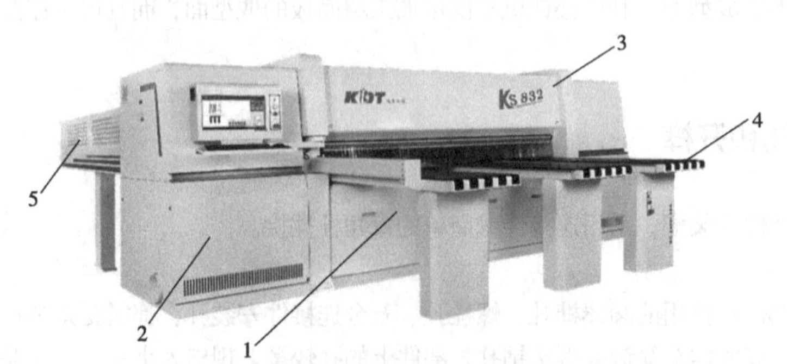

1. 主机；2. 锯切机构；3. 压料机构；4. 接料机构；5. 送料机构。

图 3-3 数控裁板锯

视频：数控裁板锯

移动锯切。送料机构安装于主机后端，上面布置有工夹，用于抓取工件实现自动送料。主机上方安装有压料机构，用于将裁切工件压紧，防止工件在裁切过程中移动及防止板材裁切过程中锯口爆边。主机前端安装有接料结构，用于将裁切的工件进行承接，接料台上安装有气浮珠，能够减少工件与工作台面的摩擦，从而能够保证工件表面得到很好的保护，同时可以使工件在上面移动时更加轻便，有效地降低操作人员的工作强度。

数控裁板锯配置有电脑操作软件，用户可根据需裁切工件尺寸进行裁切方案的编辑(图 3-4)。

编辑完裁切方案，数控裁板锯可根据裁切方案自动将工件裁切成用户所需尺寸(图 3-5)。

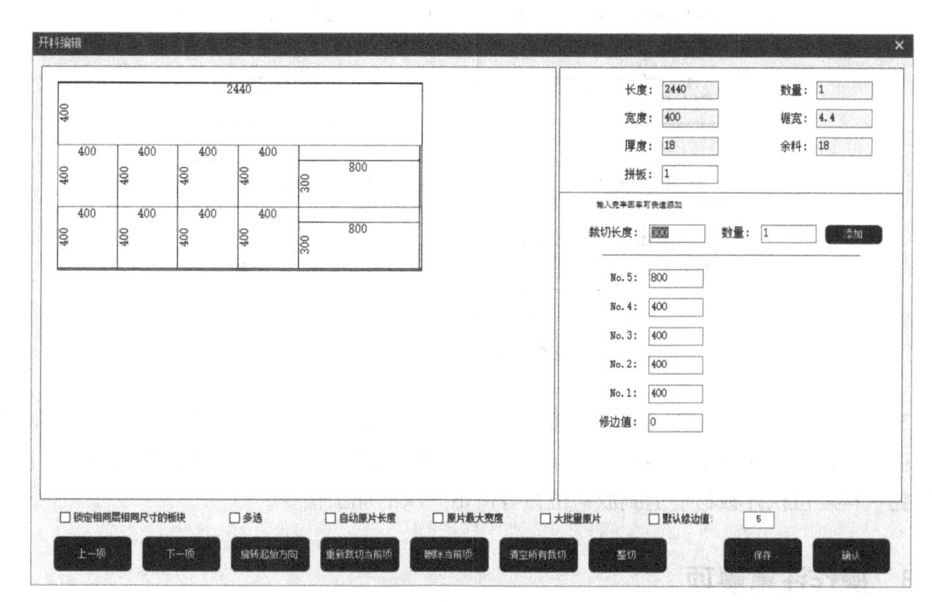

图 3-4　裁切方案编码界面示意图

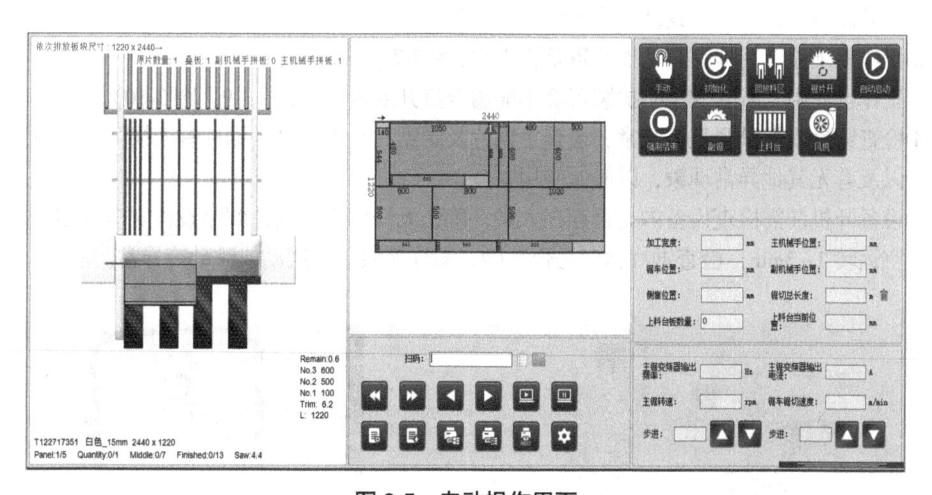

图 3-5　自动操作界面

3.2.2 工艺流程

数控裁板锯工作流程如图 3-6 所示，设备开机后需进行设备初始化，各机构进行原点复位动作，原点复位完成后，编辑加工数据或者导入优化好的加工数据，送料机构到达放料区位置后，操作人员执行前上料放置板材，从出料方向的一侧人工手动放置板材，前上料放置板材时，压料机构和防护帘是处于上升状态，裁切机构的锯片是处于下降状态，靠齐机构的靠轮是处于上升状态，前上料放置板材后，点击启动按钮，送料机构夹钳夹紧板材并后退定位，裁切机构根据板材

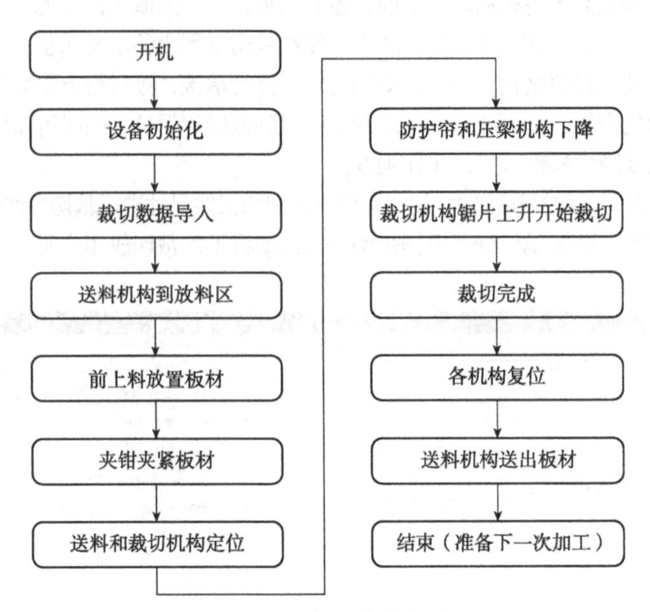

图 3-6　设备工作流程图

宽度尺寸进行定位，以上动作完成后，防护帘和压料机构执行下降动作压紧板材，裁切机构根据板材厚度上升锯片并前进裁切板材，裁切完成，各机构复位，送料机构会将剩余板材送出工作台，夹钳机构复位松开板材后退到放料位置等待下一次的加工指令。

3.2.3　操作注意事项

①开动设备前，所有工具及杂物不得放在设备上。

②操作前须检查其他安全防护装置是否正常(图 3-7、图 3-8)。

③工作过程中，所有安全防护装置都不能擅自打开或者拆卸(图 3-9、图 3-10)。

④检查锯片皮带松紧是否正常，检查主锯片及副锯片是否锁紧，锯片有无损坏，锯齿是否有磨损，以及有无其他异常现象，以确保使用安全。

⑤设备开机前需检查设备内是否存在人员，确认无任何人员后，解除设备安全急停状态，开动设备空运转 1~3min，检查锯片转向是否正确，锯片无振动、摆动或跳动等异常。

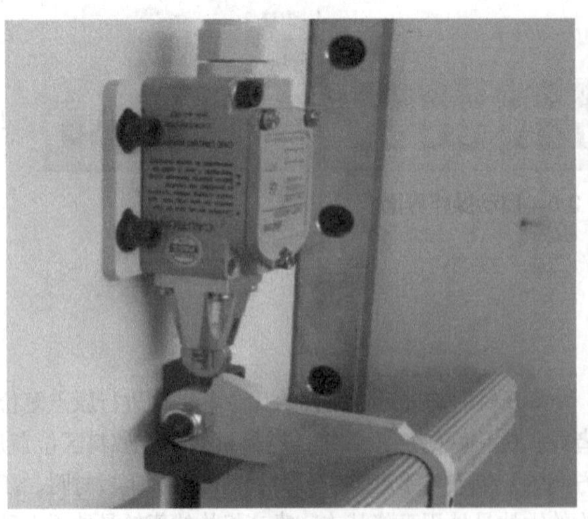

图 3-7　压料安全防护

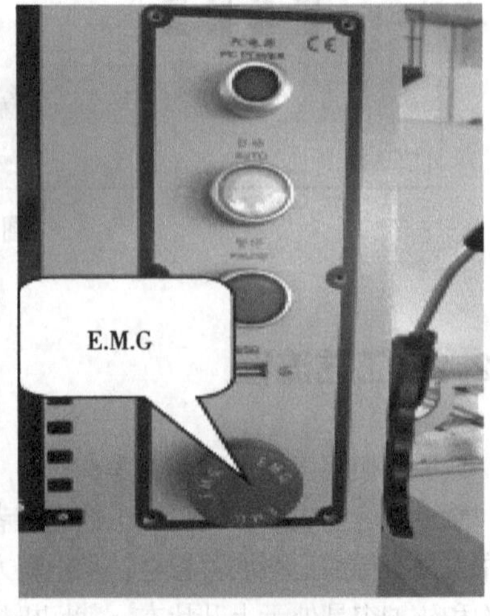

图 3-8　设备急停装置

图 3-9　锯片安全锁

图 3-10　安全门锁

⑥当设备发生故障时，应立即按下急停装置，并且切断设备电源，停止作业，派专人进行检修或者调整，切勿擅自维修设备。

⑦设备使用完毕后须切断电源，并且等到设备完全停止后才能离开。

3.3　封边机

视频：重型封边机

视频：轻型龙门机封边机连线

3.3.1　种类及特点

封边机可加工的板材有刨花板、层压板、胶合板、纤维板、高分子门板等，封边带可为木皮、三聚氰胺、塑料薄膜(PVC)、塑料(ABS)或纸张等。

封边机的种类按被封边板材侧面的形状，可以分为直线封边机和曲线封边机(图 3-11)。直线封边机按封边面的形状，又可分为直线直面封边机、直线斜面封边机、异形封边机(图 3-12)。直线斜面封边机可分为全斜面(全斜边)和斜直面(部分斜边)，斜面的角度一般在 0°~45°可以调节(图 3-13)，主要用于无拉手抽屉板柜门等家具特殊斜边的封边(图 3-14)。

曲线封边机一般为手动进料，适合小规模生产。国内通用设备为直线封边机，其中直线直面和直线斜面封边为常规封边机。

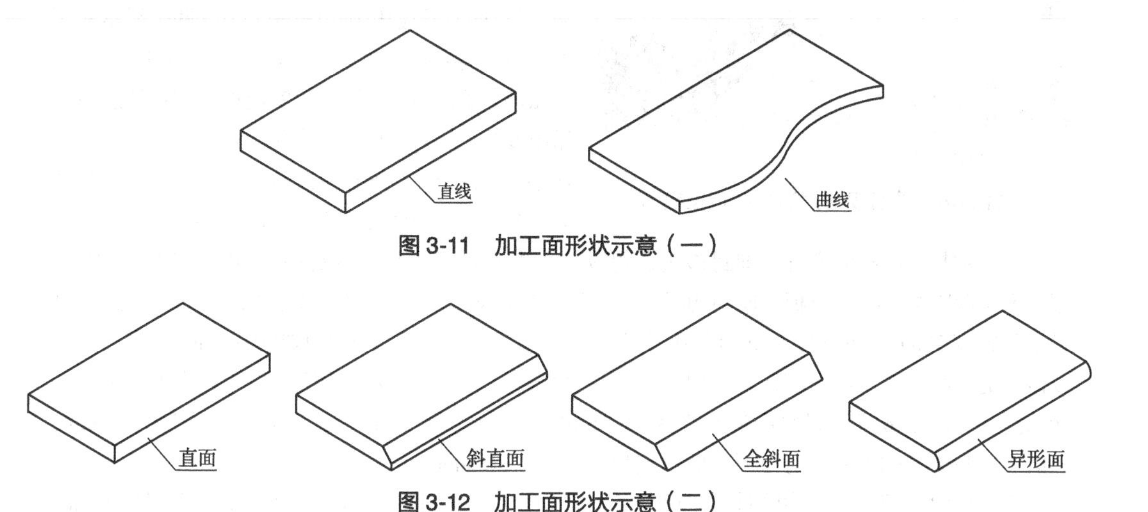

图 3-11　加工面形状示意（一）

图 3-12　加工面形状示意（二）

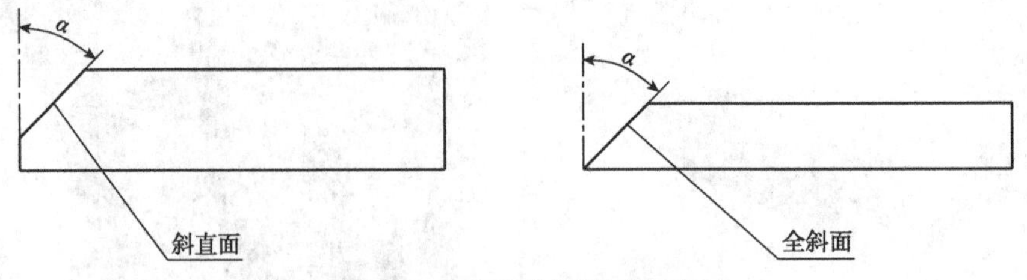

图 3-13　加工面斜面角度示意

直线直面封边机按其加工速度的快慢，一般分为高速封边机和普通封边机。普通封边机为压轮压梁输送，其进给速度为 15～23m/min。高速封边机的板材输送系统一般为履带压料(图 3-15)，进给速度为 20～26m/min，具有更高的封边速度和稳定性。

图 3-14　无拉手抽屉

图 3-15　履带压料

直线封边机按板材一次进给加工的封边面数量，可分为普通封边机和双端封边机。双端封边机可实现被封边板材向对侧面同时封边加工。双端封边机是集成自动化生产线的最佳选择，具有良好的稳定性、操控性，配备有重型横向移动支架和精密位置控制驱动系统，其控制界面可方便准确地与生产线控制系统集成，是高效自动化生产的保证，其进给速度为 13～20m/min。双端封边机中输送带上链块有定位链节装置的为精密双端封边机。精密双端封边机可精确控制板材输送时的板间距和板材加工的位置，加工精度更高(图 3-16)。

图 3-16　精密双端封边机的定位链节

按照封边机的自动化程度一般可以把封边机分为普通封边机、气动控制封边机、伺服控制柔性封边机。普通封边机一般为当更换厚度不同的封边带时，需人工手动调节各加工机构的刀具位置。气动控制封边机则可事先调节好两个经常使用的位置，需要切换封边带厚度时，气动驱动切换。伺服控制柔性封边机则可以实现加工装置任意封边带厚度位置切换，可实现多种封边带自动切换，可对不同工件进行快速自动封边，以满足板式定制家具的高速化、多样化、智能化的生产需求。

根据被封边板材的宽度不同封边机还可以分为端头封边机和常规封边机(图 3-17)。当需要用于家具踢脚板、抽屉侧板、橱柜角线等小工件的封边时，不带跟踪仿型修边装置的端头封边机最小可封宽 30mm 的板材，带跟踪仿型修边功能的端头封边机可实现最小封宽 40mm 的板材，可以很好的解决传统手动封窄板，达到精准、高效的封边生产。端头封边机跑边即封边机传送带边缘与封边各加工装置之间的距离比普通封边机更近，可达到 20mm，普通封边机一般为 30mm，所以可以封更窄的板材。封窄板时板材长度要求大于 300mm。

当需要对木门进行封边的时候，也有专门的木门封边机(图 3-18)，其预铣装置配备有 65mm

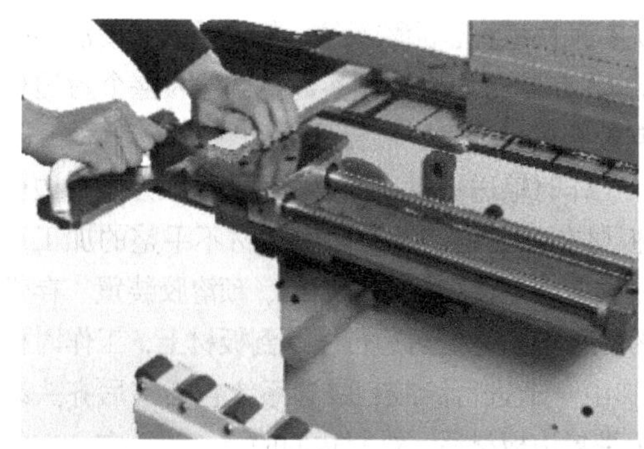

图 3-17　端头封边示意图

（a）履带压料

（b）双水平开槽（标配5.5kW）

（c）四面封边开槽

图 3-18　木门封边机部分功能

厚度铣刀，满足铣削宽门板需求，且涂胶机构为大胶锅配预溶胶系统，满足大的涂胶量需求，并配有板材输送装置履带压料，相较与常规压轮压料板材输送过程更平稳；配备双水平开槽装置，可同时为门板侧边开两个槽。

封边使用的胶黏剂可以分为 EVA 热熔胶和 PUR 热熔胶。大多数的封边机上的热熔胶是 EVA 胶，加热后操作，热熔胶贴合后可以再加热使用，固液状态是可逆的。而 PUR 热熔胶的结合性和韧性可调节，并有着优异的胶合强度、耐温性、耐化学腐蚀性和耐老化性。PUR 热熔胶是一种单组分湿气固化反应型聚氨酯热熔胶，加热操作、贴合后会和空气里的湿气反应，反应完后就不可逆(即固化后再加热也不会融化)。用 PUR 热熔胶对用于封边人造板虽有优良的性能，但是由于其本身会与空气中湿气反应，而反应过程又不可逆，这就使封边过程中不能中断。当需要停机或者有段时间不用 PUR 热熔胶的时候，胶锅中的 PUR 热熔胶会与空气中水蒸气发生反应，使 PUR 热熔胶不能继续使用，造成 PUR 热熔胶的浪费，而且容易堵塞胶锅。目前市面上有专门用于胶锅使用后的清洁，或者短期不使用胶锅把胶锅存放在密封箱体内，保证 PUR 胶活性的多功能清洁机构(图 3-19)。

图 3-19　多功能胶锅清洁机构

封边机涂胶方式可分为接触式加热涂胶和非接触加热方式，接触式加热涂胶是热熔胶涂布在涂胶轴上，由涂胶轴直接与板材接触涂在板材上，再把封边带压贴在涂好胶的板材边缘，EVA 和 PUR 热熔胶都属于接触式加热涂胶方式。非接触加热方式有热风和激光加热等类型，其中热风和激光封边是把胶层提前做在封边带上，即封边带背面有预涂胶层或特殊聚合胶层，需要封边时用热风或者激光加热封边带上的胶层，直接压贴在板材边缘实现封边作业。目前国内装备主要以接触式加热为主，接触式加热使用方便，不需要使用专门的封边带。

3. 3. 2　组成

封边机，主要用于板式家具制作过程中，对切割好的板材进行封边，可实现直线或曲线，直面或斜面的封边。其主要功能为封边机上各组成机构协作完成。

封边机主要由操作系统、机架、板材输送系统、预铣系统、涂胶系统、修边系统和清洁系统组成，如图3-20所示。操作系统主要包括操作电脑，存储封边机控制参数；机架为整个封边机各加工机构安装和支撑作用；板材输送系统由导向板装置、压梁导轨装置以及图中未标注的升降装置、输送电机等组成，可精确稳定的输送板材，工作时输送板材从图中右到左依次经过封边机各加工装置；预铣系统为预铣装置，主要为消除板材在之前锯切等工序中板材不平整的加工边缘，为涂胶加工作准备；涂胶系统包括大胶锅涂胶装置、上熔胶锅涂胶装置、预溶胶装置、存带装置、送带截断装置、压贴装置等，主要功能是为板材涂胶并把封边带压贴到板材上，工作时根据需要选用大胶锅涂胶装置或上熔胶锅涂胶装置其中一个进行涂胶；修边系统包括前后齐头装置、修边装置、跟踪修边装置和刮边装置等，封边带封边板材后，被封边面的上、下、左、右的四个边封边带会多出一部分，修边系统功能为把封边带边缘修成直角或圆弧角达到美观的效果；清洁系统包括清洁脱模装置和抛光装置，主要为使板材封边后表面清洁。

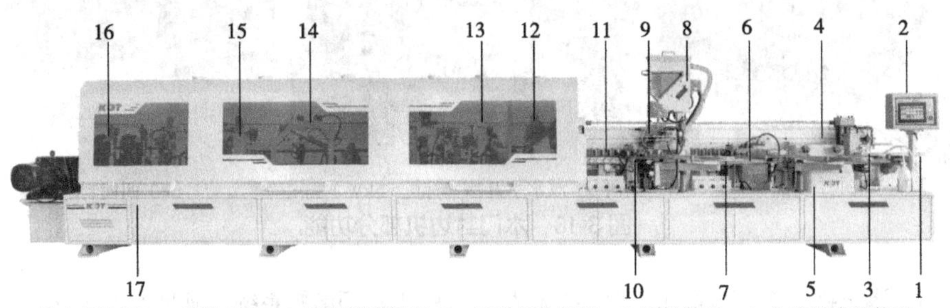

1. 导向板装置；2. 操作电脑；3. 清洁脱模装置；4. 压梁导轨装置；5. 预铣装置；6. 大胶锅涂胶装置；7. 存带装置；8. 预溶胶装置；9. 上熔胶锅涂胶装置；10. 送带截断装置；11. 压贴装置；12. 前后齐头装置；13. 修边装置；14. 跟踪修边装置；15. 刮边装置；16. 抛光装置；17. 机架。

图3-20　封边机

3.3.3　封边工艺流程

一般封边工艺流程如图3-21所示，依次是预铣、加热涂胶、送带截断、压贴、齐头、修边、刮边、开槽和抛光。

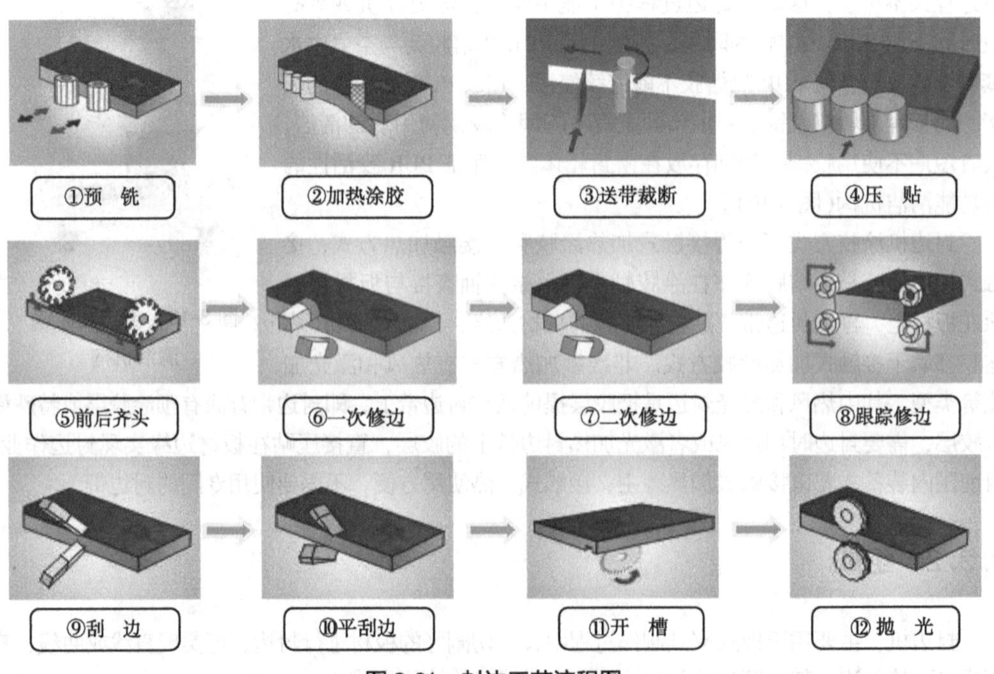

图3-21　封边工艺流程图

(1)开机

步骤为接通外部电源，打开电控柜侧面的总电源开关，打开控制面板上的电源开关，打开加热开关，设定温度控制仪，安放封边带，打开所采用的功能开关，开始加工。调节压梁高度，通过电脑操作输入或选择设定好的高度(图 3-22)。

图 3-22　压梁升降高度

(2)放板

如图 3-23 所示，放板时板材贴着导向板放置，使板材待封边面与输送带运动方向平行。板材首先会经过限料气缸和行程开关。限料气缸用于限制放板间距，即放置第一块板后，气缸伸出，限制放的第二块板进入输送带，第一块板在输送带的运送下达到设定距离后，气缸收缩；开始运送第二块板。当板间距过短时，前后齐头装置电机工作后还未回到待机位置，第二块板材已经到达工作位置，系统会进行齐头错误报警，并停止板材输送，以免撞坏机构。行程开关则用于判定板材的开始通过和通过后的时间，并根据输送带速度系统计算板材在输送过程中的具体位置和板材长度，为板材后续加工提供数据，如送带截断装置会根据板材经过行程开关的时间，判定何时切断板材封边后尾部的封边带。

(3)喷涂(脱模)

如图 3-24 所示，此工艺是在工件封边部位的上下表面喷洒防黏剂，一是为软化工件表面提高预铣刀质量，二是防止挤出表面的热熔胶粘结在工件表面，三是有利于平刮刀到将胶层清除。

图 3-23　放板示意

图 3-24　脱模装置

(4)预铣

由于板材在下料或搬运过程中有可能造成被加工面倾斜或残缺，通过铣边机构的铣削后，可以清除被加工表面存在的各种缺陷，使板材在封边时达到最佳状态。铣刀 1 顺时针铣削，用于铣削板材待封边面的前部，铣刀 2 逆时针削铣待封边面的尾部。铣刀 2 在板材待封边面前端经过一定距离后，由气缸提供动力伸出指定距离，距离可由调节轴调节计数器显示，开始铣削板材待封边面后部。铣刀 1 由气缸提供动力为伸出状态，铣削板材前部端面，当铣刀 1 铣到板材中部后由气缸提供动力缩回。

(5)工件预热

EVA热熔胶的工作温度通常在150℃以上，如果工件温度过低，涂胶后热熔胶的温度会快速降低，影响封边带和工件的胶合强度，因此，工件涂胶之前必须先预热，尤其是在冬季(图3-25)。封边机的工件预热装置位于涂胶机构前面，由两对红外石英加热管组成，总功率1.75kW，加热范围250mm，加热区温度可达200℃，工件经过加热区后待加工面的温度能达到150℃，与胶黏剂温度接近，能获得良好的胶合质量。

图3-25 工件预热

图3-26 送(存)带机构

(6)涂胶

将热熔胶加热熔化后的胶黏剂通过涂胶轴涂于板材待封边面上。通常涂胶单元包括胶锅、加热元件、涂胶辊，有的涂胶装置配有预溶胶机构，提前将胶粒融化后灌入胶锅，使胶锅可以不间断工作。

板材涂胶后，由送带机构从一卷封边带中自动拉出待封边板材所需的封边带，封边带与板材运动速度相同，同时经过压贴装置，由压贴轮将封边带压贴于板材涂完胶黏剂的待封边面上，再由送带截断装置上的截断刀把已经封好边的板材尾部封边带截断，如图3-26、图3-27所示。

(7)修边

①前后齐头。经过封边之后的工件，前后一般都有余量为2~20mm的封边带，前后切机构通过两把高速运转的锯片可将多出来的封边带切除，使封边带和工件前后端保持平齐(图3-28)。

图3-27 压贴装置

图3-28 前后齐头装置

②修边。为了使封边带完全覆盖住工件加工面，选用的封边带都会比工件的加工面要高，因此胶合后封边带高度都会比工件上下表面各高出1.5~2mm，修边工序的作用是通过高速运转的刀具将高出的这部分封边带削除，使封边带的上下边缘与工件上下表面平齐(图3-29)。

③跟踪修边。经前后齐头后的工件的封边带加工面四角为直角，跟踪的作用是将工件加工面的四个角修铣成圆弧状，增加美观性(图3-30)。

④刮边。工件经过修边工序后，封边带表面仍留有修边刀具削铣过后留下的刀痕，刮边工序通过固定安装的刮刀，以刨削的方式，在修边刀具削铣过的地方再刮除0.1mm左右的封边带，达到消除刀痕的目的，同时提高封边带表面的光洁度(图3-31)。

⑤平刮边(选配)。平刮边机构的作用是将板材上下边缘在封边之后突出的封边带及胶线刮掉(图3-32)。由于板材的不均匀性，导致板材在封边之后的修边和刮边过程中不可能使封边带和板材上下表面完全平齐，所以一般调节修边和刮边机构时，在修边和刮边之后封边带会凸出板材上下边缘大概0.1mm，这样可以防止修边和刮边机构在板材不平时而刮伤。平刮边机构可以将凸出的这一点点封边带刮掉，另外还可以将板材与封边带之间挤压出来的胶线刮掉。

⑥开槽(带T、H或L机型配备)。开槽机构的主要作用是在板材的表面铣出一个槽，以便于安装玻璃、背板等，加工简单，安装方便。本设备可选用T上开槽装置，H下开槽装置，L水平开槽分别对板材的上表面，下表面和水平侧面进行开槽。

图3-29　修边装置

图3-30　跟踪修边装置

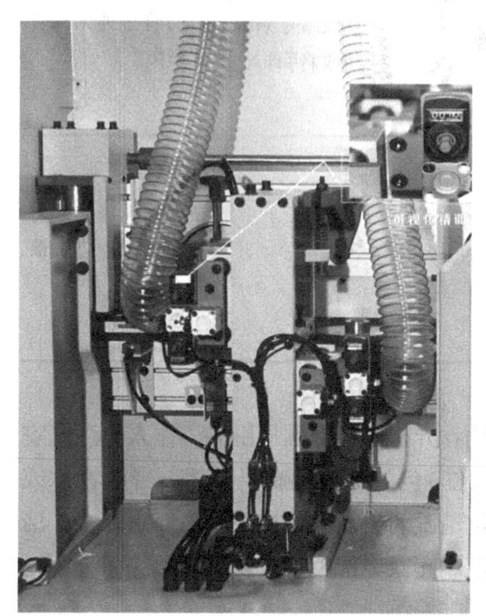

图3-31　刮边装置

图3-32　平刮边装置工作示意

(8)清洁系统

①刮边夹带。主要功能为把刮边工序后，夹除从板材上刮下的长条状封边带。

②清洁。作用是在工件的上下表面喷洒一层清洁剂薄膜，使工件表面粘结的胶黏剂更容易被清除，清洁机构一般和抛光机构一起使用。清洁机构与脱模机构完全一致，区别仅仅在于喷洒剂不同。

③抛光。通过电机带动抛光布，轮抛除封边带的边缘毛刺及封边带与板材之间的残余胶黏剂，使得板材封出来的边更加干净光滑(图3-33)。

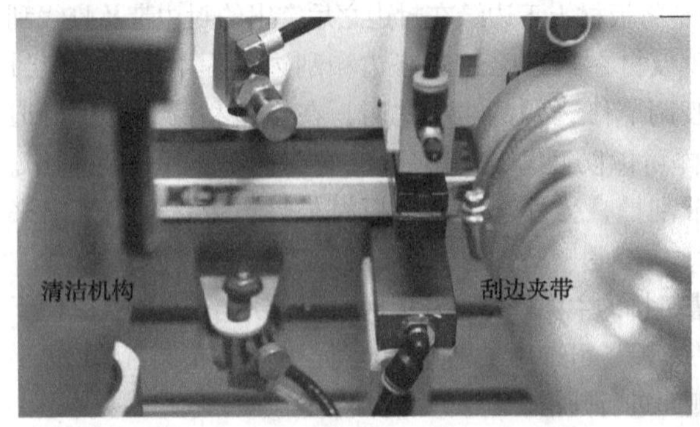

图 3-33　抛光装置

3.3.4　操作注意事项

3.3.4.1　安全操作注意事项

安全标志说明见表 3-1。

表 3-1　封边机安全标志说明

标志示例	说明内容	标志示例	说明内容
	请勿擅自打开电柜箱或触摸带电体，防止触电	危险 刀具高速旋转 请勿将手伸入	刀具高速旋转时，请勿将手伸入，防止割伤
警告 触电注意 高温注意 请勿碰触	请勿触摸设备上的高温部分，防止烫伤	危险 卷入注意 运转中请勿靠近	机器运转时，请勿随意触摸，防止被卷入

操作注意事项包括开机前请检查并清理机器上的杂物；开机时请提醒周围的工作人员注意安全；对加热涂胶箱加热前查看热熔胶余量；设备中橙黄(红)色的地方是高温物体、带电物体或高速旋转的刀具等，请特别注意；当加工中出现任何异常情况时，请立即按下紧急停止开关；请在关机的状态下进行维护和修理；非专业人员禁止打开控制箱及电控柜；更换电气元件前，请先切断机器电源；定期检查安全保护装置，发现故障应立即维修解决。

3.3.4.2　各机构注意事项

①涂胶装置。第一次加热须加到设定的加热温度，涂胶轴才会转动。当关闭涂胶按钮时涂胶轴会继续转动，同时操作页面有文字提示涂胶轴正在转动，温度低于停止温度时涂胶轴才会停止。点击机架上涂胶维护黄色按钮可立即停止涂胶轴转动，停止加热，同时闪烁警示。

②当发现放置板材与导向板不平行时，板前间隙或板后间隙如图 3-34 所示，需要调节导向板装置，出厂时导向板装置已调好。

③清洁脱模机构。可以在控制面板中开启，脱模部分必须开启输送带和铣刀机构之后才能被开启，清洁机构则必须开启输送带和抛光机构之后才能被开启。

图 3-34　导向板安装不良(板后间隙)

④预铣装置。出厂时铣刀调节轴上的计数器两边都已归零，表示两把铣刀的相对位置已调好。需要调节铣削量时调节导向板的计数器即可，不可随意调节铣刀调节轴上的计数器，防止两把铣刀铣削不平衡。

⑤送带截断装置。更换不同宽度的封边带时必须调整压带块的高度以适应新的封边带。另外在安装封边带、重新开机等情况下，在第一块板材封边之前要确保封边带前端通过送带轮且不超出截断刀，否则在第一块板材封边时会造成部分机构的损坏。

⑥前后齐头装置。每日使用完毕之后应先用吹气管清理出直线导轨上的锯屑，再用(WD-40清洗剂)清洗直线导轨，最后通过注油嘴加入黄油或者直接将黄油均匀涂抹在直线导轨上，保持直线导轨的清洁和润滑。否则易造成直线导轨和滑块的损坏。

⑦修边装置。在安装新的修边刀时，应特别注意电机旋向和修边刀旋向的相对关系，如果将修边刀安装反，作业时将导致修边刀破损。同时因为修边电机在高速旋转，修边时稍有不平衡，电机就会产生强烈的振动，造成许多部件的损坏，因此只要发现修边刀稍有破损就必须立即更换。

⑧跟踪修边装置。一般跟踪修边功能只能在封边带厚度大于或等于 1.5mm 的情况下使用。

⑨刮边装置。吸尘管的封边带屑及时清理，以免影响机构运转。

⑩开槽机构。建议在低速模式下使用开槽机构。

⑪抛光装置。抛光布轮为易损件，当板材经抛光后抛光效果较之前明显下降，则需立即更换布轮。

3.4　钻孔中心

3.4.1　种类

视频：
多机头同步钻孔

钻孔设备是板式家具制造的三大主要加工设备之一，钻孔的质量直接影响到家具的整体质量。在板式家具生产过程中，钻孔主要是为板式家具制造接口，现在板式家具部件钻孔的类型主要有：圆榫孔(用于圆榫的安装或定位)、螺栓孔(用于各类螺栓、螺钉的定位或拧入)、铰链孔(用于各类铰链的安装)、连接件孔(用于各类连接件、插销的安装和连接等)。钻孔的精度直接影响家具的组装，是板式家具生产中重要环节。

视频：
数控钻多机连线

目前市面上的钻孔设备主要有以下几款：

(1)水平钻

水平钻是一种经济简易型的加工设备，只能进行水平孔的加工，操作简便，打孔速度快(图 3-35)。

(2)多排钻

多排钻可同时对工件三面或四面钻孔，加工效率高，工件更改后需重新调整排钻位置，调整时间较长，适用于批量生产(图3-36)。

图3-35　水平钻

图3-36　多排钻

(3)通过式数控钻孔中心

通过式数控钻孔中心双龙门四钻组的结构，可根据工件长度进行单工位加工或双工位同时加工，是一款高效的柔性化钻孔设备(图3-37)。一次加工最多只能完成上表面和三侧面的钻孔加工，具有一定的局限性。

(4)数控钻孔中心

数控钻孔中心是一种柔性化钻孔设备，通过扫描工件条码，一次装夹可完成工件的钻孔和铣削加工(图3-38)。设备操作简单，适用性广，适用于定制家具的批量生产。近年来，定制化的家具市场需求不断增加，个性化的家具生产已逐渐成为主流，相应地数控钻钻孔中心凭借其高柔性化的优势，已成为市场的主流钻孔设备。

图3-37　通过式数控钻孔中心

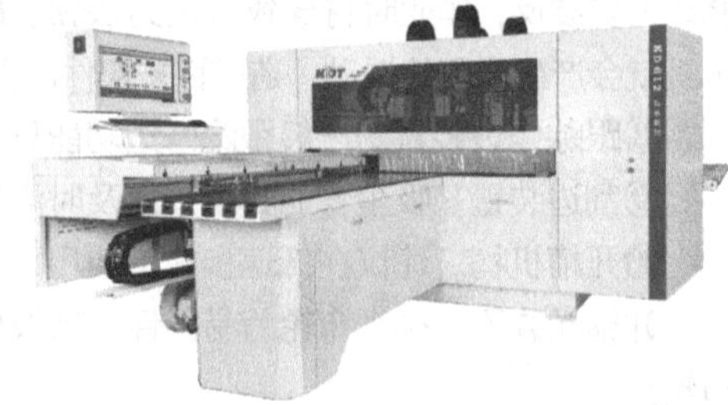

图3-38　数控钻孔中心

3.4.2　组成及功能

数控钻孔中心是目前应用市场上的主流钻孔设备，按其一次性可对工件几个表面进行钻孔加工可分为五面数控钻孔中心和六面数控钻孔中心。五面数控钻孔中心一次装夹只能完成工件上(下)表面和四侧面的钻孔加工，对于上下表面均有加工需求的工件，需要进行二次加工。由于六面数控钻孔中心一次加工即可完成工件六个面的钻孔加工，对于各种加工要求的工件，均不需要翻板二次加工，目前已成为市场上主流产品。

图3-39所示为六面数控钻孔中心的结构示意图。将需加工的工件放置在进料支撑台上，使用扫码枪扫码工件上的条码，数控钻孔中心即可读取加工信息，生成加工路径。踩下脚踏开关，待机器各定位面到达预定位位置后，将工件基准面推平各定位面；再次踩下脚踏开关，夹钳夹紧工件，带动工件到达工作台合适位置进行钻孔和铣削加工，工件移动过程中，侧靠板靠近工件，减少加工过程中工件抖动增加加工误差。加工完成后，夹钳带动工件到达出料台位置，经由出料输送台输送出料。

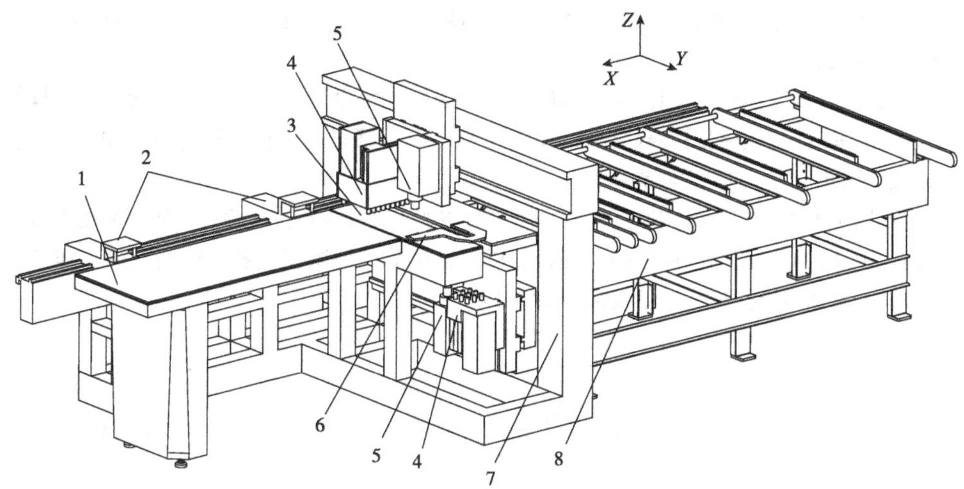

1. 进料支撑台；2. 夹钳机构；3. 工作台；4. 钻孔机构；5. 主轴机构；6. 侧靠机构；7. 机架；8. 出料输送台。

图 3-39　六面数控钻孔中心

3.4.3 优点

钻孔中心为高精度数控机床，主要用于板式家具行业工件的钻孔、铣槽、铣型等加工，市面上常见的密度板、刨花板、胶合板、实木板材等板材均可加工。

识别数据灵活。可读取主流拆单软件产生的 mpr、xml 等加工文件或自行在设备上设计和编辑加工数据。

智能判断。在自动加工前对加工文件进行判断，可加工的文件直接载入，不能加工的文件报错及提示。在加工过程中，若孔位符合多把刀同时钻孔，则会多把刀同时弹出，一次性钻孔，提高效率。

数控钻孔中心使用钻组可加工直径 35mm 以下的孔，基本可以满足所有板式家具常用五金的孔位加工，例如三合一孔、铰链孔、销孔等。对于直径 35mm 以上的孔或较特殊孔径的孔可使用主轴进行加工。主轴还可进行简易的铣型和铣槽加工，常用的灯槽、层板槽等。

3.4.4 钻孔工艺流程

钻孔工艺流程主要包括如图 3-40 所示的自动加工流程。

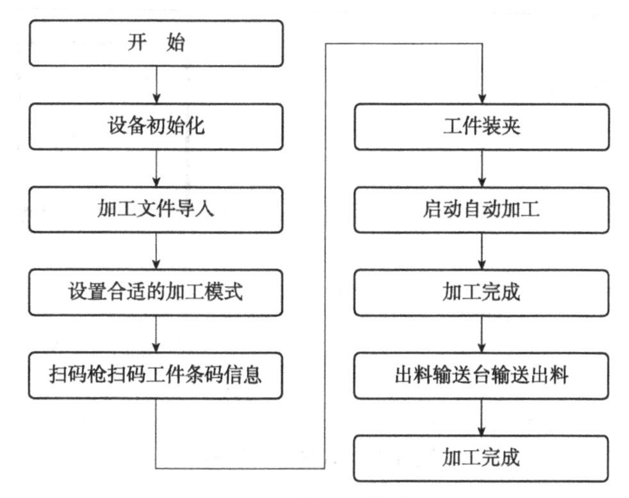

图 3-40　钻孔工艺流程

①准备好加工文件，然后拷贝到设备的操作电脑上，文件类型可以是 mpr、xml、dxf、pdx、bpp、ban 等格式；

②加载文件，点击桌面图标，打开钻孔中心的操作软件(图 3-41)。进入“自动模式”操作界面，可以选择串口扫码枪扫码加载文件，如图 3-42 所示为通过串口扫码枪的方式加载文件，首先点击“文件目录”选择加工文件夹所在路径。

③设置加工模式，在加载完加工文件之后可对该加工文件进行加工设置，不同的机型有不同的功能设置选择，加工前勾选需要的功能设置即可。例如，屏蔽正面孔，切断暂停，连续加工等，应根据实际使用情况勾选加工设置，如图 3-43 所示。

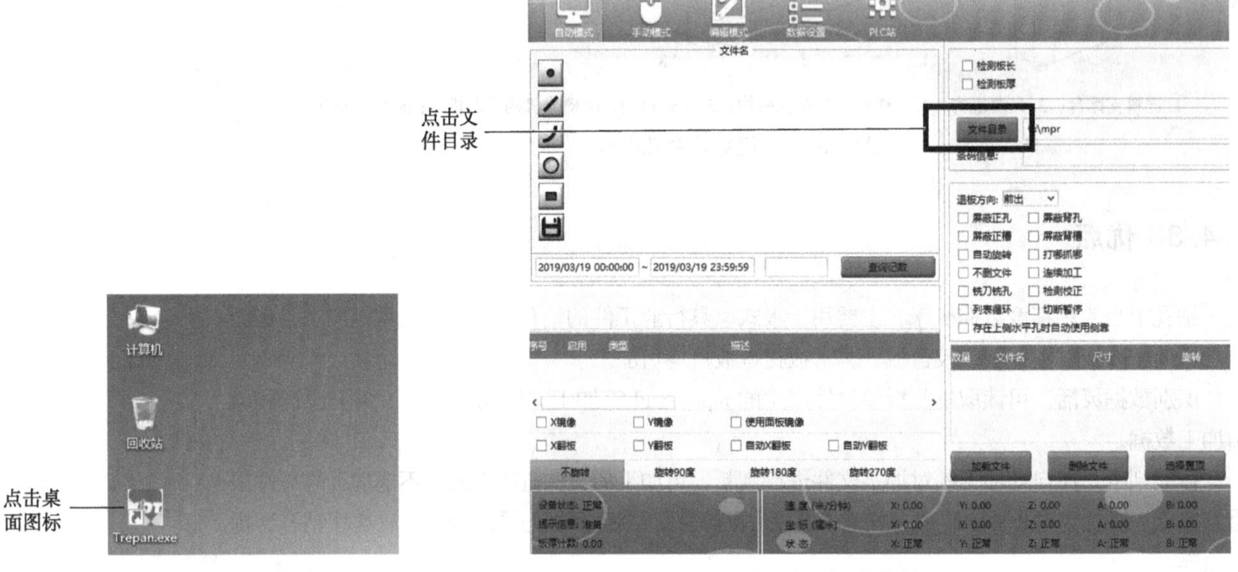

图 3-41　钻孔中心操作软件　　　　图 3-42　加载文件

图 3-43　勾选加工设置

④启动设备，使用扫码枪扫码工件条码信息，踩下脚踏开关(图 3-44)，设备钻孔装置和夹具会进行预定位，定位完毕后进行人工上料(图 3-45)，再次踩下脚踏开关夹具夹紧板材，按下面板上绿色启动按钮(图 3-46)，即可进入自动加工。

⑤待工件加工完成后，到出料区接料取走加工完成的工件。

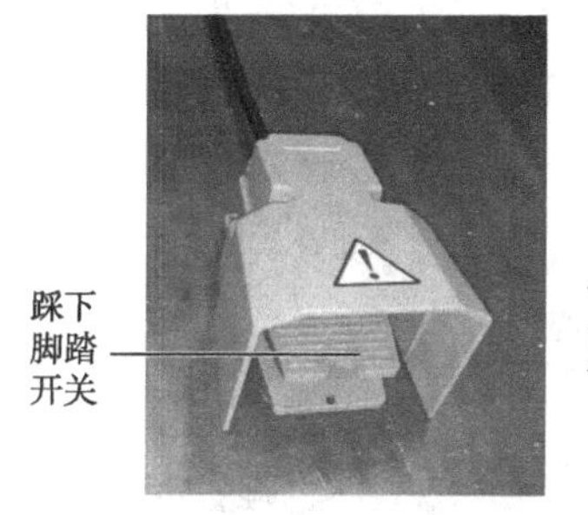

图 3-44　脚踏开关

图 3-45　人工上料

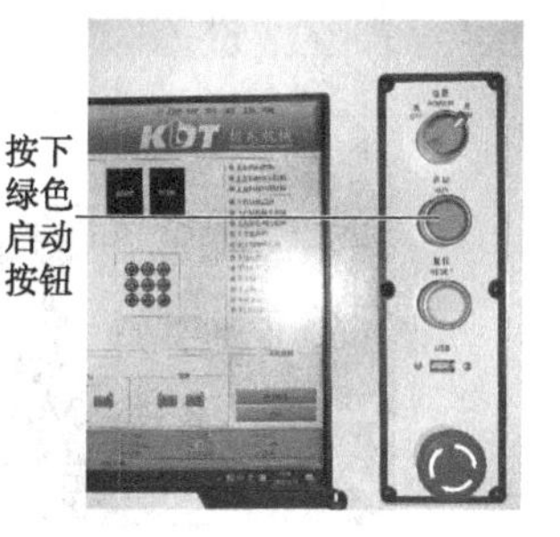

图 3-46　启动加工

3.4.5　操作注意事项

①开动设备前，所有工具及杂物不得放在设备上。

②开动设备前，确保所有钻头和铣刀锁紧，无损坏；钻头安装方向无误，且钻头大小与刀库设置一一对应。

③踩下脚踏开关使夹钳夹紧工件前，确保工件放置位置无误，双手远离夹钳夹紧区域。

④设备加工过程中，所有安全防护装置都不能擅自打开或者拆卸。

⑤加工过程中请勿靠近夹具、钻组及各轴运动机构，避免受伤。

⑥加工尺寸较大的工件时，人要远离工作台，防止工件倒退时伤人。

⑦当设备发生故障时，应立即按下急停装置，并且切断设备电源，停止作业，派专人进行检修或者调整，切勿擅自维修设备。

⑧设备使用完毕后须切断电源，并且等到设备完全停止后才能离开。

3.5　数控钻孔连线

3.5.1　组成及功能

数控钻孔机连线的主体加工设备和单机的数控钻孔中心一样，但区别在于，数控钻连线的数控钻机器使用了带自动定位工件功能的进料输送台(图 3-47)，工件输送到进料输送台后可自行定位夹紧工件进行加工，无需人工操作。

数控钻孔连线通过条码识别装置读取工件加工信息，智能线控系统配合滚筒和皮带输送设备，自动分流工件到数控钻孔中心进行加工，加工完成的工件汇流统一出料。还可配备机器人进行上下料操作，实现全自动化生产。数控钻孔连线相比于常规机器极大地降低了操作人员数量，降低人工成本。

如图 3-48 所示为数控钻三机连线，通过滚筒和皮带线输送设备实现进料分流加工和加工后汇流统一出料。此连线模式可根据实际生产需求和车间场地空间，调整数控钻孔中心主机的数量做成两机连线、四机连线等，布局灵活多变，为目前使用最多的数控钻多机连线方式。

图 3-47　进料输送台工件自动定位机构

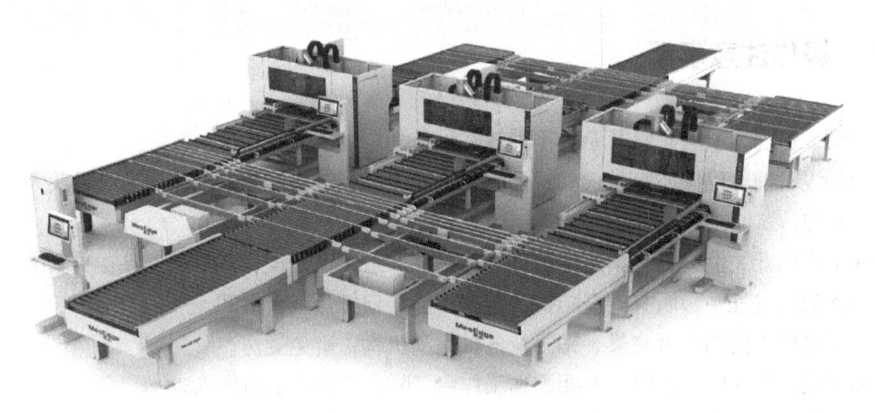

图 3-48　数控钻三机连线

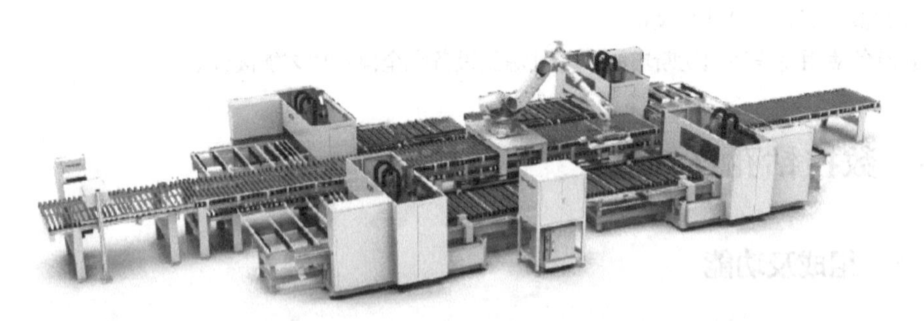

图 3-49　机器人数控钻连线

视频："4+1"连线

如图 3-49 所示为机器人数控钻连线"4+1"。扫码摄像头读取工件信息后，机器人智能分配到数控钻孔中心进行工件加工，加工完成通过皮带线和滚筒线汇流出料。对称式的布置，中间双层分流滚筒线，上层进料，下层出料，实现自动化打孔生产的同时，极大地节约了设备的占地空间。

如图 3-50 所示为数控六面钻和通过式数控钻连线。两种钻孔设备的结合，通过式数控钻加工效率高，分配加工只有四面以下钻孔要求的工件进行加工，对于需四面以上钻孔或者需进行铣削加工的工件分配到数控六面钻上进行加工。由于通过式数控钻加高效率远高于普通六面钻，需配套缓存机使用，避免工件堆积影响通过式数控钻加工效率。两种设备的组合连线，相对于单一的数控钻连线，效率更高，厂房占地空间更少。

图 3-50　数控六面钻和通过式数控钻连线

数控钻主机的基础功能和单机的一致，区别在于，连线机可自动定位工件装夹加工，线控系统通过各种自动输送机器可智能分配工件到合适的机器加工，可嵌入到自动化生产线中，减少人工操作，实现高度自动化。要实现设备连线自动生成，一般会使用到以下几种常用的自动输送机器：

①滚筒线。通过电机带动滚筒运转，可前后输送工件(图 3-51)。

②皮带线。通过电机带动皮带运转，可横向输送工件(图 3-52)。

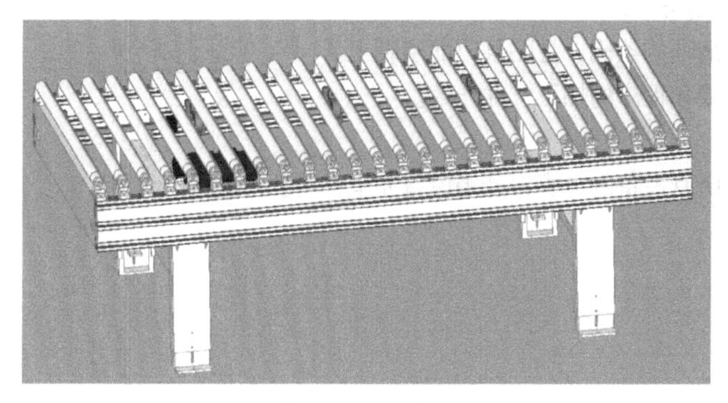

图 3-51　滚筒线

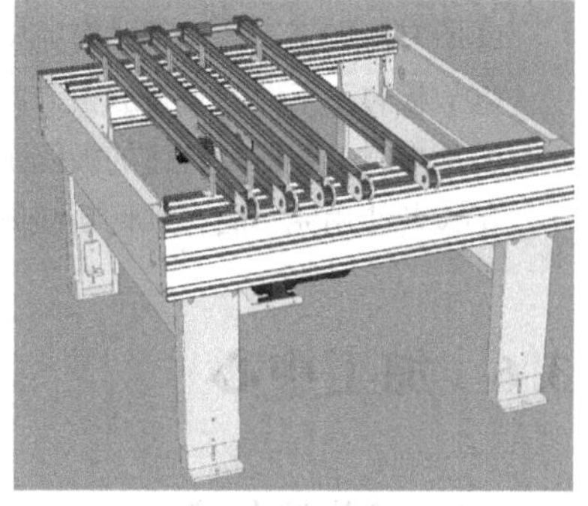

图 3-52　皮带线

③顶升移载线。既可使用滚筒前后输送工件，亦可通过皮带横向输送工件，其中皮带机构设有气缸带动的升降机构(图 3-53)。当使用滚筒输送工件时，皮带机构下降至皮带面低于滚筒顶部，电机带动滚筒运转，输送线前后输送工件。当使用皮带输送工件时，滚筒停止运转，皮带升起至皮带表面高于滚筒顶部，电机带动皮带运转，横向输送工件。

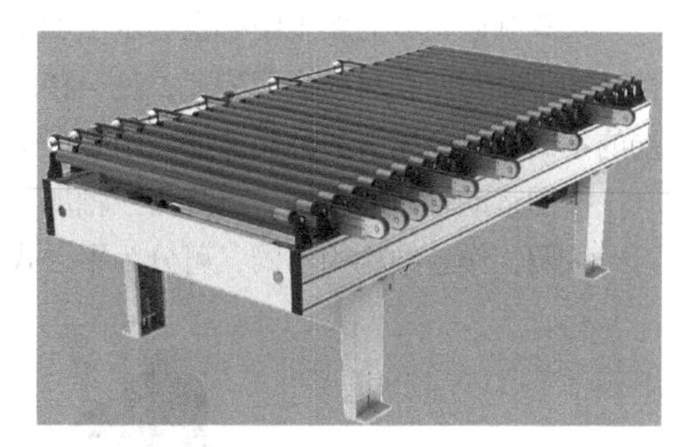

图 3-53　顶升移载线

3.5.2　工艺流程

将加工文件拷贝到操作电脑后，按下自动加工启动按钮，一人(机器人)在进料区放贴好条码的待加工工件到输送台，另外一人(机器人)在出料区的输送台接板即可，中间过程全自动化生产(图 3-54)。

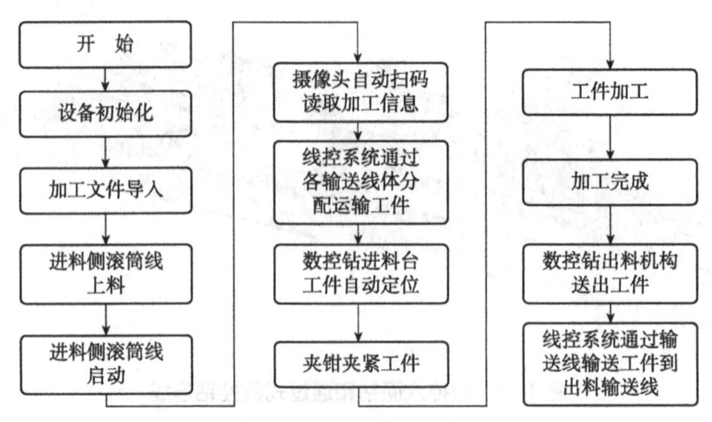

图 3-54 数控钻孔连线的工艺流程

3.5.3 操作注意事项

①设备开启前，确保所有输送线和数控钻主机上无杂物放置。
②设备开启前，检查整条线体，确保线体范围内无任何人员。
③接通设备后，检查各设备间的通信连接是否正常。
④所有待加工工件均须贴有完整清晰的条码，且贴条码面须朝上。
⑤放板时，工件的长宽放置方向要和程序的加工文件一致。
⑥放板时，要保持合适的板间距。
⑦设备使用完毕后，须切断线体所有设备的电源，并等设备完全停止后才能离开。

3.6 加工中心

3.6.1 分类及特点

家具制造领域的加工中心也称木工加工中心，与其他领域的加工中心组成结构相似，共有属性是均带有刀库和自动换刀装置，是一种高度自动化的多功能数控机床。根据用途和机床结构布局的不同，可分如下多种类型加工中心(图 3-55 至图 3-57)：

按照运动轴数的不同，可分为三轴加工中心、四轴加工中心和五轴加工中心。

按照工作台结构的不同，可分为平台式加工中心和桥架式加工中心。

视频：加工中心自动上下料连线

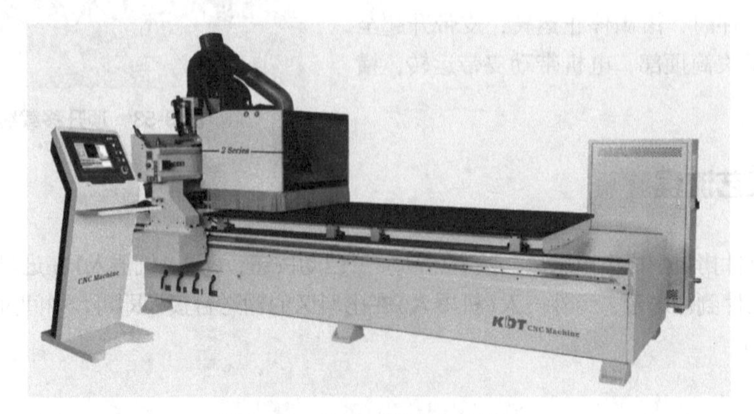

图 3-55 平台式三轴加工中心

图 3-56 桥架式四轴加工中心

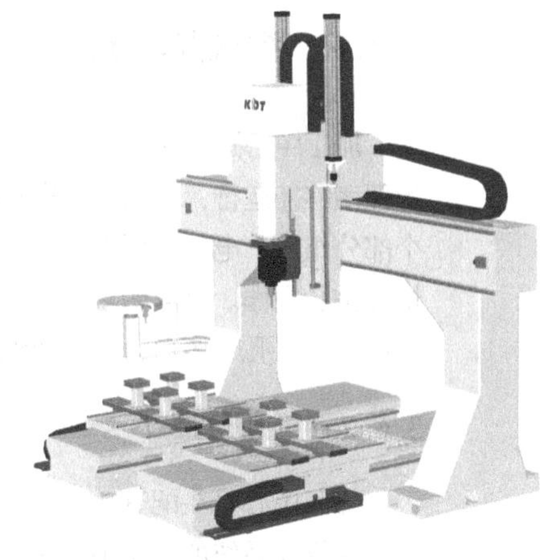

图 3-57 固定龙门式五轴加工中心

按照横梁结构的不同，可分为龙门式加工中心和悬臂式加工中心；龙门式又分为动柱式龙门加工中心和固定式龙门加工中心。

以上各个类型的加工中心分别应用到不同家具制造的细分领域中。其中，板式家具制造领域的加工中心主要是平台式三轴加工中心(图 3-55)，用途主要是进行人造板的镂铣、开槽、裁切和打孔。随着板式定制家具潮流的兴起，平台式三轴加工中心在开料环节扮演着极其重要的角色，也是近些年全球生产销售最多加工中心机种，所以本章节着重介绍平台式加工中心的功能和用途。

如图 3-58 所示是一款平台式加工中心，此类设备组成有主机架、工作台、主轴机构、刀库机构、钻孔机构、抓料机构、推料机构、电控柜、操作台和真空泵等。抓料机构在设备尾部的升降台上的板垛抓取一张 4″×8″的人造板，沿 *X* 方向拖到工作台合适位置，在定位装置的作用下进行工件的定位，主轴机构和钻孔机构均可沿 *Y*、*Z* 方向进行运动，到达加工位置进行铣削和钻孔加工。加工完成后，推料机构将加工好的工件推至设备前方的接料输送带上，工人在接料设备末端进行捡料。

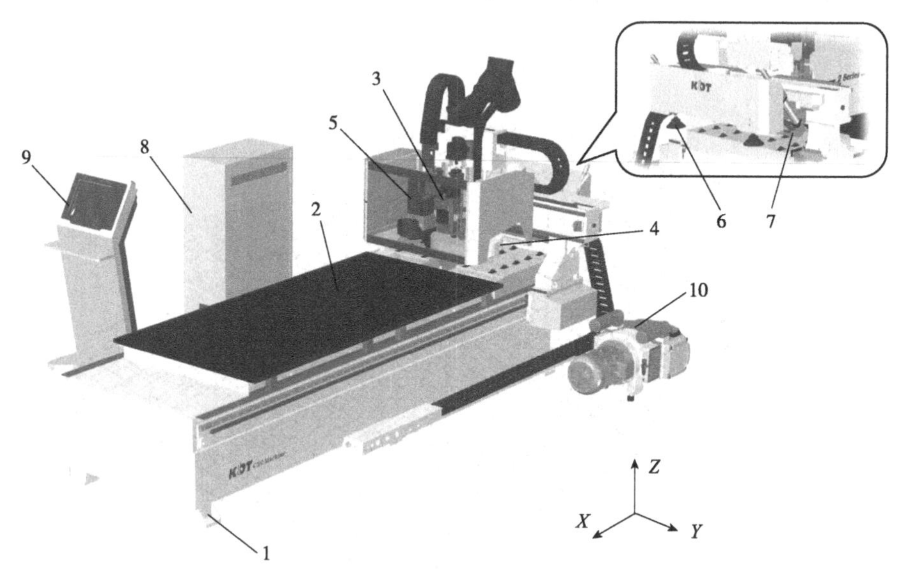

1. 主机架；2. 工作台；3. 主轴机构；4. 刀库机构；5. 钻孔机构；6. 抓料机构；
7. 推料机构；8. 电控柜；9. 操作台；10. 真空泵。

图 3-58 加工中心组成

3.6.2 组成及功能

加工中心运作时能够进行三轴联动操作，在进行板材的加工过程中，控制系统会根据设定好的程序路径运行，可以加工出多种尺寸、多种造型的板材。加工中心机头主要由电主轴和钻组两个部分组成，电主轴可以进行开料、开槽、铣型和雕刻等高速铣削操作，钻组可进行板材正面的快速钻孔操作。完成切割及正面打孔的板材符合家具设计尺寸要求，经过封边机封边和水平钻孔设备钻水平孔工序后，即完成整个工件的加工。

3.6.2.1 自动换刀

加工中心机头配有一台 9kW 高速电主轴和 12 位圆盘伺服刀库，电主轴内部设有自动换刀系统。在操作系统的控制下，执行自动换刀功能时，主轴可在刀库中自动换取任一把刀具。

3.6.2.2 自动对刀

加工中心配置了自动换刀电主轴和大容量刀库，因此设备上可预先存放多把刀具在刀库中。刀库内刀具的造型、直径和刀长等相关参数各有不同，其中刀长不同会影响到主轴在 Z 轴方向的进给量，如果没有对应刀长的刀具设定不同的进给值，主轴的 Z 方向进给是不正确的，甚至会导致设备的损坏。因此，操作设备时必须进行刀长的对刀操作，给对应刀具在系统中设定对应的 Z 轴进给补偿值。

3.6.2.3 真空吸附系统

平台式加工中心的工作台对工件的固定装夹，通常情况下采用真空将工件吸附固定，即要求加工中心配置一套完整的真空控制系统。加工中心的真空系统由五种主要部件构成，分别为真空泵、真空阀、真空管道、真空腔和矩阵工作台。

如图 3-59 所示，工作台表面采用矩阵式的真空气槽布局，使得工作台各个位置的真空负压能够均匀分配，确保工件能够牢牢地吸附在工作台上，防止加工过程中工件发生跑位问题。

如图 3-60 所示，工件在工作台上定位成功后，打开真空管路中的真空总控阀，真空泵将工件与台面及真空腔及管路内的空气抽走，形成负压，工件在负压的作用下牢牢的贴在工作台面上，完成了工件的固定操作。

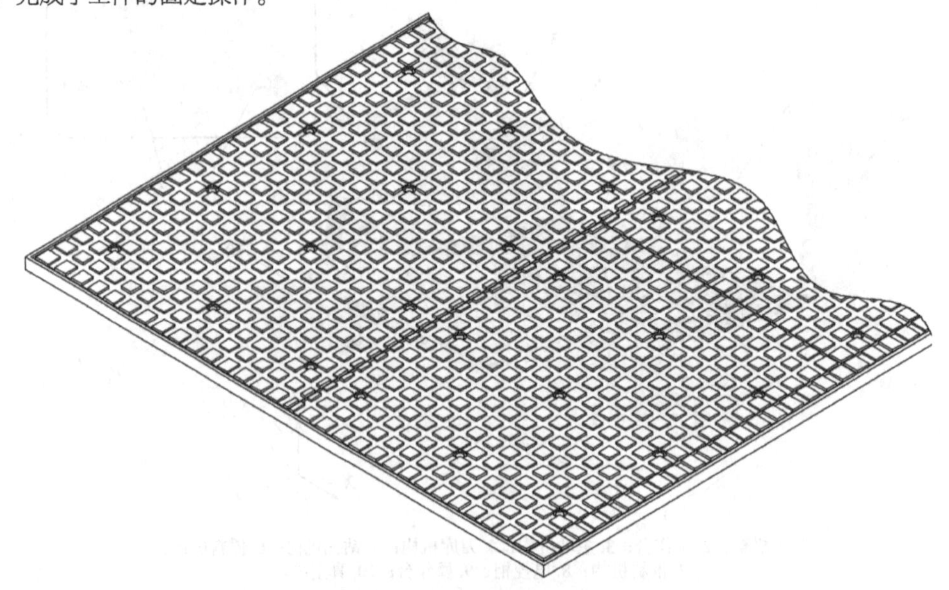

图 3-59 矩阵式工作台

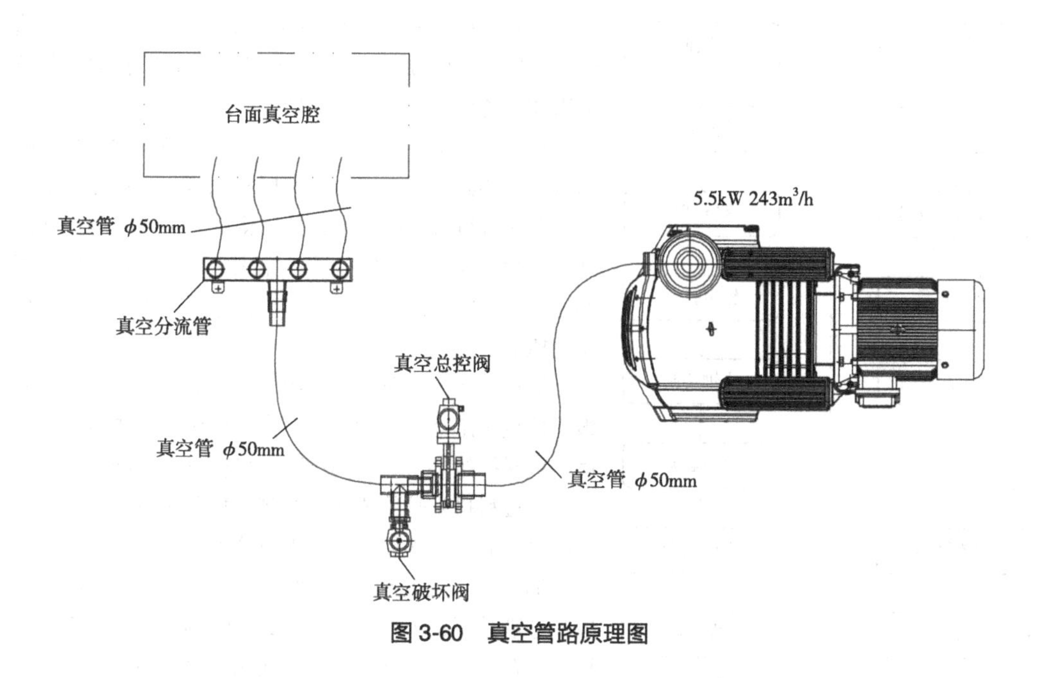

图 3-60 真空管路原理图

3.6.2.4 自动抓料

为了能将待加工工件自动放到工作台上，加工中心设有抓料机构。设备在抓料机构的作用下可自动从上料机中抓取待加工的板材，然后将工件拖至工作台上，完成自动抓料的动作。

3.6.2.5 自动推料

当工件完成加工后，推料机构的推料杆向下伸出，紧贴工作台表面，随横梁沿 X 轴方向将成品工件从工作台上往接料机上推送。

3.6.3 工艺流程

随着板式家具定制潮流的兴起，平台式加工中心在开料环节的高柔性化特点得以放大，在定制开料环节大多以图 3-61 形式的大板套裁加工中心生产线存在。主要有三种独立设备组成，分别为贴标上料机、加工中心和接料机，整条生产线可实现高柔性的自动化生产。

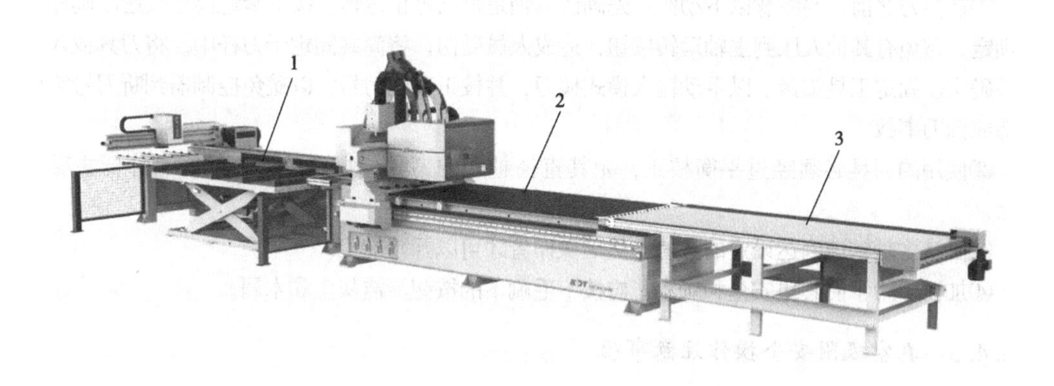

1. 贴标上料机；2. 加工中心；3. 接料机。

图 3-61 加工中心生产线

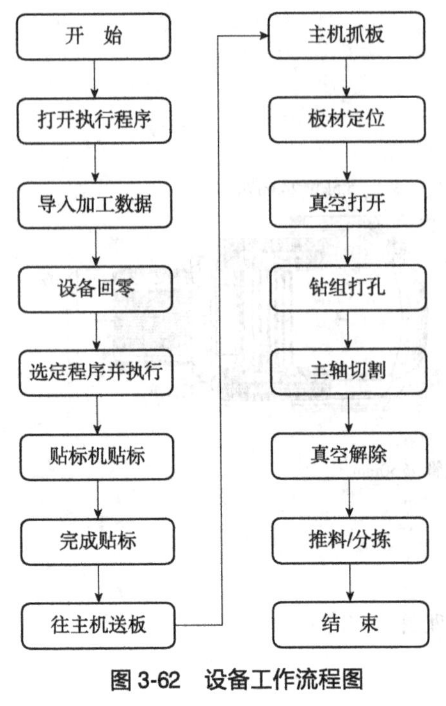

图3-62 设备工作流程图

贴标上料机是由一个液压升降平台和贴标装置构成，原材料板垛放置于升降平台上，传感器会实时监测板垛顶层的板面位置，确保顶层板的下表面与加工中心的进料辅助台平齐，便于加工中心的抓料机构进行板材抓取。当传感器监测到板材到位后，贴标装置开始工作，首先进行板材的定位，然后将打印机吐出的标签纸贴到待裁切原板的指定位置，完成贴标后，将待切原板推送至加工中心的上料辅助滚台，等待加工中心抓料机构来抓取。

接料机是由一条输送带组成，在输送带的末端设有板材检测传感器。当加工中心推料机构把工作台上裁切后的板材往接料机方向推动时，接料机皮带同步进行滚动。当接料机末端传感器检测到板材到达后，接料机停止滚动，此时工人便可进行板材分拣。

加工中心生产线的自动化生产主要由七个环节组成，分别贴标、上料、定位、真空吸附、加工、真空解除、下料。从原板材的上料到成品板材的下料，整个环节均没有人工参与，实现自动化生产(图3-62)。

3.6.4 操作注意事项

3.6.4.1 机器安全操作注意事项

①指定专业的操作者。

②禁止将杂物摆放在工作台上。

③除了将模式切换在手动模式或修理机器，所有操作者禁止站在加工中的工作台面上。

④在启动机器以前，请再次确认机器周边已无其他工作人员或杂物。

⑤必须戴上安全帽和防护眼镜，非必要时不可戴手套操作机器。

⑥保持机器与工作台周边的干净。

⑦当异警信号出现时，操作者应立即停止一切加工并及时解决问题，之后才可再次操作机器。

3.6.4.2 主轴安全操作注意事项

①在换刀之前，要注意以下动作：先确认主轴是否已停止运转。按下紧急停止按钮以确保主轴锁定，避免有其他人压到主轴运转按钮，造成人员受伤。将筒夹固定于刀杆中，将刀具放入刀杆并确实以固定工具锁紧。以手动输入模式换刀，并校正正确刀号，以避免控制器判断刀号错误而造成撞刀事故。

②使用的刀具必须经过平衡校正，尤其直径越大的刀具偏摆度越高，很容易降低主轴的寿命。

③确认主轴转速到达设定的数值，然后操作者才可以开始加工。

④加工中为了使其更安全和顺利，应按下毛刷下的按钮清洁灰尘和木屑。

3.6.4.3 真空吸附安全操作注意事项

①在启动真空泵电源之后，应该将真空吸附按钮按下，由于真空泵吸附力强劲，可能会产生较大的吸附响声。

②吸附板材时小心操作，慎防夹伤手指等。

3.7　贴标机

贴标机，一般作为加工中心的前置机器，主要用于板式家具生产过程中，可将拆单软件生成的各规格板材的标签文件预先贴在板材表面，并将板材送给加工中心，由加工中心进行后续的开料、钻孔、镂铣等工序。贴标机可实现对实木板材料及各类人造工件进行自动贴标签及送料功能，与加工中心及自动接料机组成自动化生产线，减少人工干预，提高生产效率。

贴标机的主要组成部件有主机架、横梁组件、自动升降平台等，其中横梁组件上又设有靠齐抓手组件及机头组件(图 3-63、图 3-64)。

视频：KDT 贴标机

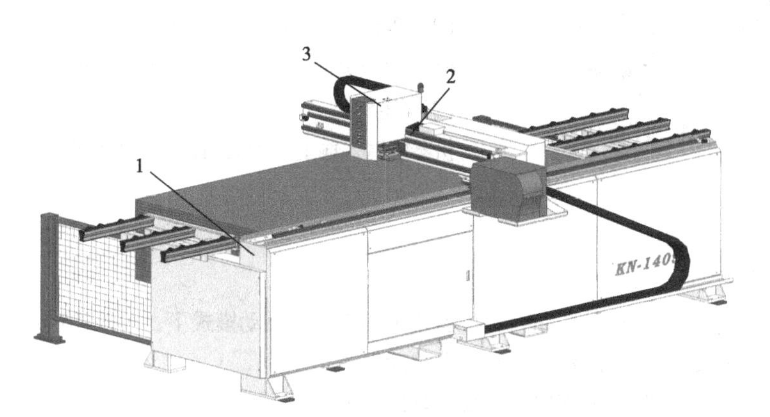

1. 主机架；2. 横梁；3. 机头组件。

图 3-63　贴标机轴测图(一)

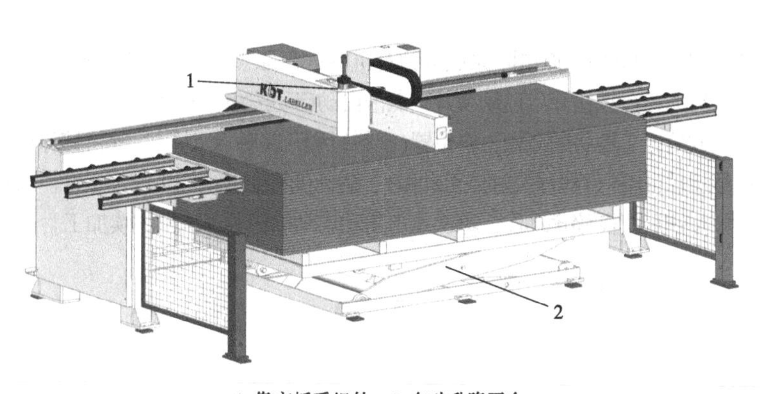

1. 靠齐抓手组件；2. 自动升降平台。

图 3-64　贴标机轴测图(二)

主机架上安装有横向导轨及传动齿条，横梁能够通过齿轮齿条在主机架导轨上进行 X 轴方向的往复运动。横梁尾部装有打印机，横梁左右两侧中一侧安装靠齐抓手组件，另一侧上布置导轨及传动齿条，机头组件通过齿轮齿条在横梁导轨上进行 Y 轴方向的往复运动。自动升降平台，用于堆垛工件，并支持板材进行自动上升。

3.7.1　工艺流程

3.7.1.1　操作面板

贴标机操作面板如图 3-65 所示，具体如下：

图 3-65 贴标机操作面板

①开/关。机器的电源控制开关。

②自动/手动。升降台自动/手动模式的切换开关。

③上升。升降台手动上升开关。

④下降。升降台手动下降开关。

⑤急停按钮。当发生异常时紧急停止按钮。

3.7.1.2 软件操作说明

软件操作界面如图 3-66 所示。

(1)软件界面选择

操作、监控、设置。

(2)操作

机器操作页面，可以进行各种手动操作和自动加工。

(3)监控

机器的输入输出监控页面，可以查看机器输入输出状态。

(4)设置

机器的系统参数设置。

(5)操作模式

①手动模式。未点击自动按钮时，机器为手动模式。手动模式下，可以通过点击界面按钮进行气缸动作，轴向动作，打印标签，回原点等动作。

②自动模式。需升降台处于自动模式，具体如下：

a. 文件类型：. nc 文件。

b. 加载方式：通过添加文件按钮进行手动加载；通过通讯将所需加载文件名传输到对应寄存器中进行加载。

c. 加工步骤：机器启动后，点击回原点按钮对机器进行原点校正。然后加载需加工的文件，选择工件规格，点击自动运行按钮开启自动模式，点击自动启动按钮，机器开始对工件进行定位及贴标操作。工件加工完成后，工件将送至预上料位置(出料行程开关触点动作)，等待移除或由加工中心抓走工件，工件被移除后(出料行程开关触点无动作)，贴标机将会继续加工一下工件。若加工过程中需要暂停，点击暂停按钮后机器停止动作，再次点击自动启动按钮后，机器继续加工。

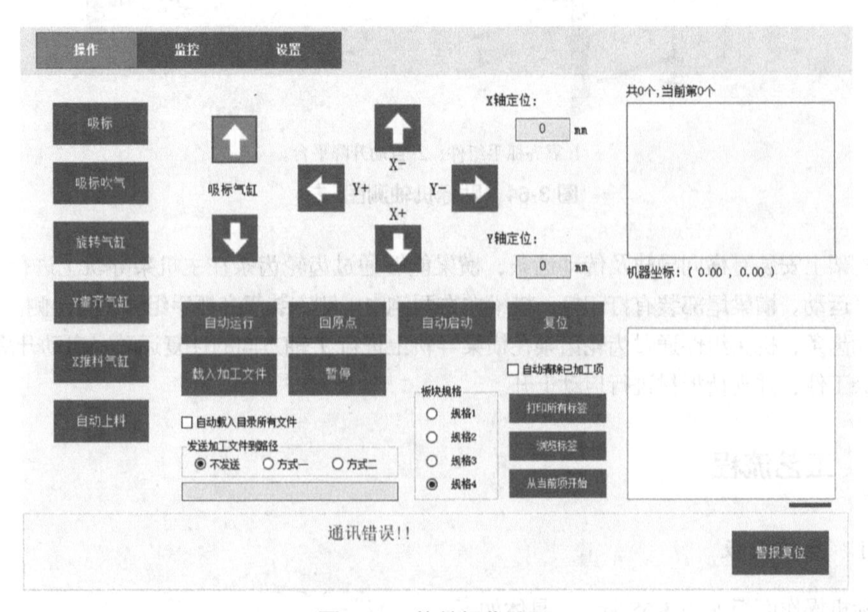

图 3-66 软件操作界面

3.7.2 操作注意事项

以下仅列出贴标机常规操作的一般注意事项，应始终按照我国现行的常规操作和规章制度所规定的方式、时间和地点使用机器。

①经过培训合格的操作人员才能操作本设备。

②电控箱门上装有机械锁，需在断电时由专门的电气操作人员用钥匙打开。

③使用非规定或含铁(钉子、订书钉等)的工件，可能会导致吸盘等非正常磨损，甚至损坏。

④在启动机器之前，请特别注意黄色或红色标签的位置，可能存在高温、电流或旋转叶片等危险。

⑤操作员请勿在可能影响人的反应时间的环境下启动机器。

⑥机器运转时，不得进入安全护栏内。

⑦严禁爬上台面、进入升降台内部等其他不支持操作人员进入的地方。

⑧禁止将手或物体插入带电的机器部件、移动的机器部件或进入电气面板内。

⑨只有合格的操作人员才可以接触电控箱。

⑩在机器运行时，未经授权的人禁止接近机器。

⑪机器运转时，不得无人值守。

⑫不要触摸正在加工或移动的物料。

⑬禁止访问程序、变频器参数及校准驱动和自动开关。

⑭上料前请按下紧急停止开关。

⑮当送料中出现任何异常情况时，请立即按下紧急停止开关。

⑯请在关机的状态下进行维护和修理。涉及升降台维修时，请务必保证升降台处于空载状态，并确保升降台具有可靠的支撑。

第4章 板式家具智能制造解决方案

随着社会的进步和人们生活水平的提高，人们对家具产品的需求已经不仅仅局限于功能满足，还有对个性化的追求，大规模定制已经成为必然，并且客户对定制的速度要求越来越快。如果依靠传统的方式不仅效率低，质量差，而且无法满足当前的大规模定制需求，这就必须借助智能制造软件对家具从门店销售到制造过程和物流运输等过程的全方位进行管理，如图4-1给出了板式家具智能制造解决方案，从图中可以看出，这种模式打破了传统的家具制造过程，可以实现数据从设计端到制造端的无缝对接，进而实现定制家具的智能制造过程。

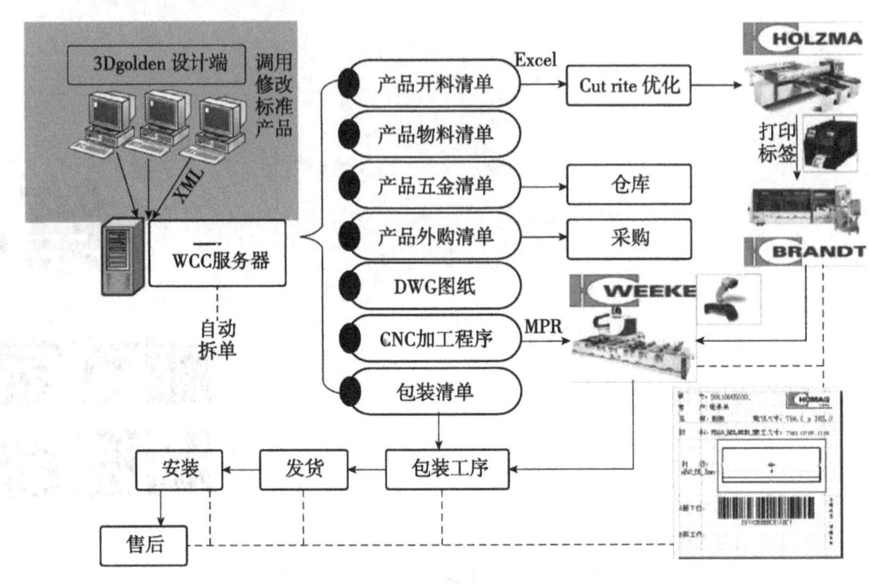

图4-1 板式家具智能制造解决方案

4.1 家具智能制造过程的门店销售

4.1.1 门店销售的传统模式

传统的板式家具生产模式中，所有的过程都是人工参与，在得到客户订单之后，由设计师为客户设计方案，大多使用的拆单软件只有Auto CAD，给出的是二维图，给客户看过平面图确认方案之后，将订单下到工厂，然后拆单员看过图纸之后进行人工拆单，即将每个柜体都分解成单个板材，量好尺寸，登记录入Excel表格中。拆单之后得到的零部件图拿到生产车间，按照图纸进行开料、封边、打孔等生产活动。根据企业实地了解，一个熟练的工人，打孔调试也需要15min的时间，这无形增加了时间成本。因此，传统的生产模式适合批量的工程单，而不适合定制产品的生产。

传统的生产模式存在问题：①客户参与度低；②整个流程中，过多的人力参与，生产周期较长；③产品成本上升；④出错率高；⑤招工难等。人工拆单，以及生产设备调试、人工排孔等延长了生产周期，使得时间成本与劳动力成本相对较高，同时，人工参与过多，由于人的非机械性易出现错误，出错率高，而且车间设备的使用、调试等都需要一些有经验的老师傅，新人培训时间较长，不能赶上企业对人员的需求。

4.1.2 门店销售的新模式

4.1.2.1 新模式的市场契机

传统生产模式已经不适应现在市场的需求。目前很多家庭需要对收纳空间充分利用，这使得家具定制化、智能化生产成为必然趋势。

家具智能制造具有如下优势：解决多品种、小批量的短周期混合生产；解决常规利用 CAD 设计产品时烦琐的数据处理工作；解决常规模式中生产与设计的严重脱节；解决企业对生产工人技能的严重依赖；解决企业数据的处理过程人为出错等问题；对较小库存或零库存，做到按单生产。

家具智能制造能够弥补传统模式生产的弊端，家具加工的大卖场模式与便利店模式，即生产线设备、大批量生产与定制化生产相结合，演变的必然结果就是全自动设备与智能化生产，这是中国家具市场的必然诉求。

4.1.2.2 新模式的应用

定制家具生产过程中会出现如下情况：①定制家具偏个性化，与规模化生产会出现冲突；②家具行业信息不透明、消费者鉴别能力有限，消费者不能很好地凭借经验来判断出产品的好坏，业内劣币驱逐良币现象较为突出；③行业的壁垒较低，同质化的产品竞争较为激烈，使得优质家具产品很难跳入人们的视线。

定制家具行业如何用相对较少的资源去应对消费者个性化需求，并转变为标准化与规模化的生产模式，这就需要前端接单软件与后端技术软件的结合，降低时间和劳动力成本；从透明化的价格、线上线下一体化的体验和评价系统出发，使优质的品牌形成口碑，以此来解决行业信息不透明以及价格较高等问题，改进成品家具企业多样化、成本高而且难形成规模效应的缺点；同传统家具企业作对比，定制家具行业门槛相对更高，领头企业可以利用规模与品牌的优势来铸就高行业壁垒，这样可以大幅降低新进企业的威胁。

4.1.3 门店的销售软件

目前，市场上的门店接单软件非常多，比如酷家乐、三维家、3D Golden、KD 橱柜设计软件以及圆方软件等。目前，很多前端销售软件都涵盖了三维建模、显示、高级渲染、照明设计，以及文件系统和开发接口等在内的三维 CAD 平台，渲染效果能赶上 3D Max 等世界领先技术，能够输出 CAD 图纸、报价以及与后方软件对接的文件。

小户型设计

4.1.3.1 软件的操作与功能

以下是前端软件衣柜销售系统的界面。其中图 4-2 是平面户型界面，图 4-3 是三维空间界面。该销售设计系统提供了智能的设计方案和布置功能，操作简单灵活，可以帮助设计师快捷地完成真彩效果方案的互动设计。

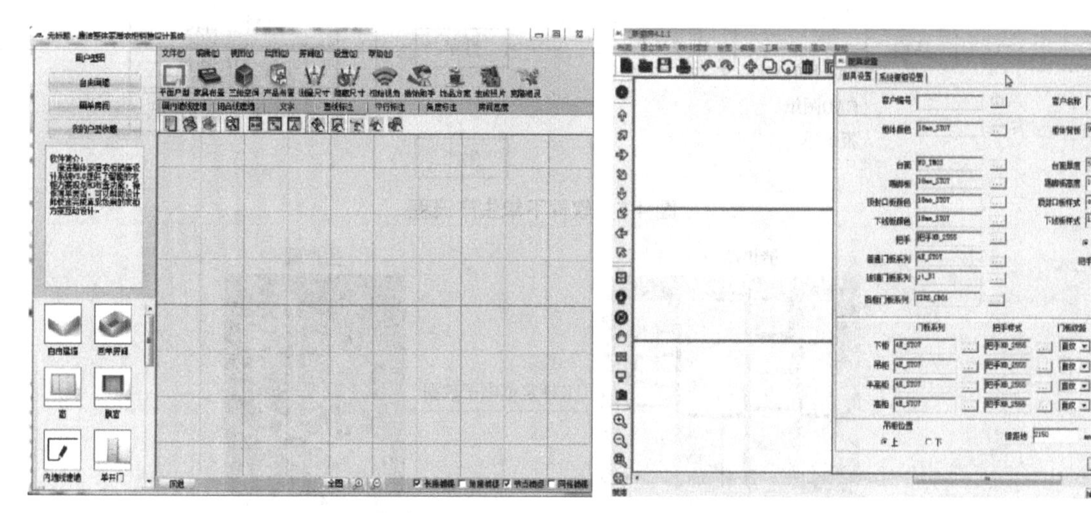

图 4-2 软件二维操作界面(左图来自圆方软件,右图来自 3D Golden)

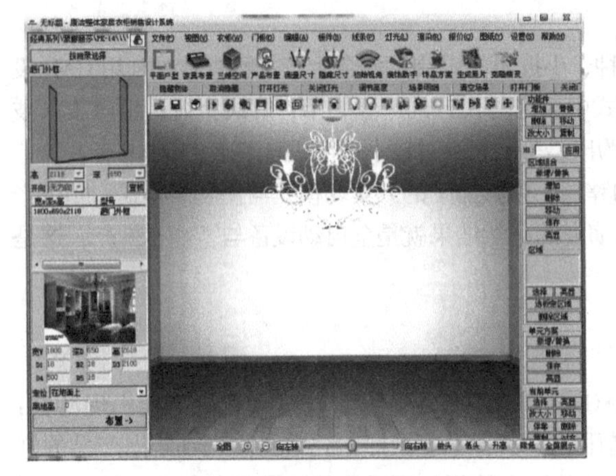

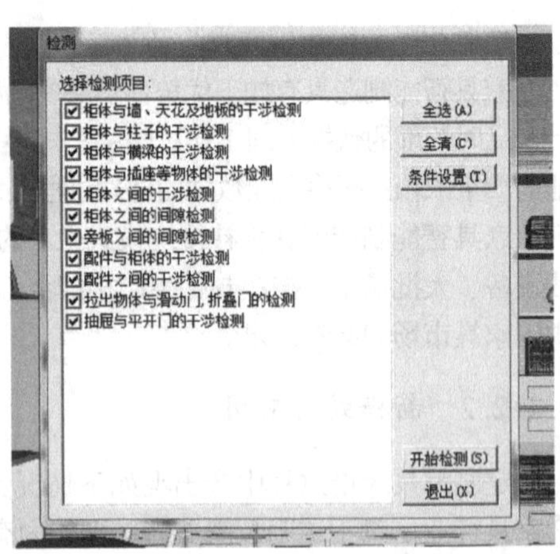

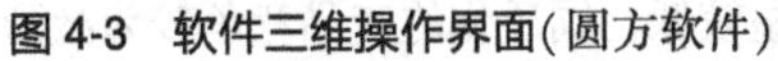

视频：厨房

图4-3　软件三维操作界面(圆方软件)　　图4-4　干涉检测对话框

基本操作流程：进入平面户型界面之后，使用左侧户型绘制界面功能进行平面户型的绘制，包括建墙——门窗——梁柱、门洞等——天花及房间高度；然后进入三维空间，选择房间模板并对产品材质及型号进行设置，确认后进入图4-3界面。此时开始使用左侧产品布置，制订室内方案；最后一步设置材质参数，打灯光，进行渲染。以上操作为简要介绍，操作界面简洁，一目了然。前端软件是基于企业产品大数据基础上进行模块化载入，运用时只需要将企业定制的软件内模块加入方案中，“标准件+非标件”结合，即不同柜体有不同的标准尺寸，非标准的尺寸只要符合生产工艺即可加入方案设计中。以此来满足生产的柔性化。

软件在渲染之后不仅可以导出效果图，还可以导出Excel格式的报价表格、CAD二维图纸以及与后端衔接的文件，能够很快适应现今市场以及生产模式。导出报价表格以及CAD图纸将会在后面的案例分析中进行介绍。在要导出的文件时会弹出图4-4所示的检测对话框，对布置的产品进行干涉检测，当布置无误时就可以导出文件，避免了后端问题出现重新反馈到前端造成时间的浪费。

图4-5是下单生产流程图，可导出后续识别的文件，图4-6为前端软件到生产端的衔接文件是定单电子数据。拆单软件利用前端生成的文件自动生成对应的家具模型。生成的文件中包含了方案中使用的所有配件清单，包括不同型号的吊柜、地柜、高柜、半高柜等多项内容。系统会根据前后端对应标准，自动替换成实际生产材料(图4-7)。拆单部门使用软件工具生成板材明细表、开料明细表、五金配件清单以及生产的零部件工件孔位图纸，用来指导生产。

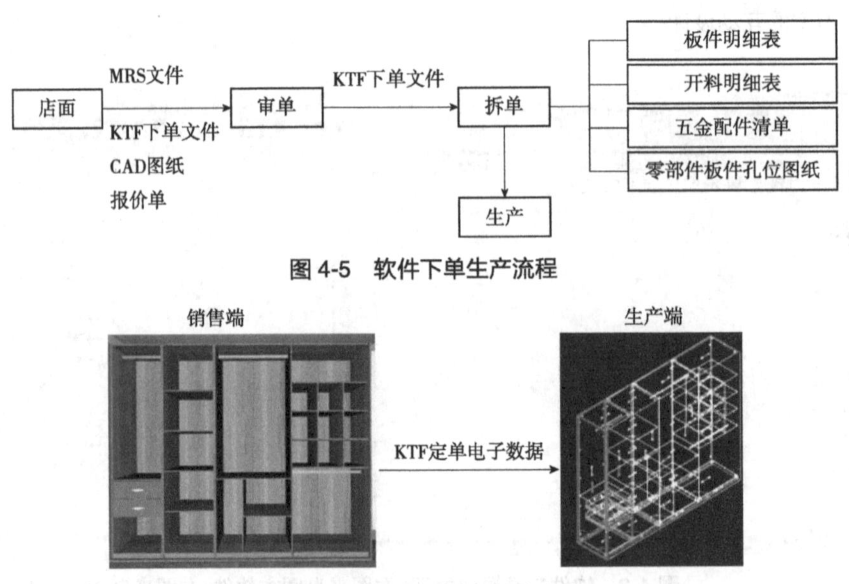

图4-5　软件下单生产流程

图4-6　生成的衔接前后端文件

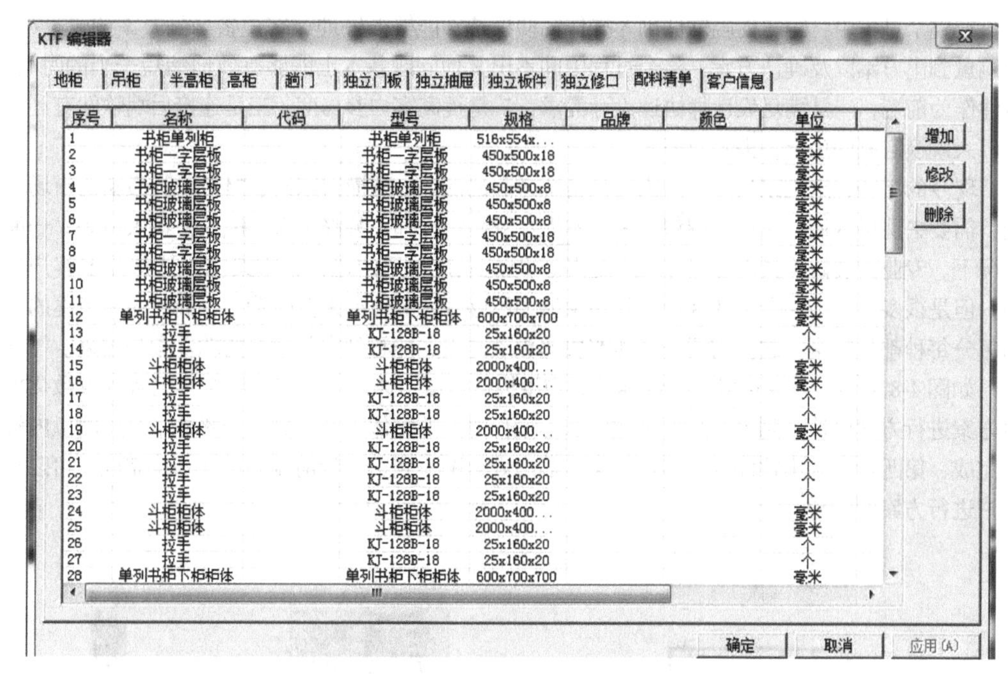

序号	名称	代码	型号	规格	品牌	颜色	单位
1	书柜单列柜		书柜单列柜	516x554x...			毫米
2	书柜一字层板		书柜一字层板	450x500x18			毫米
3	书柜一字层板		书柜一字层板	450x500x18			毫米
4	书柜玻璃层板		书柜玻璃层板	450x500x8			毫米
5	书柜玻璃层板		书柜玻璃层板	450x500x8			毫米
6	书柜玻璃层板		书柜玻璃层板	450x500x8			毫米
7	书柜一字层板		书柜一字层板	450x500x18			毫米
8	书柜一字层板		书柜一字层板	450x500x18			毫米
9	书柜玻璃层板		书柜玻璃层板	450x500x8			毫米
10	书柜玻璃层板		书柜玻璃层板	450x500x8			毫米
11	书柜玻璃层板		书柜玻璃层板	450x500x8			毫米
12	单列书柜下柜柜体		单列书柜下柜柜体	600x700x700			毫米
13	拉手		KJ-128B-18	25x160x20			个
14	拉手		KJ-128B-18	25x160x20			个
15	斗柜柜体		斗柜柜体	2000x400...			毫米
16	斗柜柜体		斗柜柜体	2000x400...			毫米
17	拉手		KJ-128B-18	25x160x20			个
18	拉手		KJ-128B-18	25x160x20			个
19	斗柜柜体		斗柜柜体	2000x400...			毫米
20	拉手		KJ-128B-18	25x160x20			个
21	拉手		KJ-128B-18	25x160x20			个
22	拉手		KJ-128B-18	25x160x20			个
23	拉手		KJ-128B-18	25x160x20			个
24	斗柜柜体		斗柜柜体	2000x400...			毫米
25	斗柜柜体		斗柜柜体	2000x400...			毫米
26	拉手		KJ-128B-18	25x160x20			个
27	拉手		KJ-128B-18	25x160x20			个
28	单列书柜下柜柜体		单列书柜下柜柜体	600x700x700			毫米

图 4-7 生成材料清单

4.1.3.2 前端软件在定制家具市场的应用

(1)不同前端软件的简要分析

目前常用的橱柜设计软件有 CAD、3D Golden、KD、圆方、2020 以及 3D Max、三维家和酷家乐等。不同软件各有千秋，在市场中占据一定的市场份额。

CAD(计算机辅助设计)：最早是应用在 20 世纪 80 年代的建筑行业，到后来由于软件功能强大，开始在其他行业上发展起来。该计算机辅助软件能够更加清晰地表达平立面的尺寸及细节。轴测图也能较为清晰地表达整体结构。但是在相对真彩效果来说，整体效果的表达就不是非常好，不能体现出很好的三维立体效果。

KD 橱柜设计软件：属于专业橱柜设计系统，功能很强，范围较广，如厨房用品、水槽、煤气灶、油烟机、桌椅、门窗、各种支架等都可以适用。操作起来也比较简单易上手。

2020 软件：该软件在 60 多个国家使用，是世界上本行业技术功能较好的工作软件，但是在中国市场并不多见，部分工厂中也在使用。

3D Golden 软件和圆方软件：它们衣柜和厨柜设计销售系统分开设置，通过实际参与软件培训的实地调研，在不考虑工艺和企业产品知识的基础上，操作者在较短时间内就可以完全掌握操作。

三维家云装修设计平台：包括 3D 家居云设计系统、3D 家居云制造系统、数控系统等，贯穿家居产业营销、设计、生产全流程，以技术驱动产业变革，实现门店终端 3D 效果图设计到工厂生产的 C2M 智能制造，让设计、销售、制造更简单。

酷家乐：致力于云渲染、云设计、BIM、VR、AR、AI 等技术的研发，实现“所见即所得”的全景 VR 设计装修新模式，可以快速生成装修方案，快速生成效果图，一键生成 VR 方案。

(2)软件在新模式中的应用

随着“互联网+”与传统产业配合发展，线上线下的新模式也更加受到大众喜爱。工厂定制的整个流程大致如下：客户通过网络等途径获知相应的产品信息，产生购买欲望，然后在线下进行亲身体验——线上或线下下单之后，会有设计师上门免费测量并且设计方案(方案的设计大多采用软件，初步设计图包括效果图及 CAD 平面、立面图)——设计师与客户沟通方案，适当调整方案设计，并且导出标准报价——客户确认订单之后交付全款，下单生产，最后安装和维护。

在整个过程中，门店前端软件因为操作简便快速，能够很好地让客户参与到方案的设计中。从测量到出方案以及确认方案，整个过程中间不出其他问题基本上能够有效地缩短一半的时间。软件作为前端，一是满足设计师快速设计需求，二是提高客户参与度，三是连接后端软件有利于工厂大规模定制的生产，提高效率。

现今的市场，定制家具设计师需要具备全方面的能力，要懂得家装、材料以及最新的市场导向，需要去现场沟通，对象范围包括客户本人、家装设计师、装修工人、燃气公司人员等。一般情况下，专业的装修人员沟通起来比较轻松。但是最终材质的选择，方案的确认都需要客户参与。但是很多情况下，会出现客户空间想象能力不够好，解释起来费时费力，而现在快节奏的生活每分每秒都是宝贵。这就需要一个能够快速更改方案，能看到实际效果的软件参与进来。

如图4-8所示，软件可以进行快速平面户型模拟设置，进入三维空间后应用已有的参数化柜体方案进行方案设计，到第三步即是完成衣柜设计方案的整体设计，到这一步能半个小时以内轻松完成，第四步是应用软件进行布灯渲染，输出效果图，到这一步前端的设计即算完成，可以与客户进行方案的沟通。

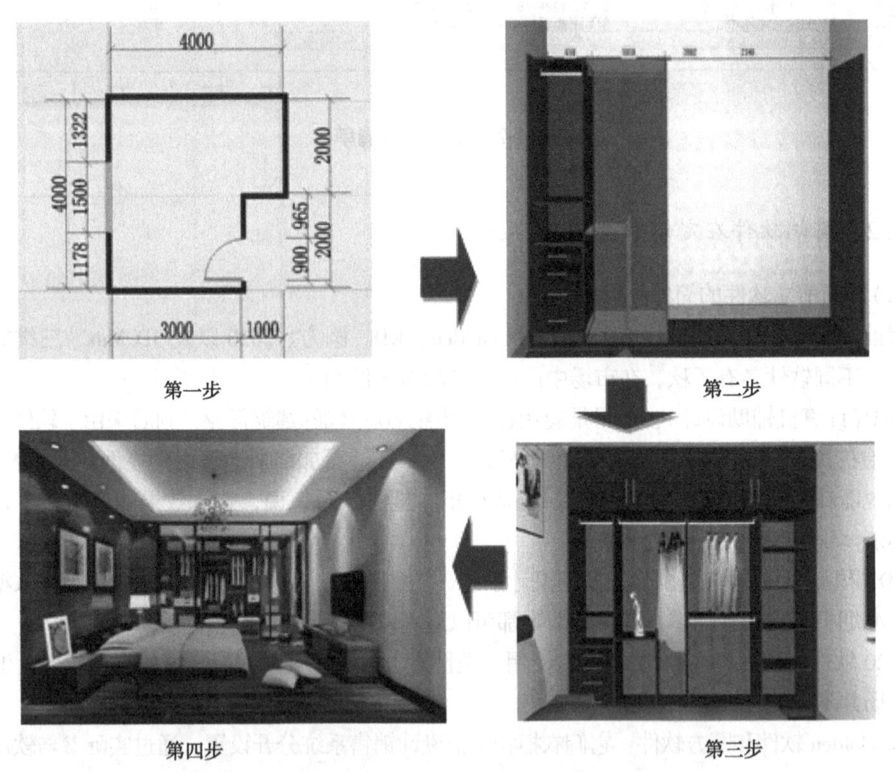

图4-8　软件方案设计步骤

表4-1给出了某家具定制公司某店面36天内销售接单情况，A～K是设计师编号，因设计师资历不同派单数据有所不同，也因为每单的单值不同需要花费的时间和精力也有所不同，我们以最大单数来做出平均的初步计算。

表4-1　36天某店面设计师接单统计

日期	A	B	C	D	E	F	G	H	J	K
4.23—5.04	7	6	7	4	7	4	3	6	6	5
5.05—5.14	4	7	5	2	5	2	0	5	5	5
5.25—5.28	2	2	3	2	2	0	0	2	3	3
总计	16	17	18	8	17	6	6	16	17	17

从表中可以看出，36 天 C 设计师接单 18 个，平均两天一个客户，每单客户至少需要初测、复尺、沟通方案三次约见，时间整合相当于两天时间其中一天安排分别访问 3 个客户，或初测或复尺或沟通方案签合同，另外一天完成 2 家客户图纸绘制、效果图完成、工厂生产沟通以及整理图纸下单到工厂等的流程。设计师一天能工作的时间为 12h，三家客户图纸平均一家花掉 4h，这 4h 内是用接单软件绘制效果图，包括建模、初步效果、沟通更改方案、重出效果图、导出 CAD 图纸以及报价并且作出适当调整，其中与客户沟通方案会占据最少 1/4 的时间，与工厂对接沟通图纸花费 1/8 的时间，整理图纸下单到工厂需要 1/4 的时间，剩下 1. 5h 能对一个方案进行初设计和最终设计，其中初步设计建立空间感只需要 10min。与 3D Max 做初步比较，使用 3D，效果逼真，就算是在已经有了家具模块的基础上进行方案设计，方案做好后渲染和布灯需要花费较多的时间，而且对设计师的 3D 技能要求较高。一个一般设计师想出好的效果，就普遍使用的计算机配置来说，4h 的渲染不一定能出来。按 4h 算，再使用 0. 5h 的时间来出 CAD 图纸，拿出来与客户沟通如果需要修改，时间几乎加倍。由此可见，软件作为前端是一种非常实用且强大的工具。

4. 1. 4　分析总结

以上案例均为成功案例，都是门店接单软件在门店接单中的应用。在这个快节奏年代，速度也变成了成功的关键。在竞争激烈的市场环境下，速度快就能抢占先机，但是同时有其他企业也在进行速度的变革，只有跟上节奏才不至于落于人后。

前端软件的应用能够有效地使得前后端实现无缝衔接，家具公司也在顺应市场发展，积极地进行设计师的软件培训，实现紧密衔接。通过此种柔性化生产以及软件应用，生产产能能够按几倍的倍数提高，出错率也会随着降低至少 50%，交货周期从之前的一个月缩短到十几天。按照此预计，材料利用率提高，工人技术要求降低，时间加快，很自然地降低了成本。

这种前端软件通过快速设计和快速沟通满足企业订单率的提升，还通过导出客户需要的效果图、二维尺寸图以及报价，更好的把控成本与方案，提高客户参与度。同时能够通过数据信息技术将前端方案转化成后端需要的各种生产清单，指导生产，将图纸信息转化成生产设备能够识别的数据，实现自动化生产，提高材料利用率以及降低人力、物力和时间成本。

在大数据加工技术发展条件下，个性化房屋很多成为半标准化房屋，而且面对的客户群体主要是一般性年轻群体，他们对于更快的交货周期以及较低的造价关注度比装修的格调更加注重。因此，前端软件这类快捷性接单软件在新的市场模式下具有很重要的意义。不仅能够提供这样的快速服务，而且能够实现前后端连接、线上线下体验等功能，速度加快，意味着时间成本降低。另外，在中国智造 2025 的大条件下，实现智慧生产成为未来定制家具行业制造技术的必然，要实现工业 4. 0，就需要一个让社会和人能够适应的过渡期，而快捷接单软件与定制化正好成为这个过渡期的因素之一，重要性和必然性不言而喻。

4. 2　智能工厂

4. 2. 1　数字化工厂及智能制造工厂的概念

数字化工厂(digitalized factory)是一种新兴的制造模式，不仅最大程度地降低了包括思维过程、作业流程、物流运输等全过程的浪费，还直接简化了产品制造全生命周期中数据信息传递的转换过程，使得制造过程中的效能和效率最大化。数字化工厂依靠产品的立体数字模型来定义和优化产品的生产过程，并向各个工序的操作者提供交互性的数字化生产指令和操作引导说明。同时，操作者也将通过人机交互界面，以数字化的方式向上层业务过程反馈作业状态信息。

数字工厂(digital factory)是对现实工厂的虚拟模仿，就相当于虚拟工厂，其主要用途是在虚拟模型内进行一系列数字模拟，分析模拟的数据和结果，进而用于指导实际工厂的优化产品设计和制造过程，以提高生产的柔性，数字化工厂穿越了人机界面，从数字工厂的虚拟世界走到现实世界中，把以数据模拟的产品和生产过程的信息传递给操作人员；操作人员又利用数字化设备把加工状态以数字的形式，反馈给虚拟的数字工厂；这样便构成了从虚拟到现实再回到虚拟的完整数据传递链。虚拟的数字工厂和现实的数字化工厂都只是产品整个生命周期信息全数字化的一部分。

智能制造工厂的定义和数字化工厂的概念极其类似，但是智能制造的范围包括了产品整个生命周期的全过程：从工程与工艺设计到生产，接着从使用到服务和维修，还包括了所有的供应商和合作伙伴。

4.2.2 智能制造工厂应用研究重点

当前智能制造工厂应用研究重点为3D设计模型中可制造信息的定义、模型作业指导书、向作业工人传递数字化信息、现场作业数据采集和信息反馈的数字化、现场作业之外信息的数字化、质量和依从性信息的数字化，这些是数字化信息链上的断点，只有将这些断点结合在一起才能构建可以运作的数字化工厂。

由图4-9可清晰地看到智能制造工厂背景下大规模定制家具的关键技术涵盖了定制家具的全部工作流程，实现了这些关键技术也就实现了定制家具的智能制造。其中最为关键的产品设计研发环节衔接整个过程，如何保证设计环节快速反应和快速执行的能力，是实现大规模定制家具生产的一项核心技术。其主要技术包括产品族设计技术、产品协同设计技术以及产品配置与后延设计。

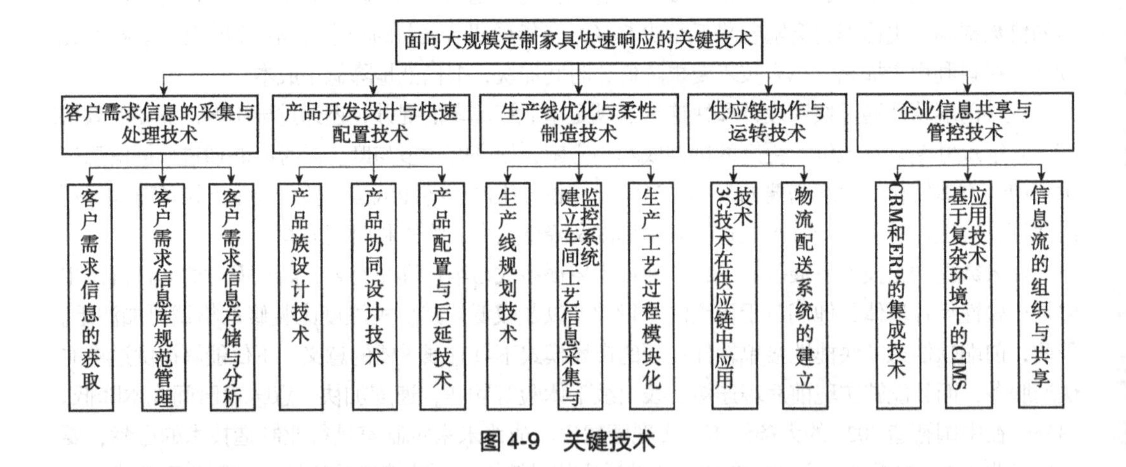

图4-9 关键技术

(1)产品族设计技术

分析量化客户需求，搭建定制家具产品族的设计及其配置系统，建立一套包括企业所有家具产品类型的三维参数化零部件数据库，规划定制产品族，建立标准模块数字化技术，将定制产品以成组的方式分类，确定大规模定制家具产品复杂信息的编码规则，利用信息编码技术，建立家具产品网络数据存取交换和产品数据管理系统，进而构建家具企业自己的设计模型库，以达到设计过程对顾客迅速回应的目的。

(2)产品协同设计技术

为了实现大规模定制家具产品数字化设计，需要在分析定制家具产品协同定制设计需求的基础上，并且在协同环境下，建立以模块化和参数化为基础的产品数据模型，并研发相应的协同推理、模糊综合评价工具、网络虚幻模拟展示与协同定制设计系统。

(3)产品配置与后延设计

决定企业能否获得响应订单的首要因素是企业能否对顾客的需求做出迅速的响应，快速地搭建出顾客个性化定制的家具结构，计算出产品报价并提供给顾客，这也是企业敏捷性的重要体现。

4.3 板式家具智能制造软件

4.3.1 软件简介

Wood CAD/CAM(WCC)软件是一款专业用于板式家具设计与生产工艺的实用型软件。它是对家具及其内部进行构建的模块化、通用化软件，其运行环境既符合大规模定制家具产品的标准化设计原则，如系列化、通用化、组合化和模块化，又能为客户、设计师、拆单员和管理者等提供一个协作环境，还支持整体规划设计，且有插入及修改功能，能满足设计师端及时、方便快速调整设计方案等特性。该软件不仅具有丰富的CAD模块，还带有功能强大的CAM模块，通过柔性化参数设置来实现家具产品的造型、结构和工艺的定义，自动为生产提供包括工件清单、五金清单、工艺图纸、加工程序、包装清单等各种电子文档，并为成本核算提供必要的依据。

视频：卧室设计

4.3.2 软件应用优势

目前还有很多企业依旧在采用传统的作业方式，即用AutoCAD完成产品设计、拆分零件图的工作，并依靠Excel建立产品的物料清单(BOM)。随着大规模定制的流行，以及客户对定制家具的速度要求越来越快，依靠传统的方式，人员工作量太大，容易出现纰漏，使得销售生产难以顺利进行，交货期难以保证。

相比传统的板式家具设计软件，Wood CAD/CAM具有很多优势，如完全参数化、产品建模简易快捷、具有强大的五金配件功能、拥有完善的产品信息库、可以自动生成各种生产图表、可控制多台设备实现同步分段协作式生产，同时还具有强大的协同工作能力和拆单功能。

①完全参数化。通过参数化方式对物品造型设计、产品尺寸、工艺结构、材料进行柔性定义，用户可根据需要自行添加和调整，还可以通过设定变量体系对物品进行系统性修改。

②产品建模简易快捷。自带常用家具产品模型库，新产品构建时只需调用、修改参数和另存为，即可得到新的家具模型；利用轮廓精灵功能可以快速完成构想的新产品轮廓。新存储的模型可以不断地被积累并被反复调用。

③强大的五金配件功能。自带著名厂商，匹配上千种五金配件，并能及时更新相关资料。另外，客户也可以按照实际需要添加新的连接件。

④完善的产品信息库。物品的外观、尺寸、工艺参数、材料、五金件连接方式等信息可以非常方便得录入信息库中。

⑤自动生成各种生产图表。零部件的尺寸图、孔位图、封边示意图、CNC加工程序文件等可自动生成。

⑥强大的拆单功能。生成物料清单、裁切清单、封边清单、五金清单、外购清单等，通过订单管理软件可以实现订单汇总，进行批量生产，并生成部件标签信息。

⑦强大的协同工作能力。通过在SQL(structured query language)平台来存储和调用数据，实现数据共享以及各部门协同工作。提供各种可选的自动化设备端口处理器套餐，可自动编译开槽、打孔、镂型、封边、铣削等程序，与加工中心实现无缝对接。

⑧控制多台设备实现同步、分段协作式生产。

4.3.3 软件基础数据库建立原则

采用WCC软件的企业一开始都需要依据企业的产品系列、原材料、连接件、工艺流程等建立一套属于本企业独一无二的基础数据库。基础数据的准确性、完整性、有效性是企业实施数字化生产的关键。因此，基础数据库的建立必须践行规范、准确、完整和有效的原则。家具企业建立基础数据库首先需要对产品物料、机器、刀具、工艺路线、供应商、仓库等信息进行编码，以使企业资源信息数据可以被企业数字化、信息化系统识别和使用；编码完成之后，就可以着手建立 WCC 软件最基本的数据库，包括基材材料、边型材料、表面材料、定义颜色原则、连接件类型、加工信息等；在此基础上建立定义部件、连接件套装数据库，再构成单个部件、抽屉管理层级[板式家具基本上是由旁板、隔板、搁板、顶(面)板、底板、背板、柜门板、底座、抽屉等主要部件构成，这些主要部件在 WCC 中被归纳为十类单个部件和抽屉系统]。最后构成物品设计层级，如图 4-10 所示。图中方框表示连接到相应的定义界面。

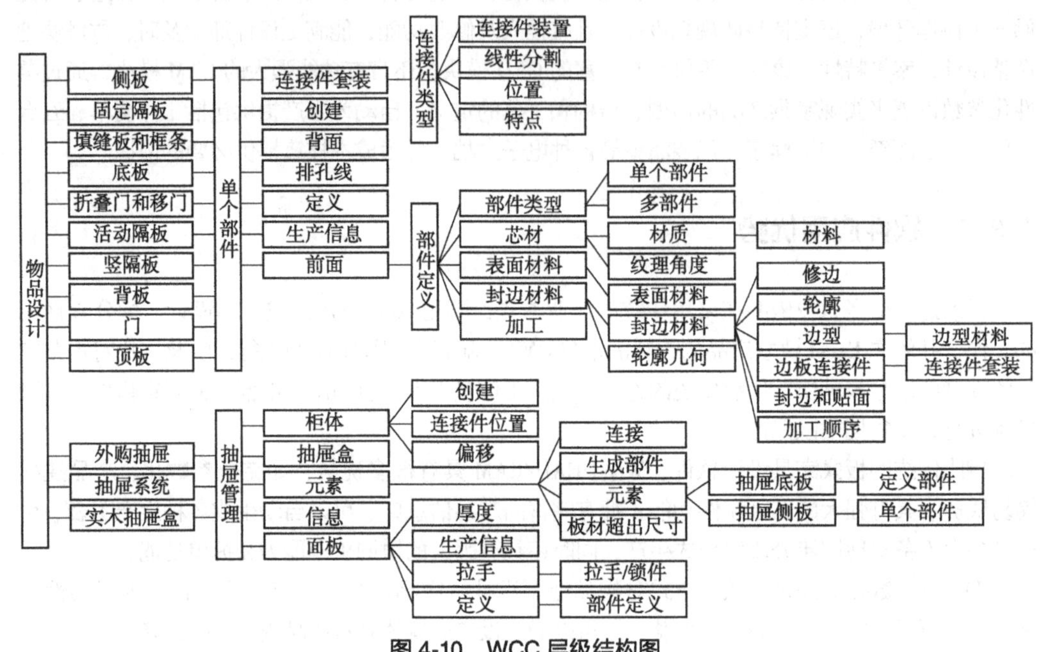

图 4-10　WCC 层级结构图

4.4　WCC 在数字化加工过程中的应用

接到订单后，订单人员将采用 WCC 软件进行拆单；物品设计完成后需要根据本企业包装规则对产品零部件包装设计进行适当调整，并将订单中涉及的外协件、外购件等信息发送到相关部门，避免由于外协件或外购件的滞后而影响订单的出货，同时还应上传系统，使用 WCC Organizer 软件自动生成的产品零部件图、物料清单等电子文档，这些文档默认保存到电子文档管理系统中，以保证信息传递的安全性、完整性和有效性；之后车间将根据各种清单进行数字化生产制造；最后包装入库管理。WCC 软件操作如下：

4.4.1　物品创建

要在物品设计对话框中构建一个新的物品，首先打开 WCC“插入”和物品中心，①点击“功能”按钮；②选择“新建”；③选择选项“物品设计”，如图 4-11 所示。

在弹出的物品类型选择对话框中选择物品类型(图 4-12)，①选择“正视图建模”作为物品类型；②点击确认，物品设计窗口即被打开(图 4-13)。

设置对话框可按照如下步骤：

①在顶部的工具条中找到物品设计所有的标准功能和设定的描述。

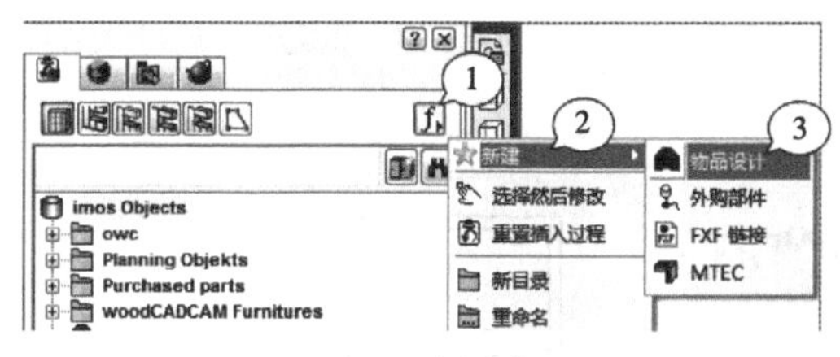

图 4-11　创建物品

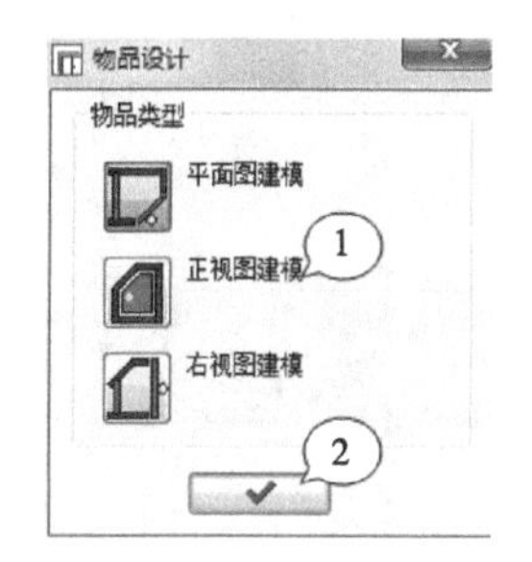

图 4-12　物品类型选择

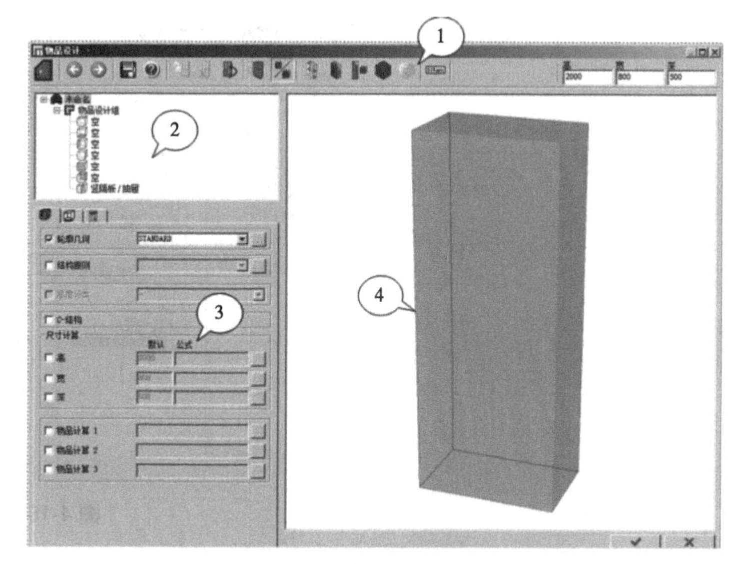

图 4-13　物品设计窗口

②此处显示的是一个资源管理树形结构窗口，一个物品设计的所有内容都可以在其中找到，点击正负号，可显示或者隐藏子结构。

③系统会自动调整适用于所选物品、区域或部件的可能性设置。因此，这里只有适用的设置选项才会被陈列出来。

④可以在预览窗口看到一个实时互动的 3D 物品描述图。

4.4.2　物品设计

进入物品设计界面之后，如图 4-14 所示。①在输入区域输入如下高、宽、深的数值，如高、宽、深分别为 700、1400、500(单位 mm)；②点击“3D 预览”，在 3D 预览图和 2D 映射图之间切换；③双击树形结构中的第一个条目；④在“元素”标签中选择“搁板”作为元素类型，树形结构中的“空”选项就会变成“搁板”选项；⑤点击，转换到元素管理中，元素管理窗口即会被打开，如图 4-15 所示。

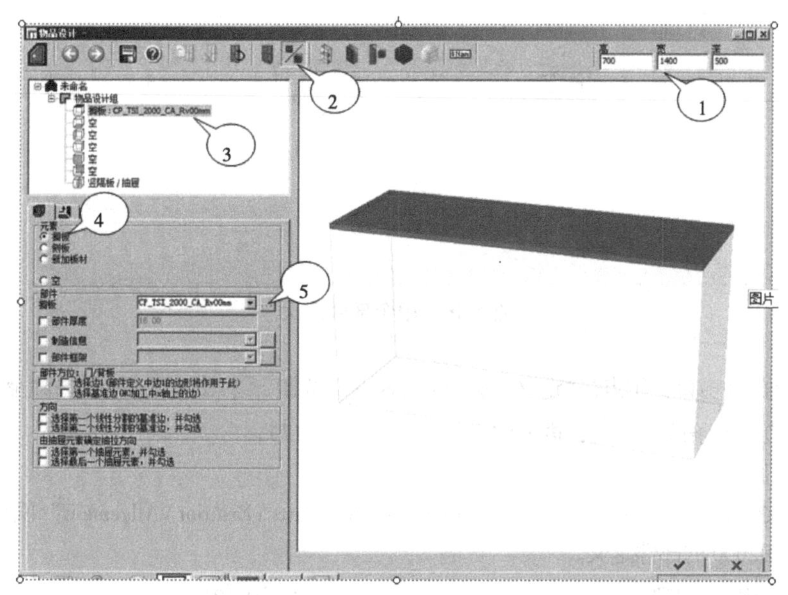

图 4-14　物品设计

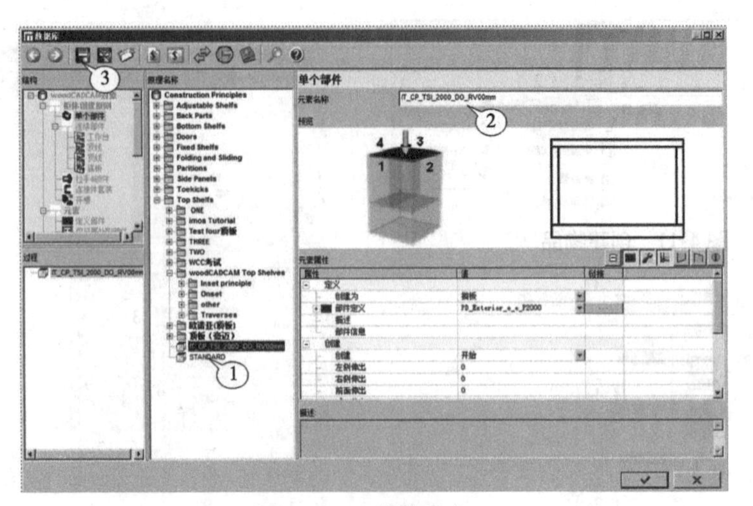

图4-15 元素管理窗口

(1)单个部件定义步骤如下：

①在"Top Shelfs\woodCADCAM_Top Shelves"文件夹下选择STANDARD原则；

②输入元素名称IT_CP_TSI_2000_DO_Rv00mm；关于元素名称的解释如下：

IT——WCC指南；

CP——创建原则；

TSI——嵌入式顶板；

2000——边型被分配给边1；

DO——销子用作连接件；

Rv00mm——背板将被翻转0mm。

③以此元素名称保存此原则，同时，也可采用将另一个部件定义分配给此原则(图4-16)。

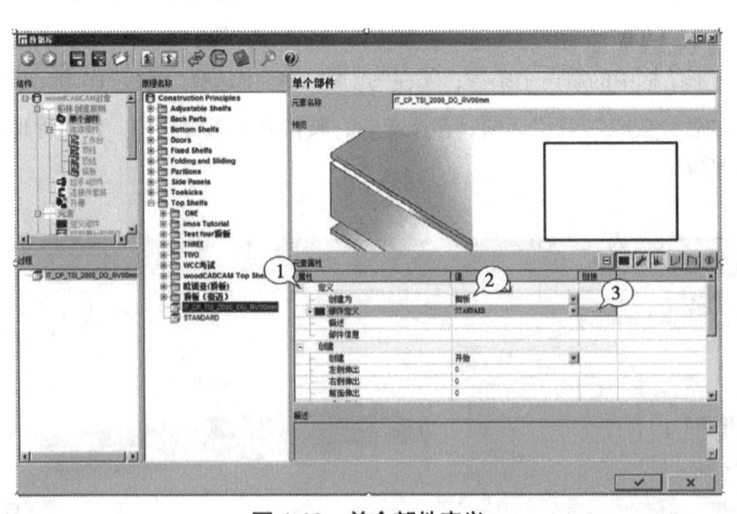

图4-16 单个部件定义

(2)定义部件窗口：①点击"定义"边上的元素设定按钮⊟；②此处仍然选择"搁板"；③点击部件定义边上的条目[...]，进入定义部件窗口(图4-17)。

(3)创建原则：

①选择文件夹"woodCADCAM Part Definitions\Box Parts\Exterior\Allgemein"下的名为PD_Exterior_e_e_P2000的部件定义。

②点击应用[应用]按钮，回到创建原则界面中(图4-18)。

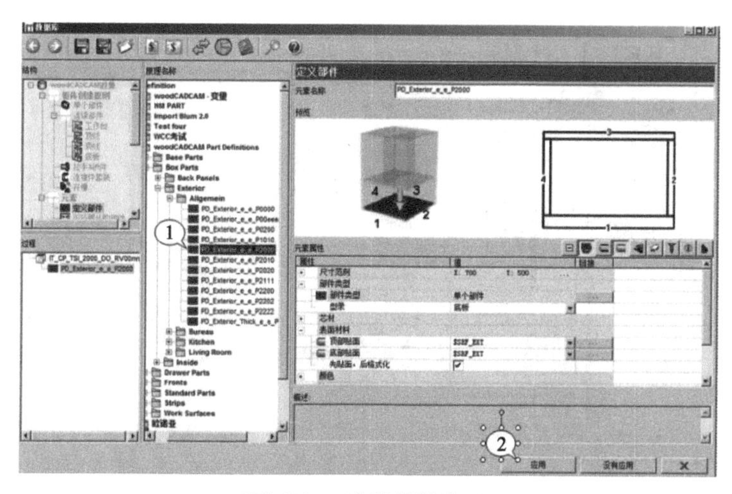

图 4-17　定义部件窗口

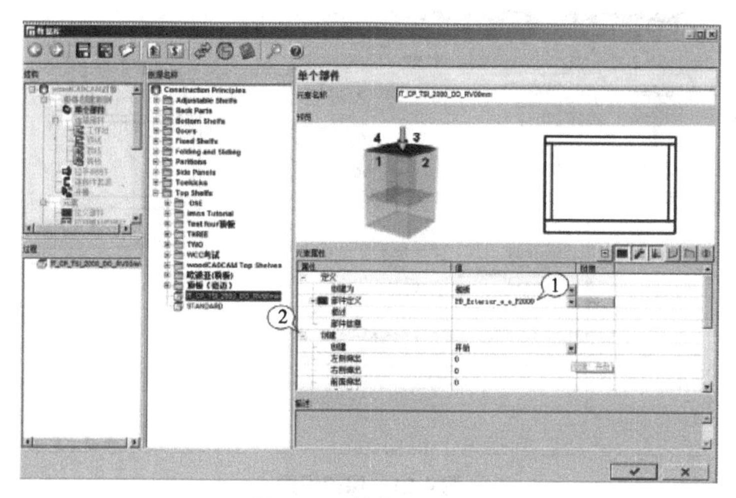

图 4-18　创建原则界面

(4)当部件定义已经配置完毕后，可以保留“创建”一栏中的设置，①勾选“连接件”标签下的“所有边仅用一种连接位置”选项(图 4-19)；②点击“连接位置”后的按钮 ... ，选择一种连接位置(图 4-20)；③在文件夹“Connection technology\Dowel Connections”里选择 i_Dowel 选项；④点击 应用 确认选择，回到创建界面；⑤i_Dowel 已分配给创建原则；⑥点击保存按钮，保存设置(图 4-21)。

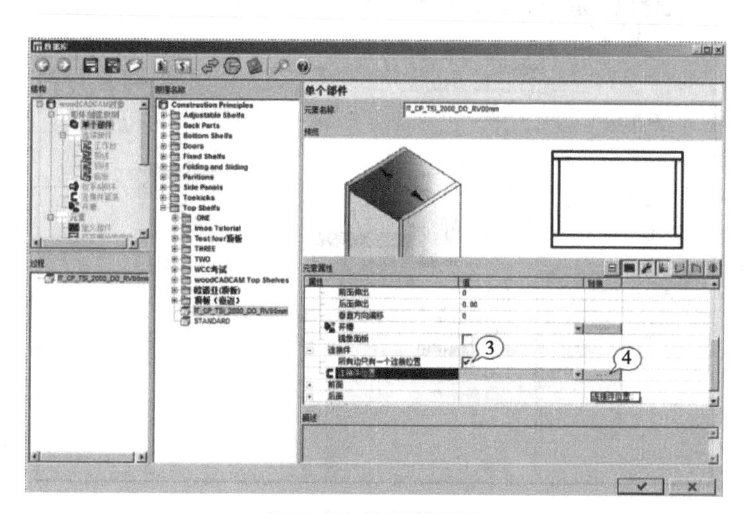

图 4-19　连接件设置

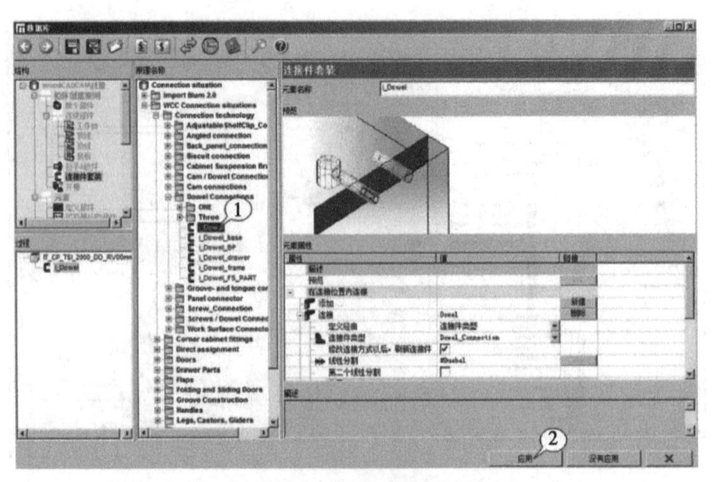

图4-20 连接件装置选择

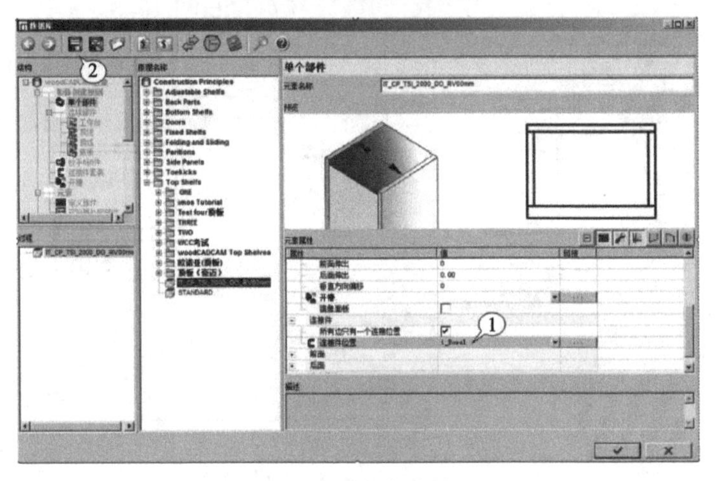

图4-21 保存设置

(5)保存完毕之后进行新目录的创建，①标记“Top Shelves”文件夹，点击鼠标右键，出现一个下拉菜单，选择“新目录”选项(图4-22)；②命名新文件夹为WCC Tutorial；③标记已应用原则IT_CP_TSI_2000_DO_Rv00mm，按住鼠标左键，将其拖到刚刚新建的文件夹中(图4-23)；④点击选择创建原则，回到物品设计界面。

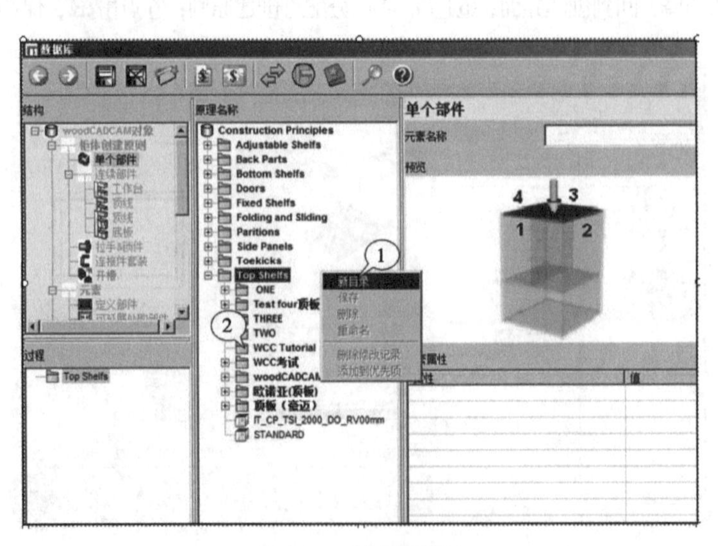

图4-22 创建新目录

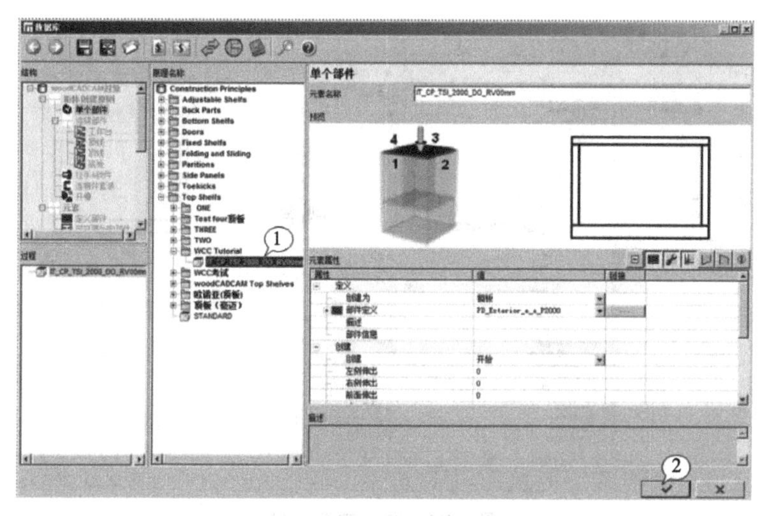

图 4-23　移动部件到新目录

(6)当创建原则已隶属于此物品(图4-24 中 1)，在预览图中，顶板以3D 模式显示出来(图4-24 中 2)；在底板在树形结构下标记第二个条目(图 4-24 中 3)。再次选择搁板为元素种类(图 4-25 中 1)；点击⋯，切换到元素管理(图 4-25 中 2)。

①选择文件夹“Bottom Shelves\woodCADCAM Bottom Shelves\Inset Priciple\Dowel”里的柜体原则：CP_BSI_2000_DO_Rv00mm(图 4-26)。

②点击✔确定，返回到物品设计界面。

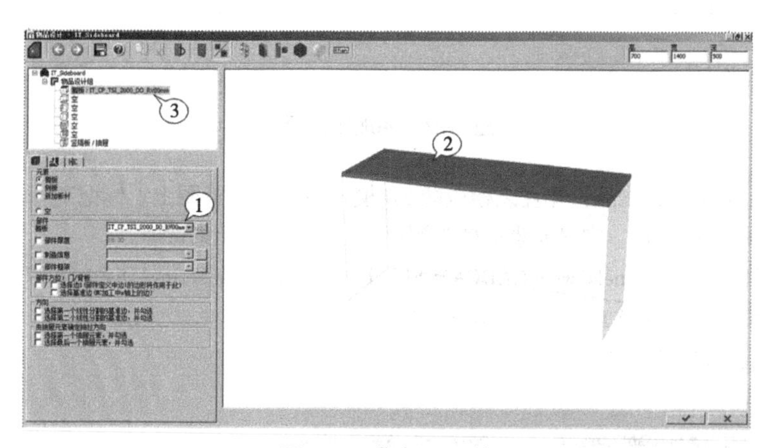

图 4-24　搁板 1 设计

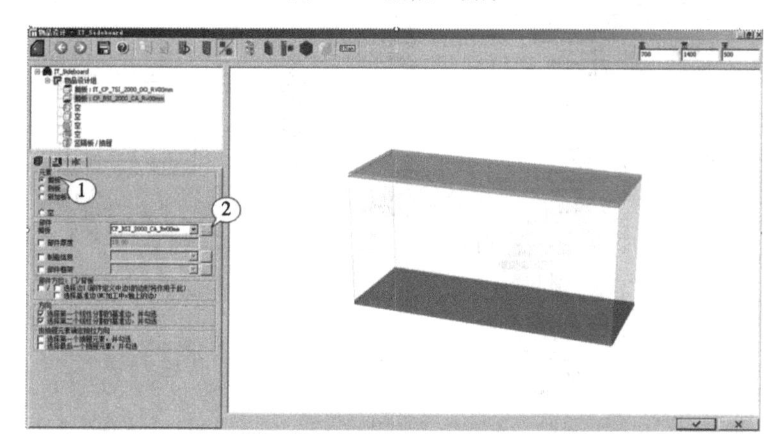

图 4-25　搁板 2 设计

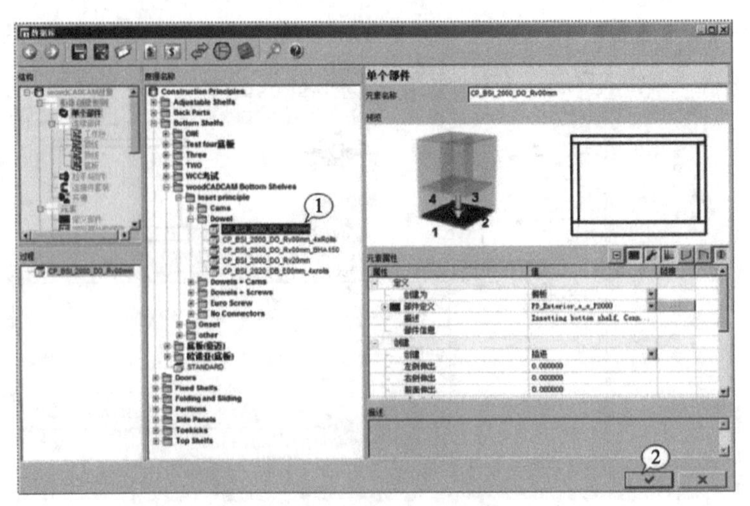

图 4-26　选择单个部件

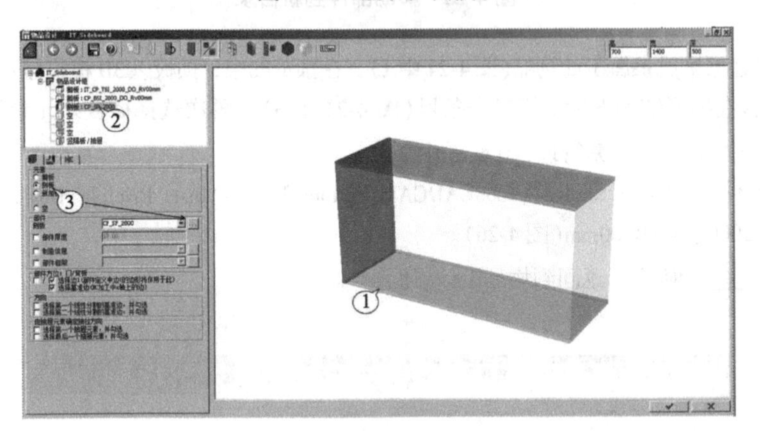

图 4-27　添加左侧板

(7)底板已分配给此物品，并且以相应的 3D 模式显现在预览图上。标记下一个条目，将侧板加入此物品中(图 4-27)。定义元素类型为侧板，点击切换到元素管理。

(8)在文件夹"Side Panels\woodCADCAM Side Panels\with Lineboring\Distance 37mm"下打开原则 CP_SP_2000_LR(图 4-28)。

①关于元素名的解释如下：

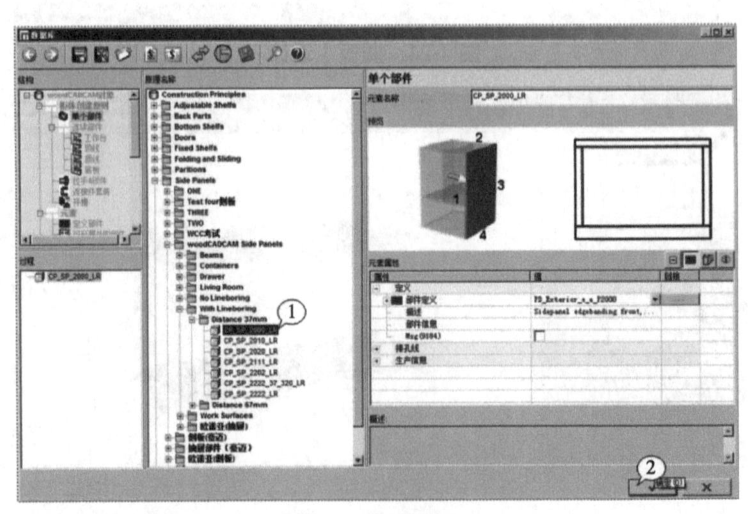

图 4-28　创建侧板

CP——创建原则；

SP——侧板；

2000——此部件只有第一边有边形；

LR——此边有一个共轴孔。

②点击确认。回到物品设计。

③侧板即显示在预览图上。

④标记下一个条目，再次定义元素类型为侧板。

⑤另一侧的侧板将会自动插入(图4-29)。

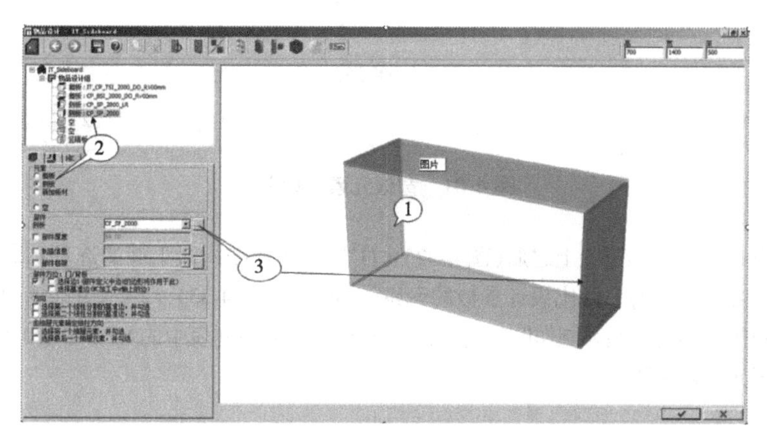

图4-29　添加右侧板

(9)当侧板编辑完成后，在柜体上添加背板(图4-30)。①在树形结构上标记同样的条目；②选定复选框背板，点击，打开元素管理器(图4-31)；③在文件夹“Back parts\woodCADCAM Back Panels\no Connectors”下，选择背板原则CP_BPG_0000_nC_Pr05mm_Rv20mm；④点击确认。返回物品设计桌面。

关于元素名的解释如下：

CP——创建原则；

BPG——带凹槽的背板；

0000——这个部件不封边；

NC——此背板没有连接件；

Pr05mm——此背板四边延长5mm；

Rv20mm——此背板将后退20mm。

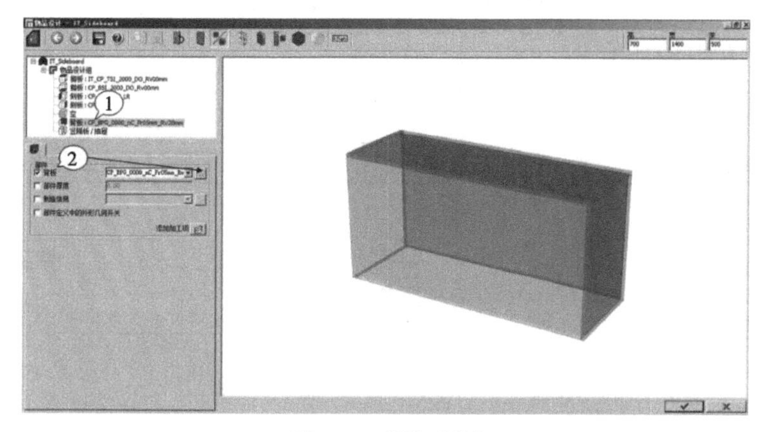

图4-30　添加背板

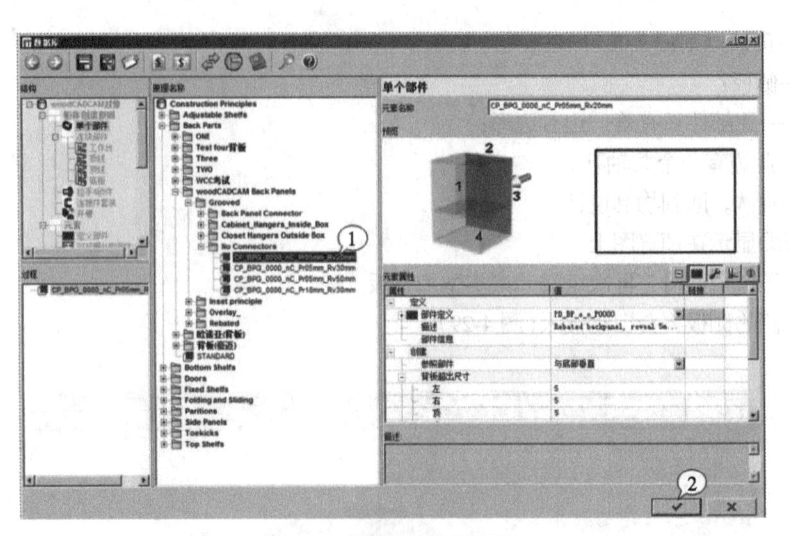

图 4-31　背板元素管理器

（10）当背板展示在预览图上之后（图 4-32）：①标记树形结构最上面的选项；②点击复选框结构原则（也叫缝隙原则），弹出设计参数的元素管理窗口（图 4-33）。在本对话框中，可设置正面分割中的凹槽、创建底座并制作凹槽进深。点击已存在原则列表中的 STANDAND（3mm）原则，然后点击离开元素管理器。

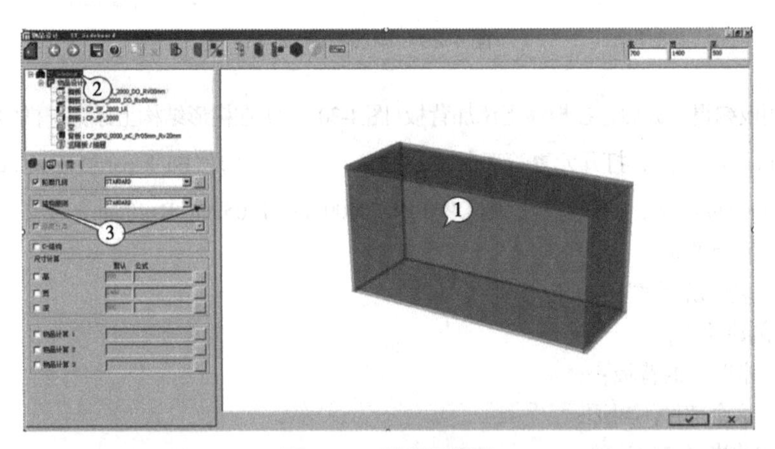

图 4-32　背板预览图

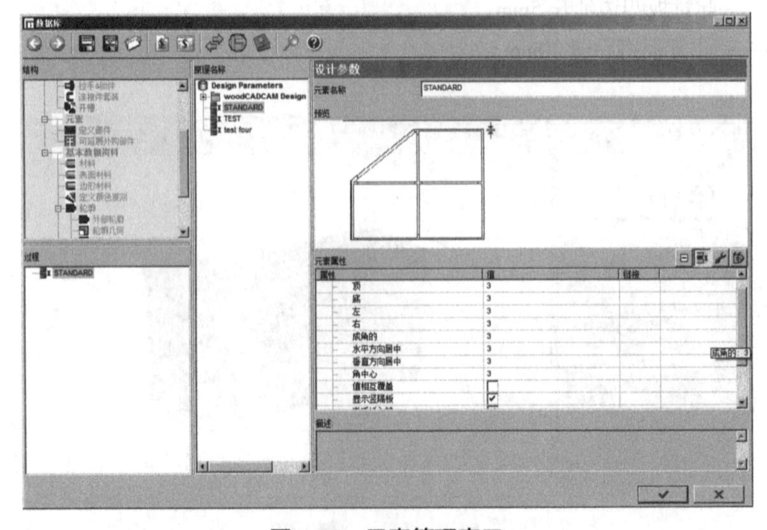

图 4-33　元素管理窗口

4.4.3　线性分割

(1)实际建模中将依照物品中的不同线性分割，插入竖隔板和搁板。

①在树形结构中标记“竖隔板/抽屉”条目。

②将分割设置为搁板/隔板。

③选定类型为竖隔板。

④点击[…]，于文件夹“Partitions \ woodCADCAMPartitions \ Dowel”内，选择柜体原则为 CP_P_2000_DO_R00mm 的分割。然后点击[✔]确认。

⑤在“第一个线性分割”后面的输入栏中输入比例 1∶2∶1 后确认。此时，橱柜内部被分割成三个区域。在既定总体宽度为 1400mm 的条件下，中间部分宽度为 700mm，而两边则同为 350mm。在不同区域插入搁板。完成分割和再分组后，可通过点击查看。在树形结构中，条目“竖隔板/抽屉”已被创建(图 4-34)。

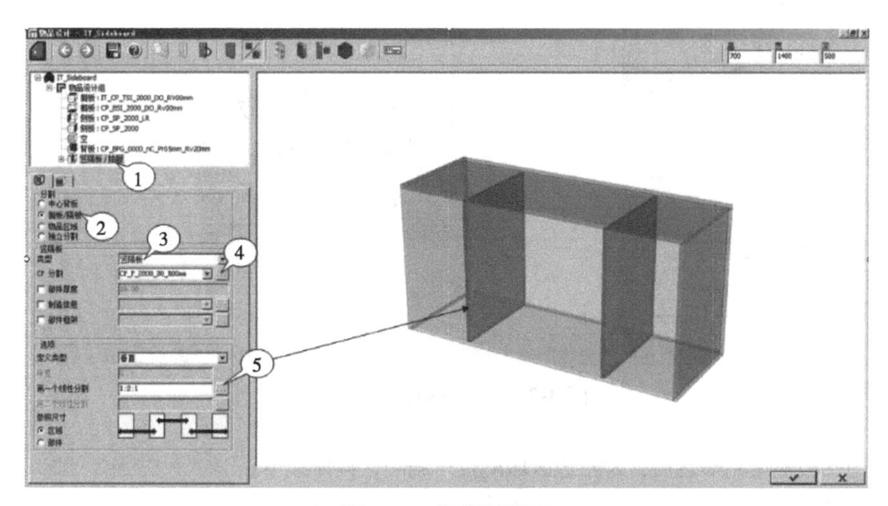

图 4-34　竖隔板设置

(2)横向区域分割完成后，进行以下操作：

①展开第三个“物品设计组”。

②再次选择“竖隔板/抽屉”选项。

③在“分割”选项下选择“搁板/隔板”。

④选择活动搁板作为“隔板类型”。

⑤点击按钮[…]，在文件夹“Adjustable Shelves \ woodCADCAM Adjustable Shelfs”(活动搁板/活动搁板夹)下选择柜体原则为 CP_AS_2000_ASC_Rv00mm。然后点击[✔]确认。

⑥输入线性分割 1∶1∶1，创建三个相同尺寸的区域，回车确认。可以用相同的原则 CP_AS_2000_ASC_Rv00mm，为中间区域定义搁板(图 4-35)。

(3)右边区域分割完成后，进行中间区域的分割，具体如下：

①展开第二个“物品设计组”。

②再次选择“竖隔板/抽屉”。

③在“分割”选项选择“搁板/隔板”。

④选择活动搁板作为“隔板类型”。

⑤选择柜体原则 CP_AS_2000_ASC_Rv00mm。

⑥在第一个线性分割一栏输入 1∶1∶1∶1，或者输入 4{1}命令，使分割出四个等大区域(图 4-36)。

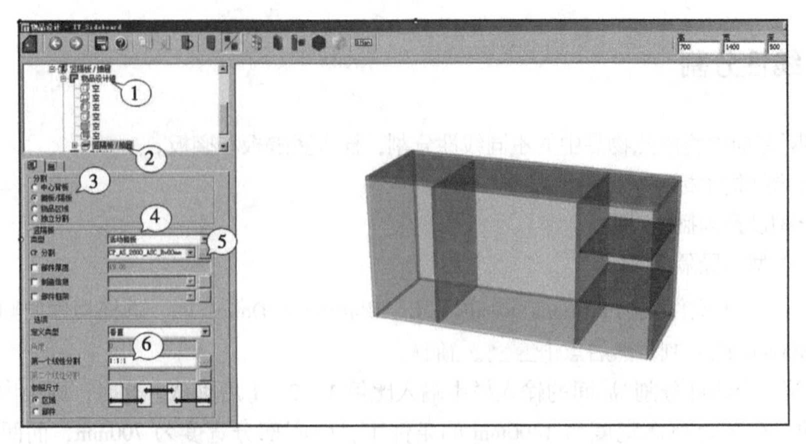

图 4-35 搁板设置

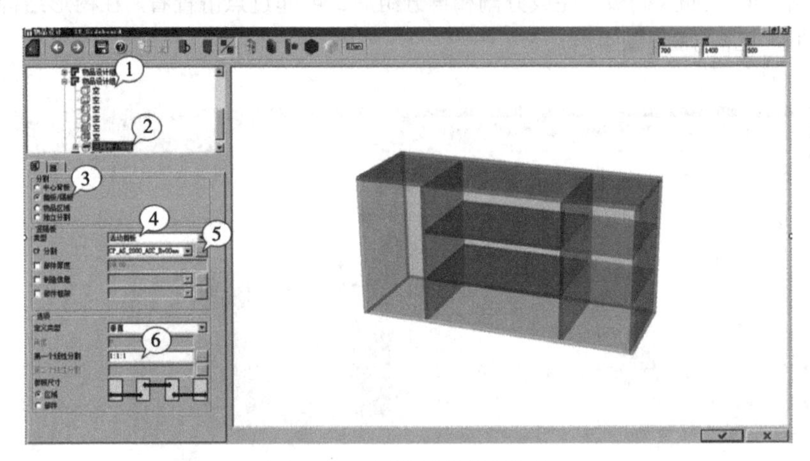

图 4-36 中间区域搁板设置

(4)当搁板配置完毕之后，为左边区域配置一扇门，具体如下：

①点击选择“竖隔板/抽屉”树形结构下的第一个选项“物品设计组”。

②在树形结构中双击门板条目，选定的条目会有阴影以便区别。

③勾选“门”复选框，点击按钮，进入元素管理器。

④在文件夹“Doors\WCC CADCAM Doors\Single Doors\overlay”中选择门 CP_SDO_HC_KT 作为原则。点击完成设置，返回到物品设计界面(图 4-37)。

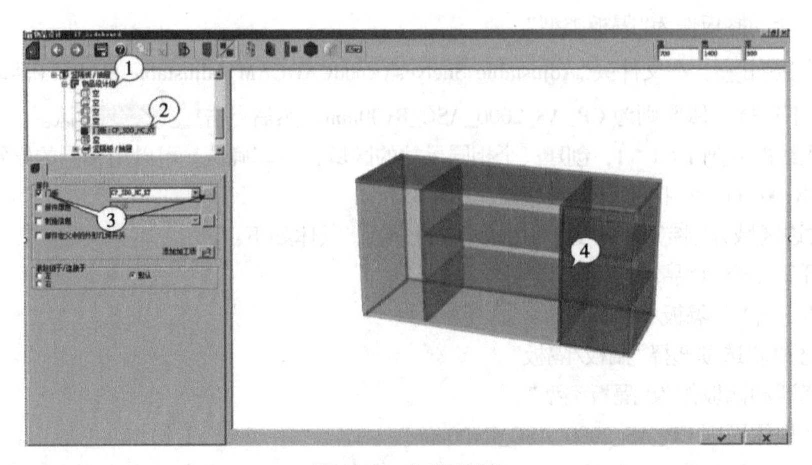

图 4-37 门板设置

关于创建原则名的解释如下：
CP——柜体原则；
SDO——全盖式单门；
HC——铰链连接件；
KT——球形捏手。

4.4.4 保存物品

点击“保存”按钮，打开“另存为”对话框，点击确认保存(图4-38)。物品控制中心便打开了。命名新物品为IT_sideboard，点击确认(图4-39)。返回物品控制中心。

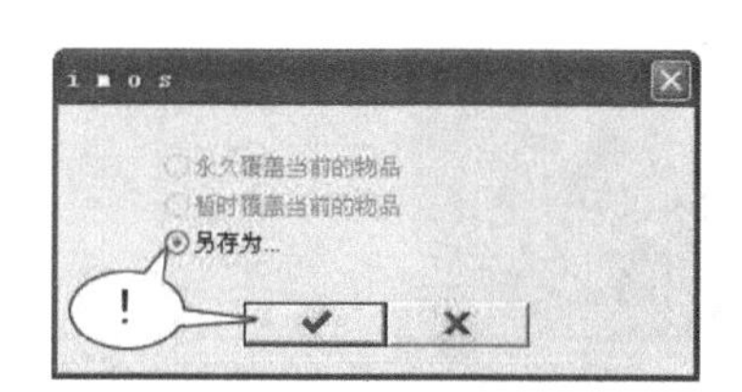

图4-38　保存界面（一）

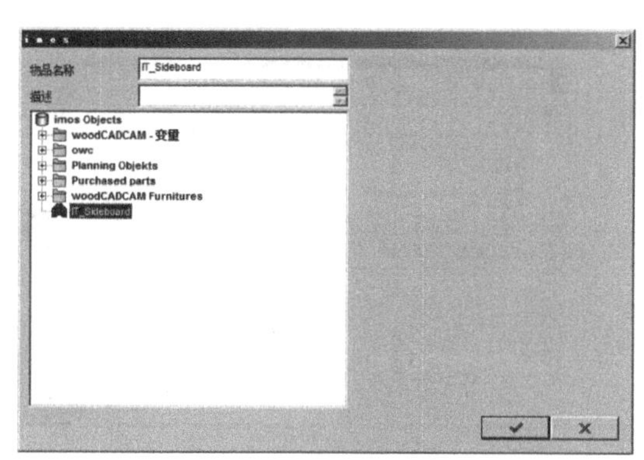

图4-39　保存界面（二）

4.4.5 插入底座

(1)标记树形结构的第一个条目“IT_sideboard”，选择整个物品。
(2)切换到第二个标签。
(3)点击，在下拉菜单中选择“创建底座，即使设计参数里无”选项。
(4)点击“踢脚”一栏后的按钮，选择底座/踢脚选项。
在文件夹“Base Parts\woodCADCAM Bases\Seperate Bases\Height 080mm”里选择底座原则CP_Base_1111_HO80mm。点击完成选择，同时返回到物品设计界面(图4-40)。

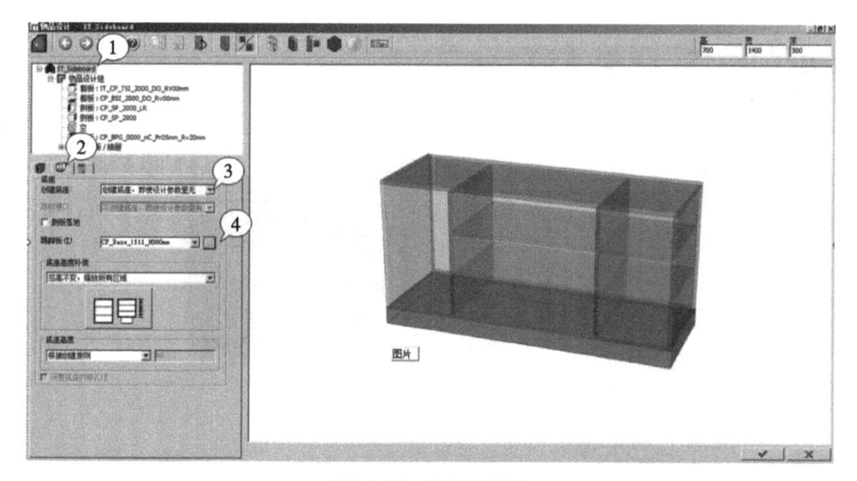

图4-40　插入踢脚

关于创建原则名的解释如下：

CP——创建原则；

BASE——地柜(单个柜体)；

1111——柜子的每个边上都有踢脚；

H080——地柜高度 80mm。

(5)此区域的高度要求调整到和选项增加总高一致，可以通过点击实时预览控制面板，或者在下拉菜单中选择增加总高选项达成。

(6)底座的高度需构建于已定义的柜体创建原则之上，在下拉菜单中选择来自创建原则(来自 CP)达成。

(7)然后可以在预览图上查看底座。现在整个柜体高度变为 780mm。既定高度 700mm 只是柜体侧板的高度，不包括底座高度(图 4-41)。

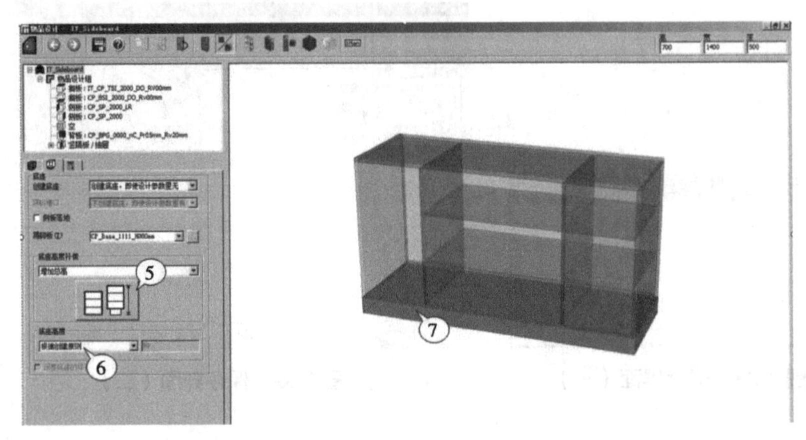

图 4-41　底座高度设置

4.4.6　定位排孔线

按照下面的步骤，将排孔线的位置由侧板移动到竖搁板上(图 4-42)。

(1)标记树形结构中的第二个条目。

(2)切换到“排孔线”标签。

(3)激活复选框转移，将共轴孔传送到搁板上。

现在所有区域的共轴孔位置都由侧板移动到竖搁板上了(图 4-42)。

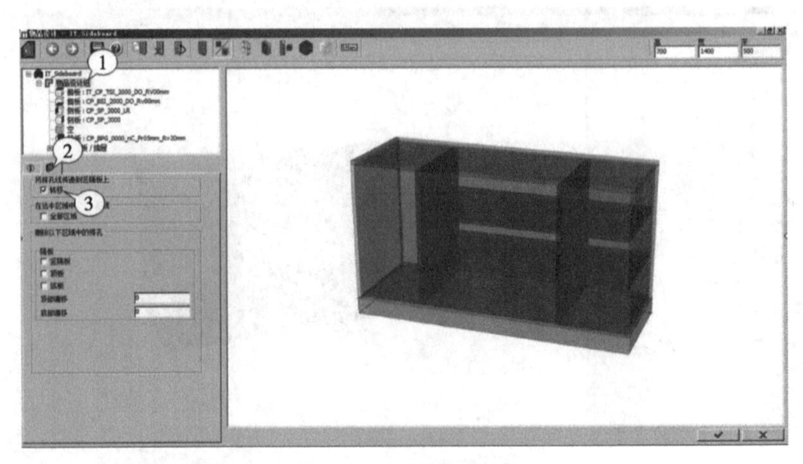

图 4-42　定位排孔线

4.4.7 案例

为了更好地说明 WCC 的操作过程，图 4-43～图 4-46 给出了衣柜、带有 L 架的衣柜、橱柜和吊柜和炸单出图和 mpr 程序的操作案例，并给出了相应的操作视频。

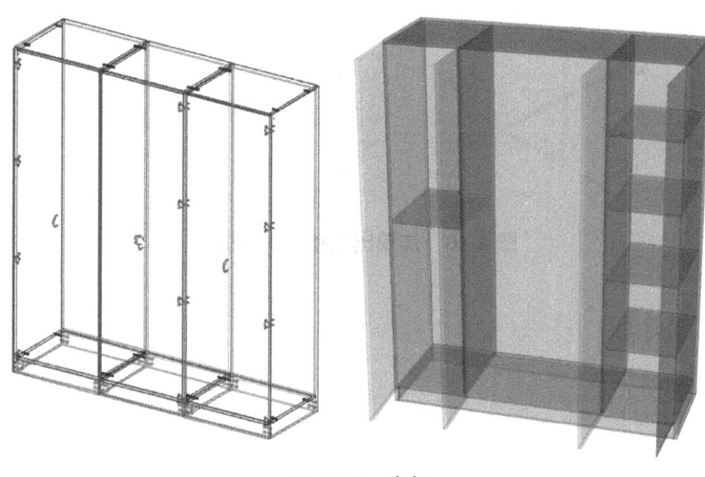

视频：WCC 衣柜柜体设计

图 4-43 衣柜

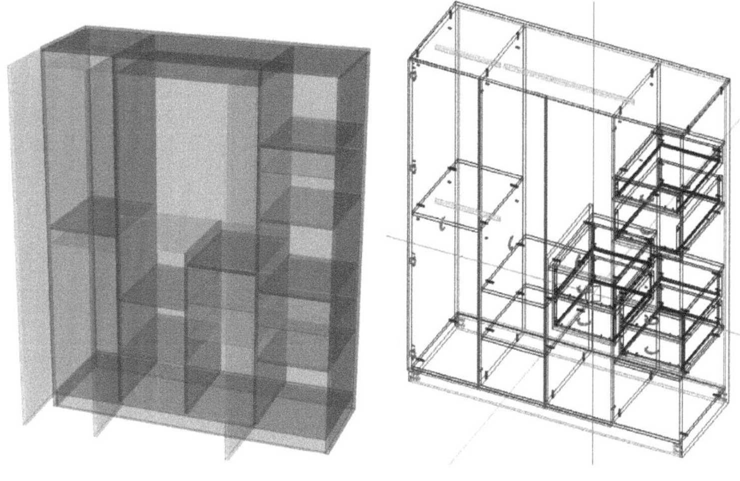

视频：WCC06 衣柜 L 架

图 4-44 带有 L 架的衣柜

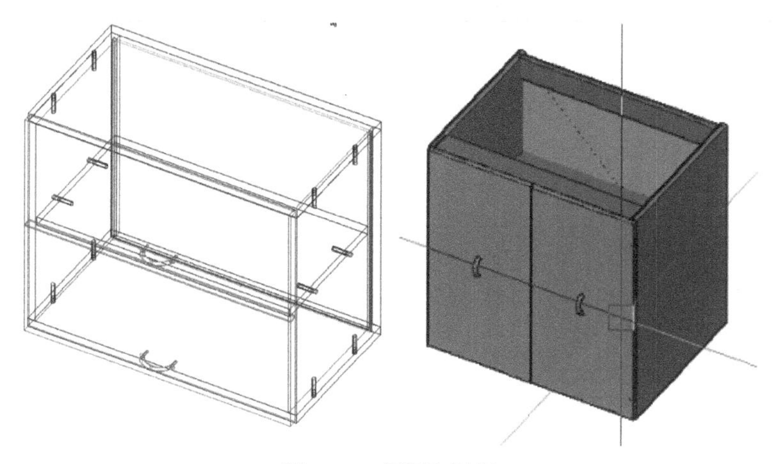

视频：WCC08 橱柜、地柜和吊柜

图 4-45 橱柜和吊柜

视频：WCC10 炸单出图和 mpr 程序

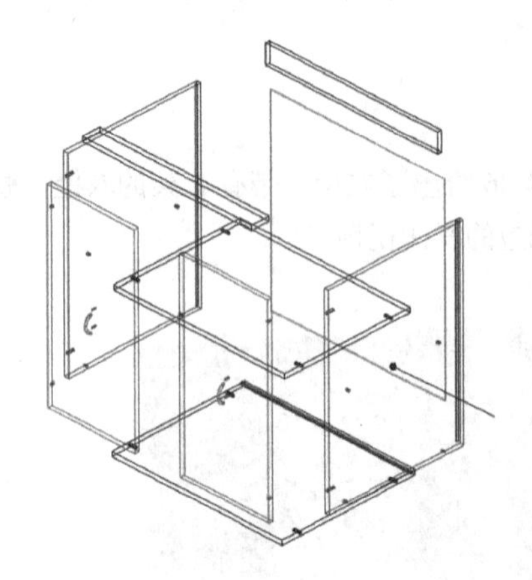

wode0011011.mpr	2019/4/11 15:22	mpr File Type	3 KB
wode0011012.mpr	2019/4/11 15:22	mpr File Type	3 KB
wode0011013.mpr	2019/4/11 15:22	mpr File Type	3 KB
wode0011014.mpr	2019/4/11 15:22	mpr File Type	2 KB
wode0011015.mpr	2019/4/11 15:22	mpr File Type	2 KB
wode0011017.mpr	2019/4/11 15:22	mpr File Type	2 KB
wode0011018.mpr	2019/4/11 15:22	mpr File Type	2 KB
wode0011019.mpr	2019/4/11 15:22	mpr File Type	3 KB
wode0011020.mpr	2019/4/11 15:22	mpr File Type	3 KB
wode0011021.mpr	2019/4/11 15:22	mpr File Type	3 KB
wode0011022.mpr	2019/4/11 15:22	mpr File Type	3 KB
wode0011023.mpr	2019/4/11 15:22	mpr File Type	2 KB
wode0011024.mpr	2019/4/11 15:22	mpr File Type	2 KB
wode0011025.mpr	2019/4/11 15:22	mpr File Type	3 KB
wode0011026.mpr	2019/4/11 15:22	mpr File Type	2 KB
wode0011027.mpr	2019/4/11 15:22	mpr File Type	2 KB
wode0011028.mpr	2019/4/11 15:22	mpr File Type	2 KB
wode0011029.mpr	2019/4/11 15:22	mpr File Type	2 KB
wode0011030.mpr	2019/4/11 15:22	mpr File Type	2 KB
wode0011031.mpr	2019/4/11 15:22	mpr File Type	3 KB
wode0011032.mpr	2019/4/11 15:22	mpr File Type	3 KB
wode0011033.mpr	2019/4/11 15:22	mpr File Type	3 KB
wode0011034.mpr	2019/4/11 15:22	mpr File Type	2 KB
wode0011035.mpr	2019/4/11 15:22	mpr File Type	2 KB
wode0011039.mpr	2019/4/11 15:22	mpr File Type	2 KB

图 4-46　炸单出图和 mpr 程序

第5章 基于数控机床的实木家具智能制造

5.1 数控机床

5.1.1 数控机床的基本概念

5.1.1.1 定义及其特点

数控(numerical control, NC)技术是用数字和符号构成的数字化信息自动控制机床运转的技术。数控机床(numerically controlled machine tool)是采用了数控技术的机床。数控机床是一种高效、新型的自动化机床，具有广泛的应用前景，它与普通机床相比具有以下特点：

(1)数控系统取代了通用机床的手工操作，生产效率高，具有充分的柔性，只要重新编制零件程序，更换相应工装，就能加工出新的零件。

(2)零件加工精度一致性好，避免了通用机床加工时人为因素的影响，精度高、质量稳定。

(3)生产周期短，特别适合小批量、单件零件的加工，适应性、灵活性好。

(4)可加工复杂形状的零件，如二维轮廓或三维轮廓加工。

(5)易于调整机床，与其他加工方法相比，所需调整时间较少，劳动强度低、劳动条件好。

(6)易于建立计算机通信网络，利于现代化生产和管理。

(7)设备初期投资大。

(8)由于系统本身的复杂性，增加了维修的技术难度和维修费用。

5.1.1.2 组成及功能

数控机床的种类很多，但任何一种数控机床主要由控制介质、数控系统、伺服系统和机床主体四部分组成，如图5-1所示。此外，数控机床还有许多辅助装置，如自动换刀装置，自动工作台交换装置自动对刀仪，自动排屑装置及电、液、气、冷却、润滑、防护等装置。

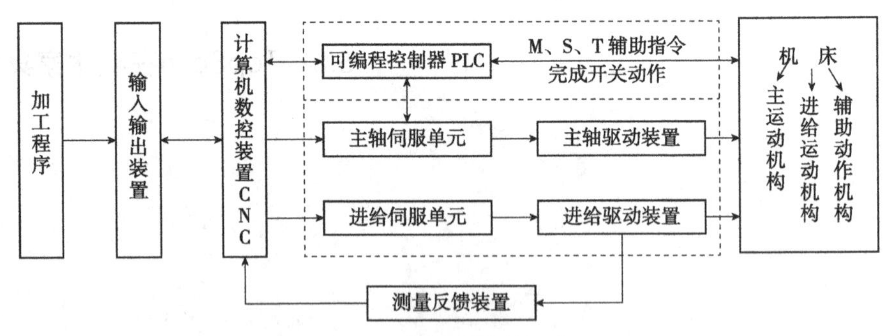

图5-1 数控机床的组成

(1)控制介质是指将零件加工信息传送到控制装置中去的程序载体。

(2)计算机数控装置是数控设备的核心。它根据输入的程序和数据，经过数控装置的系统软件或逻辑电路进行编译、运算和逻辑处理后，输出各种信号和指令。

(3)伺服系统由伺服驱动电路和伺服驱动装置组成，并与设备的执行部件和机械传动部件组成数控设备的进给系统。它根据数控装置发来的速度和位移指令，控制执行部件的进给速度、方向和位移。

(4)机床主体也称主机，它包括机床的主运动部件、进给运动部件、执行部件和基础部件。

(5)辅助装置是数控机床在实现整机的自动化控制中，为了提高生产效率、加工精度，还需要配备许多辅助装置，如液压和气动装置、自动换刀装置、自动工作台交换装置、自动对刀装置、自动排屑装置等。

5.1.1.3 工作原理

如图 5-2 所示，数控机床加工零件时，首先要将零件图纸上的几何信息和工艺信息用规定的代码和格式编写成加工程序，然后将加工程序输入数控装置，经过计算机的处理、运算，按各坐标轴的分量送到相应的驱动电路，经过转换、放大去驱动伺服电动机，使各坐标移动若干个最小位移量，并进行反馈控制，使各轴精确走到程序要求的位置，实现刀具与工件的相对运动，完成零件全部轮廓的加工。

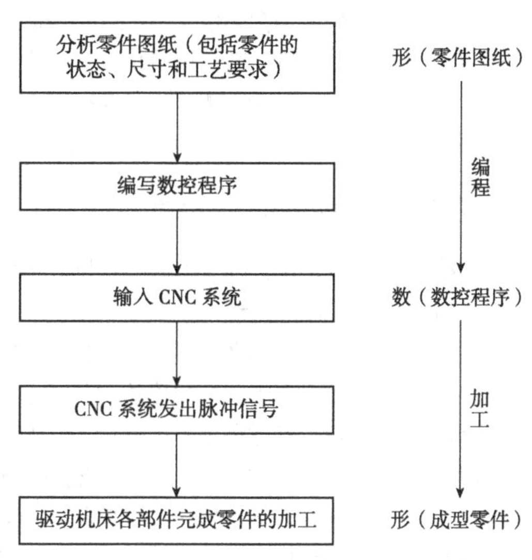

图 5-2 数控机床的工作原理

数控机床的加工过程包括零件图工艺处理、数学处理、数控编程、程序输入、译码、数据处理和插补等。所谓插补，就是指在被加工轨迹的起点和终点之间，插进若干中间点，然后用已知线型(如直线、圆弧)逼近。通常把数控机床上刀具运动轨迹是直线加工的称为直线插补；刀具运动轨迹是圆弧加工的称为圆弧插补。一般的数控系统都具有直线和圆弧插补，能加工出各象限直线和圆弧。对于复杂功能的数控机床，通过多轴控制、多轴联动实现空间曲线、曲面的加工。

插补运算的速度和精度直接影响数控系统的加工精度和速度，是整个数控系统软件的核心。由于直线和圆弧是构成零件轮廓的基本几何元素，故大多数数控系统都具有直线和圆弧插补功能，如图 5-3 所示。

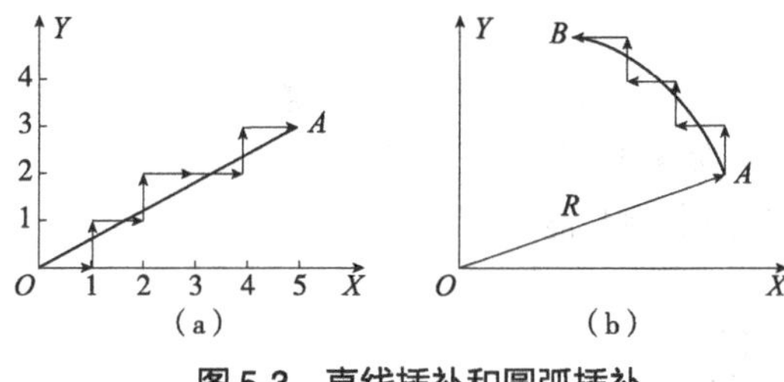

图 5-3 直线插补和圆弧插补

数控机床的数字控制功能是由数控系统完成的，数控装置能接受零件图纸加工要求的信息，进行插补运算，实时地向各坐标轴发出速度控制指令。伺服驱动装置能快速响应数控装置发出的指令，驱动机床各坐标轴运动，同时能提供足够的功率和扭矩。伺服系统中常用的驱动装置，根据控制系统的类型不同而不同，开环伺服系统常用步进电动机，闭环伺服系统常采用脉宽调速直流电动机和交流伺服电动机等。检测装置将坐标位移的实际位置检测出来，反馈给数控装置中的比较器与指令位置进行比较，实现偏差控制。伺服系统中常用的检测装置有测量线位移的光栅、磁栅、感应同步器等，测量角位移的旋转变压器、数字脉冲编码器等。可编程控制器 PLC，在数控机床中一般用来对一些逻辑开关量进行控制，如主轴的启、停，刀具更换、冷却液开关等。

5.1.2 数控机床的分类

5.1.2.1 按工艺用途分类

数控机床按工艺用途，可分为以下四大类：

(1)金属切削类，指采用车、铣、镗、钻、铰、磨、刨等各种切削工艺的数控机床。它又可分为以下两类：

①普通数控机床。普通数控机床一般指在加工工艺过程中的一个工序上实现数字控制的自动化机床，有数控车、铣、钻、镗及磨床等。普通数控机床在自动化程度上还不够完善，刀具的更换与零件的装夹仍需人工来完成。

②数控加工中心。数控加工中心是带有刀库和自动换刀装置的数控机床。在加工中心上，可使零件一次装夹后，实现多道工序的集中连续加工。加工中心的类型很多，一般分为立式加工中心、卧式加工中心和车削加工中心等。加工中心由于减少了多次安装造成的定位误差，所以提高了零件各加工面的位置精度，近年来发展迅速。

(2)金属成型类，指采用挤、压、冲、拉等成型工艺的数控机床，常用的有数控弯管机、数控压力机、数控冲剪机、数控折弯机、数控旋压机等。

(3)特种加工类，主要有数控电火花线切割机、数控电火花成形机、数控激光与火焰切割机等。

(4)测量、绘图类，主要有数控绘图机、数控坐标测量机、数控对刀仪等。

5.1.2.2 按运动控制特点分类

数控机床按运动部件控制方式的不同，可分为以下三种：

(1)点位控制数控机床

对于一些加工孔用的数控机床，如数控钻床、数控镗床、数控冲床、三坐标测量机、印刷电路板钻床等。它们只要求获得精确的孔隙坐标定位精度，而不管从一个孔到另一个孔是按照什么轨迹运动，在刀具运动过程中，不进行切削加工，如图5-4所示。具有这种运动控制的机床称为点位控制数控机床。点位控制的数控机床加工平面内的孔隙，它控制平面内的两个坐标轴带动刀具与工件作相对运动，运动停止后，控制刀具进行钻、镗切削加工。为了提高效率和确保精确的定位精度，首先系统控制进给部件高速运行、接近目标点时，采用分级或连续降速，低速趋近目标点，从而减少运动部件的惯性过冲和因而引起的定位误差。

(2)直线控制数控机床

控制刀具或工作台以一定的速度沿直线从一个点移动到另一个点，移动过程中进行切削加工。代表机床：简易数控车、数控铣，如图5-5所示。

(3)轮廓控制数控机床(连续控制)

可以同时控制两个或两个以上的坐标轴进行加工，并连续控制加工过程中每个点的坐标和速度，实现连续切削加工，以形成所需的曲线或曲面，如图5-6所示。除了少数专用的数控机床，如数控钻床、冲床等以外，现代的数控机床都具有轮廓控制功能。

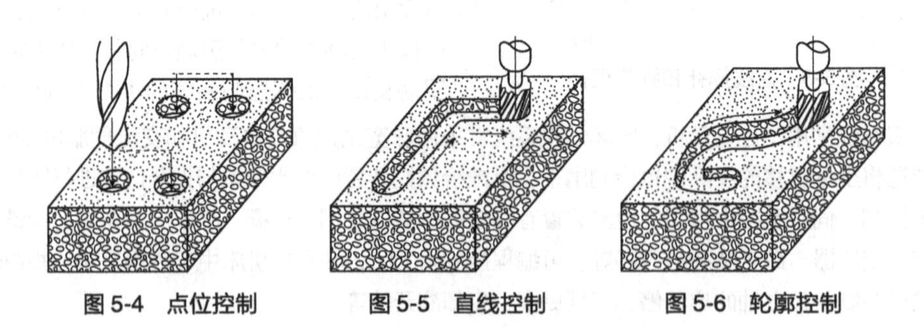

图5-4 点位控制　　图5-5 直线控制　　图5-6 轮廓控制

根据联动轴数可细分为2轴联动、2.5轴联动(任意2轴联动，第3轴周期进给，即可控3轴，联动2轴)、3轴联动、4轴联动(X、Y、Z和A或B)、5轴联动(X、Y、Z或任意两个旋转轴)，如图5-7所示。3轴联动以上的零部件加工程序采用自动编程。

5.1.2.3 按伺服系统类型分类

(1)开环控制的数控机床

开环控制的数控机床没有测量反馈装置，伺服驱动原件为步进电机，如图5-8所示。此类机床具有结构简单、工作稳定、调试方便、维修简单、价格低廉等优点，但没有测量反馈装置，控制精度不高。控制精度取决于步进电机的步距精度和机械传动链(减速器、丝杠等)的传动精度，广泛应用于经济型数控机床或旧机床数控化改造上。

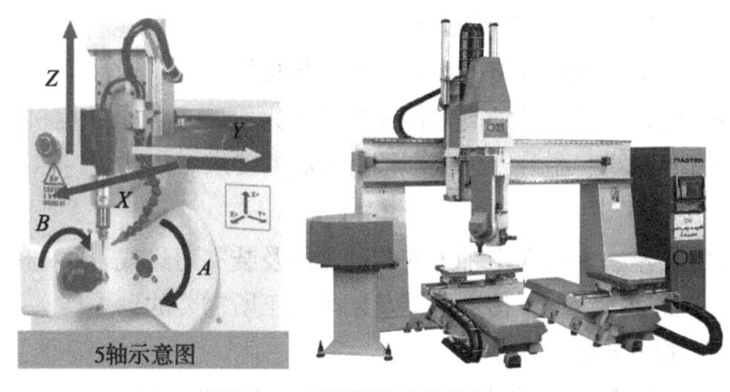

图 5-7 五轴联动数控机床

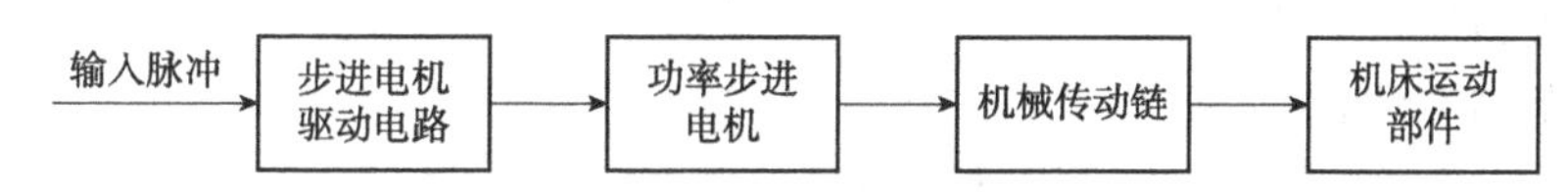

图 5-8 开环控制系统框图

(2)闭环数控机床

闭环数控机床位置的检测装置安装在工作台上，直接测量工作台的实际位置，伺服驱动元件为直流、交流伺服电机，如图 5-9 所示。此类机床具有可以消除机械传动部分的各种误差，控制精度高，使加工精度大幅提高等优点，但价格昂贵，调试维修复杂、成本高，主要用于精度要求高的镗铣床、超精车床、超精磨床和大型的数控机床。

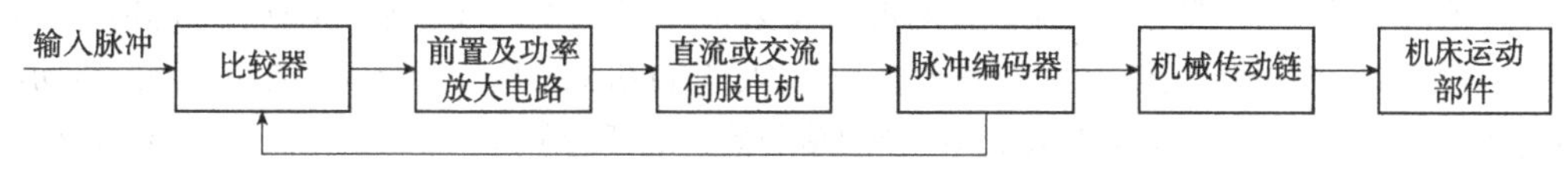

图 5-9 闭环控制系统框图

(3)半闭环数控机床

半闭环数控机床的测量反馈装置安装在驱动电机或丝杠的端部，通过测量电机或丝杠的旋转角度来间接测量工作台的位移；伺服驱动元件为直流、交流伺服电机，如图 5-10 所示。此类机床具有控制精度高于开环控制系统、稳定性较好、成本低、调试维修比较方便等优点，但闭环内不包括或只包括少部分机械传动链，部分误差无法消除，兼顾开环与闭环的优点，应用广泛。

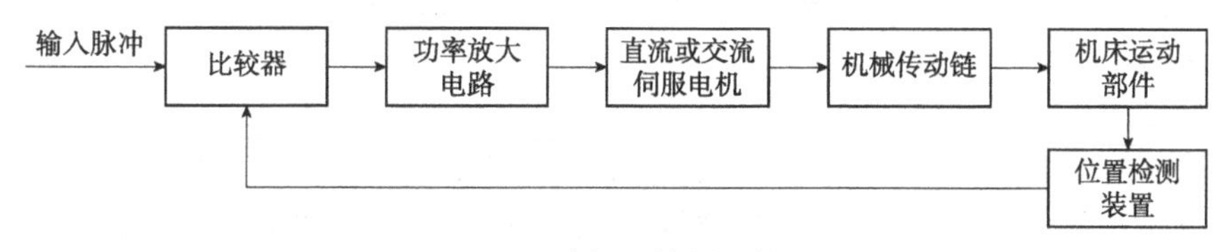

图 5-10 半闭环控制系统图

5.1.3 数控机床的机械结构特点

5.1.3.1 主传动系统

(1)定义

主传动系统是指驱动主轴运动的系统，主轴是数控机床上带动刀具和工件旋转，产生切削运动的运动轴，它往往是数控机床上单轴功率消耗最大的运动轴。

(2)作用

①传递动力，传递切削加工所需要的动力。

②传递运动，传递切削加工所需要的运动。

③运动控制，控制主运动运行速度的大小、方向和起停。

与进给伺服系统相比，它具有转速高、传递的功率大等特点，是数控机床的关键部件之一，对它的运动精度、刚度、噪声、温升、热变形都有较高的要求。

(3)主轴部件的组成及作用

主轴部件由主轴的支承、安装在主轴上的传动零件及装夹刀具或工件的附件组成。其主要作用为夹持工件或刀具实现切削运动；传递运动及切削加工所需要的动力。

机床对其主轴部件的主要要求有：

①主轴的精度要高。精度包括运动精度(回转精度、轴向窜动)、安装刀具或夹持工件的夹具的定位精度(轴向、径向)。

②部件的结构刚度和抗振性。

③运转温升不能太高以及较好的热稳定性。

④部件的耐磨性和精度保持能力较好。

对数控机床除上述要求外，在机械结构方面还应具备以下条件：

①刀具的自动夹紧装置。

②主轴的准停装置。

③主轴孔的清理装置等。

5.1.3.2 进给传动系统装置

进给传动系统装置是进给伺服系统的重要组成部分，它是实现成型加工运动所需的运动及动力的执行机构。它主要由传动机构、运动变换机构、导向机构、执行件组成。其中常用的传动机构有传动齿轮和同步带；运动变换机构有丝杠螺母副、蜗杆齿条副、齿轮齿条副等；导向机构有滑动导轨、滚动导轨、静压导轨、轴承等。

5.1.3.3 自动换刀装置

自动换刀系统应该满足换刀时间短，刀具重复定位精度高，刀具储存数量充足，结构紧凑，便于制造、维修、调整，具备防屑、防尘装置，布局应合理等要求。同时也应具有较好的刚性，冲击、振动及噪声小，运转安全可靠等特点。

(1)组成

自动换刀系统由刀库、选刀机构、刀具交换机构(如机械手)、刀具在主轴上的自动装卸机构等部分组成。

(2)换刀方式

①由刀库和主轴的相对运动实现刀具交换。用这种形式交换刀具时，主轴上用过的刀具送回刀库和从刀库中取出新刀，这两个动作不能同时进行，选刀和换刀由数控定位系统来完成，因此换刀时间长，换刀动作也较多。

②由机械手进行刀具交换。由于刀库及刀具交换方式的不同，换刀机械手也有多种形式。

(3)刀柄

刀具必须装在标准的刀柄内，我国刀具系统规定了刀柄标准，有直柄及锥柄两类，分别用于圆柱形主轴孔及圆锥形主轴孔。刀具的轴向尺寸和径向尺寸应先在调刀仪上调整好，才可装入刀库中。丝锥、铰刀要先装在浮动夹具内，再装入标准刀柄内。圆柱形刀柄在使用时需在轴向和径向夹紧，因而主轴结构复杂，圆柱柄安装精度高，但磨损后不能自动补偿。而锥柄稍有磨损也不会过分影响刀具的安装精度。在换刀过程中，由于机械手抓住刀柄要作快速回转、拔插刀具的动作，还要保证刀柄键槽的角度位置对准主轴上的驱动键。因此，机械手的夹持部分要十分可靠，并保证有适当的夹紧力，其活动爪要有锁紧装置，以防止刀具在换刀过程中转动或脱落。

柄式夹持：刀柄前端有V形槽，供机械手夹持用，目前我国数控机床较多采用这种夹持方式。

法兰盘式夹持：也称径向夹持或碟式夹持，刀柄的前端有供机械手夹持用的法兰盘，到另一个辅助机械手上去，法兰盘式夹持方式、换刀动作较多，不如柄式夹持方式应用广泛。

(4)刀库类型

①盘式刀库，盘式刀库一般用于刀具容量较少的刀库。

②链式刀库，一般刀具数量在30~120把时，多采用链式刀库。

5.2 数控加工

5.2.1 数控加工及其特点

数控加工是指在数控机床上进行自动加工零部件的一种工艺方法。数控机床加工零件时，将编制好的零件加工数控程序，输入到数控装置中，再由数控装置控制机床主运动的变速、启停、进给运动的方向、速度和位移大小，以及其他诸如刀具选择交换、工件夹紧松开和冷却润滑的启停等动作，使刀具与工件及其他辅助装置严格地按照数控程序规定的顺序、路程和参数进行工作，从而加工出形状、尺寸与精度符合要求的零件。

一般来说，数控加工主要包括以下方面的内容：

(1)选择并确定零件的数控加工内容。

(2)对零件图进行数控加工的工艺分析。

(3)设计数控加工的工艺。

(4)编写数控加工程序单(数控编程时，需对零件图形进行数学处理；自动编程时，需进行零件CAD、刀具路径的产生和后置处理)。

(5)按程序单制作程序介质。

(6)数控程序的校验与修改。

(7)首件试加工与现场问题处理。

(8)数控加工工艺技术文件的定型与归档。

与常规加工相比，数控加工具有以下特点：

①适应性强。数控加工是根据零件要求编制的数控程序来控制设备执行机构的各种动作，当数控工作要求改变时，只要改变数控程序软件，而无须改变机械部分和控制部分的硬件，就能适应新的工作要求。因此，生产准备周期短，有利于机械产品的更新换代。

②精度高，质量稳定。数控加工本身的加工精度较高，还可以利用软件进行精度校正和补偿；数控机床加工零件是按数控程序自动进行，可以避免人为的误差。因此，数控加工可以获得比常规加工更高的加工精度。尤其是可以提高同批零件生产的一致性，产品质量稳定。

③生产率高。数控设备上可以采用较大的运动用量，有效地节省了运动工时。还有自动换速、自动换刀和其他辅助操作自动化等功能，而且无须工序间的检验与测量，故使辅助时间大为缩短。

④能完成复杂型面的加工。普通机床无法实现许多复杂曲线和曲面的加工，而数控加工完全可以完成。

⑤减轻劳动强度，改善劳动条件。因数控加工是自动完成，许多动作无须操作者进行，故劳动条件和劳动强度大为改善。

⑥有利于生产管理。采用数控加工，有利于向计算机控制和管理生产方向发展，为实现制造和生产管理自动化创造了条件。

5.2.2 数控机床在实木家具制造中的应用

近年来，随着数控机床的不断发展，以及实木家具制造企业面临的智能升级，五轴数控机床在实木家具企业中的应用将成为未来实木家具制造企业的发展趋势。

5.2.2.1 优点

五轴机床是当前实现实木家具智能制造的关键设备之一，是集计算机控制、高性能伺服驱动、精密加工技术和软件技术于一体的高速电脑数控加工中心，其系统集成特性可提供较高的加工效率和加工能力。其可用于各种实木制品的加工，包括锯切、铣型、开槽、钻孔、榫头及榫眼等全套加工过程，与传统三轴四轴数控设备相比，五轴数控机床的刀具可以实现空间自由旋转，实现一次装夹完成端面以及四周面的加工，有效避免了由于多次装夹带来的定位误差，因此，要实现复杂榫卯结构的加工，并达到精密装配的效果，与常规加工方式相比，其主要优点在于：

(1)自动化程度高，一次装夹，就能完成对实木零部件的大部分或全部切削加工，保证实木零部件的加工精度，提高加工效率。

(2)高速的铣削加工可将传统实木家具的工序分化过程转化为工序集中，实现多道加工工序浓缩为一道高速切削加工完成，减少加工工序，并避免传统多道加工工序的累积精度误差。

(3)加工实木零部件的一致性好，质量稳定，提高实木零部件的互换性，且正常运行费用低，人员需要少。

(4)对加工零件的适应性强，柔性高，灵活性好，尤其适于定制家具的加工，实现定制产品的优质高效加工过程。

(5)加工整体复杂工件时的辅助工作时间短，大大缩短了零部件的加工时间，为企业新产品的研发节省大量的时间和费用，还可以省去某些大型专用、多工位设备的投资，且占地面积小。

5.2.2.2 分类

按主机的主要结构，五轴数控机床通常可分为龙门式和卧式两种。

①龙门式五轴数控机床。其主轴的轴心线多为垂直设计(图5-11)。该机床的优点在于工作台可以从切削主轴下方通过，待加工实木零部件一次安装后，除安装面外，其他所有侧面和顶面均在切削主轴的加工范围内，且主轴及机床的刚性较好，但机床占地面积较大。

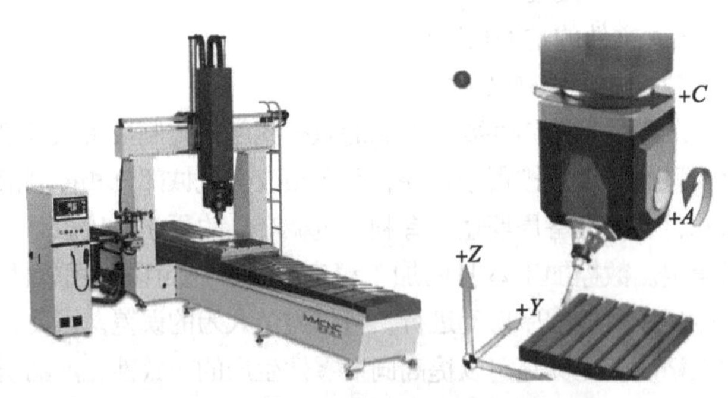

图5-11 龙门式五轴数控机床典型结构

②卧式五轴数控机床，是指主轴轴心线为水平状态设计的加工中心(图5-12)。其特点是占地面积小、加工时排屑容易，如配置适当高度的工作台后，还能使切削主轴对加工工件下表面进行加工。缺点是如不加装旋转工作台，工件一次装夹后，切削主轴无法加工到工件的背面。

图5-12 卧式五轴数控机床典型结构

5.2.2.3 应用步骤

(1)在CAD软件中进行产品几何结构设计绘图，并对被加工零部件进行工艺分析，重点审查装夹基准、待加工面等。由于绝大多数商用CAM软件包均含有CAD功能，也可直接在一体化的CAM/CAD软件包中进行，省去数据格式的转换与传输。

(2)在CAM软件中进行加工中心的工艺设计，如工件定位坐标确定、刀具型号指定、加工参数设定及路径规划、加工顺序等，有时还需考虑装夹模具的工艺设计。

(3)在得到刀具相对于工件的刀具位置资料后，经过专用的后处理程序，将资料转换成数控中心所能接受的NC控制码加工。

(4)进行程序的检验、修订和优化，以及机台仿真电脑加工模拟，以检查干涉情况。

(5)完成装夹模具的制作和加工，备好刀具。

(6)进行加工中心的初始化及原点设定，并将待加工工件装夹定位，经后处理，并将优化的控制程序读入数控加工中心的控制器，启动数控加工作业进行工件试切。

现在大多数商用CAD/CAM软件包均能实现参数化、自动化编程的处理模式，使操作者能在图形界面下完成加工中心的所有工艺设计工作。

5.2.2.4 存在问题

数控机床的使用效果很大程度上取决于用户的技术水平。缺乏经验丰富的编程和操作人员，是影响五轴数控加工技术普及的因素之一，但更多的困难和问题主要表现在：

①选型。未能很好地结合家具企业的典型产品结构、产量及产品发展远景规划选型，造成机床开工率不足，特别是高速、高精度机床，性能得不到充分发挥，甚至闲置。

②预算。对预算估计不足，采购时重主(机)轻附(件)，如没有合理地选购与主机配套的工具、软件技术以及售后技术服务等，导致在实际应用时加工工艺受限。

③效益。对五轴数控加工中心的适应范围和投资效益没有合理估算，期望值过高，导致对加工中心失去信心，使设备未能发挥应有的作用。

④培训。对编程、操作人员的选用和培训重视不够，操作者对工艺不熟悉、编程不熟练、操作辅助时间过长，影响设备功能的发挥。

⑤维护。使用者的排障能力不强，机床故障排除不及时等。

5.3 TopSolid在实木家具智能制造中的应用

尽管五轴数控机床有诸多加工优势，但在家具行业中还远没有达到普及的程度，这很大程度上是因为要实现五轴数控加工，必须对数控加工程序(NC代码)进行相应后处理。但家具企业往往既缺少多轴编程人员，又缺少二次开发的技术人员，对实木数控五轴加工中心加工各种木质材料的适应性、复杂零件加工工艺等方面的研究及技术储备不够，影响到该技术的深入应用，这就导致很多企业高价购买五轴数控设备却无人操作。五轴数控设备的后处理严重阻碍了其在家具制造行业中的推广。

因此，要使实木五轴数控加工中心在实际生产中充分合理应用，加大软件系统的开发对企业实现智能升级很重要。

数控技术是利用数字化信息对机械运动及加工过程进行控制的一种方法，是生产自动化的基础。数控技术根据木材机械加工工艺的要求，借助计算机软件技术、网络技术和数据库技术，对整个加工过程进行信息处理与控制，给出产品生产的工艺数据，并将这些数据传递到整个生产过程，向加工设备提供数字化的作业指令，实现生产过程的最优化、自动化和数字化。这是一种灵活高效且通用的自动化控制技术，为实木家具生产过程中存在的复杂、精密、多品种、批量小的加工问题提供了一种合适可行的解决方案，是实木家具生产行业进行转型升级的良器。

所以，将TopSolid数字化加工软件用于实木家具的生产过程，是提高工厂的生产效率，减少操作工人的难度，降低生产成本的必要手段。

5.3.1　TopSolid 软件简介

TopSolid 是一款采用三维几何建模内核 Parasolid 的三维软件，拥有着强大的三维建模功能，与 TopSolid 采用相同内核的软件，比如 SolidWorks、UG、SolidEdges 等，在全球拥有着大量的用户基础。TopSolid 集产品造型设计、结构设计、装配设计、工艺设计、有限元分析、CNC 加工编制、特征识别加工、典型工艺管理、产品数据管理为一体，根据家具、模具、钣金、精密制造等行业设计与加工特点及需求，开发出行业专家级应用解决方案系统。其软件产品特点鲜明，深度融合工业化思想，在全球制造业中发挥着巨大的作用。

与同类软件一样，TopSolid 功能涵盖模具、钣金、金属加工等多个模块(图 5-13)；不同之处在于，TopSolid 是首批推出家具模块的三维软件之一。TopSolid 专为家具行业定制开发建模和加工功能，可与 CNC 直接对接，能够为实木家具的智能制造提供良好的支持。TopSolid 具有多种功能，具体如下：

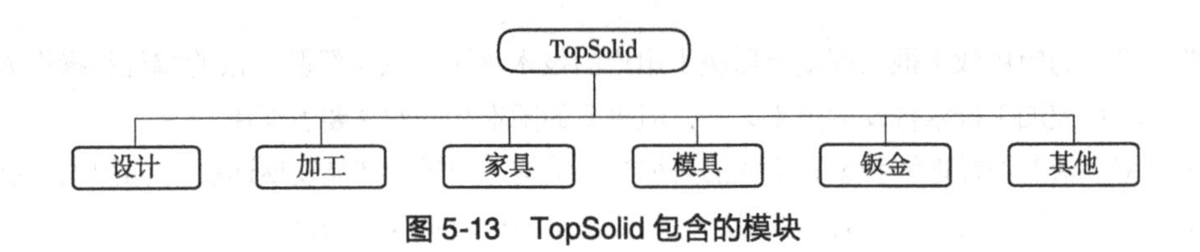

图 5-13　TopSolid 包含的模块

(1)一体化功能

TopSolid 是集店面、设计、加工于一体的软件，为实木家具行业提供从店面销售到生产交付的整体解决方案，同时 TopSolid 的开放性数据接口，可以与智能制造其他系统进行对接，如 CRM、ERP、PDM 等，如图 5-14 所示。

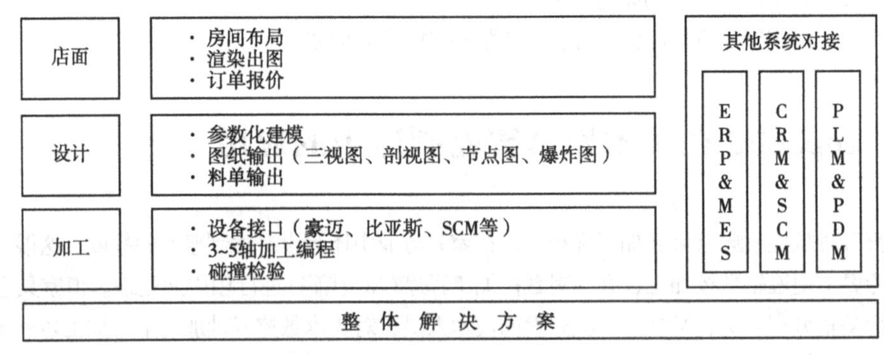

图 5-14　TopSolid 一体化功能

(2)店面功能

TopSolid 的店面功能主要用于销售端的设计、渲染、报价。店面设计师根据客户的需求，快速搭建房间并进行产品摆放，之后通过渲染功能完成效果图；同时在设计方案确认后可以输出报价单。当销售合同签订后，店面端的设计方案可以传输到工厂以用于生产，如图 5-15 所示。

(3)设计功能

TopSolid 的设计功能包括曲线、外形、曲面、装配等功能，可以满足实木家具的三维设计；用户可以根据产品结构特点，灵活运用多种命令进行设计。除了常规设计功能，TopSolid 还具备专业家具设计功能，例如刀具成型，可以快速进行造型设计，如图 5-16 所示。

TopSolid 的设计功能还包括输出图纸和料单的功能，用户在完成家具的三维建模之后，可以快速输出非常详细的图纸和料单，例如图纸就包括三视图、剖视图、爆炸图、节点图等，用于指导产品的生产和安装，如图 5-17 所示。

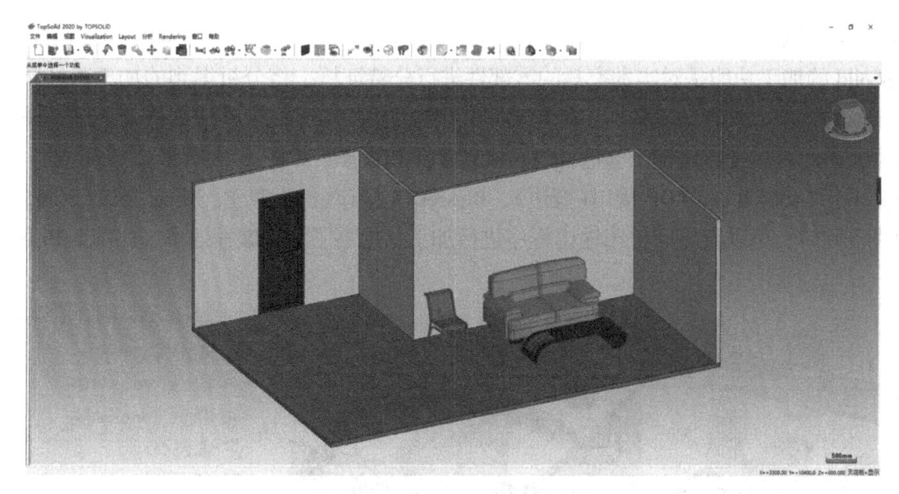

图 5-15　TopSolid 店面功能

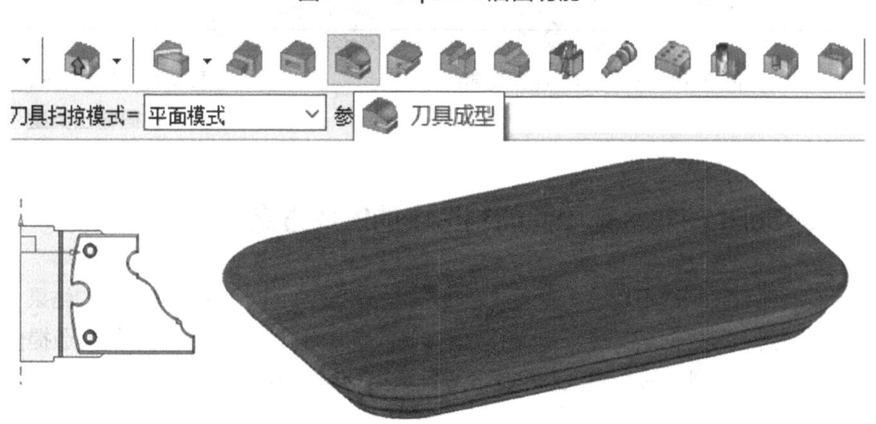

图 5-16　TopSolid 设计功能

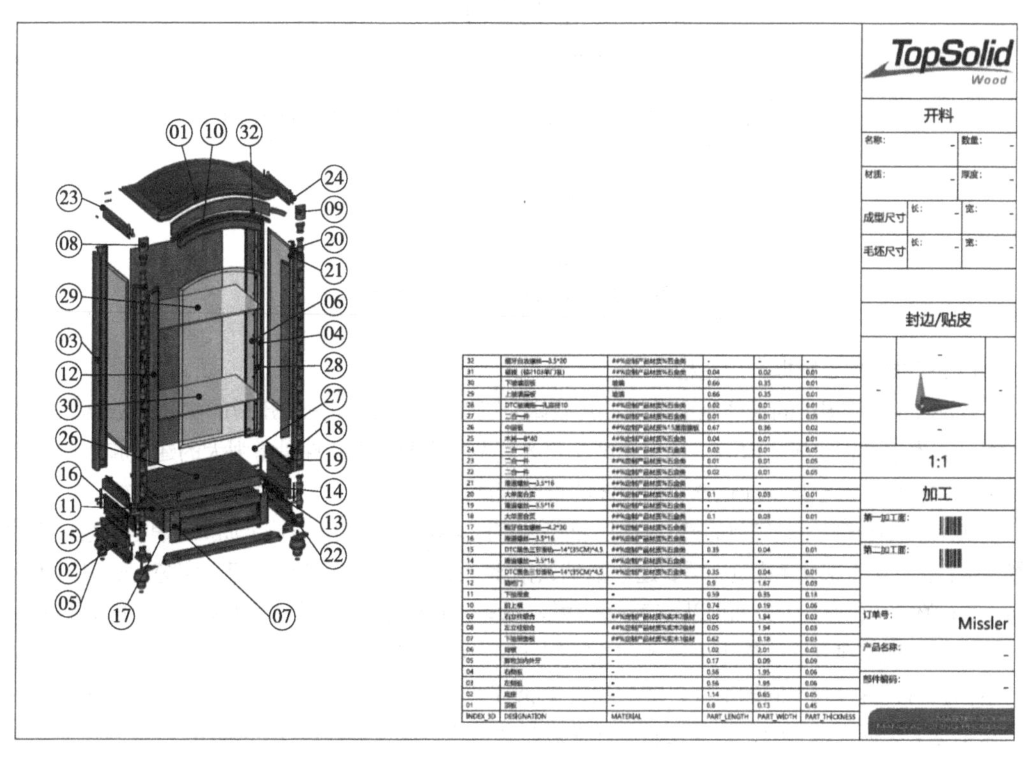

图 5-17　TopSolid 输出图纸和料单示意

(4)加工功能

TopSolid的加工功能是对实木家具的零部件进行分特征析，将分析得到的加工路径转换成设备能够读取的程序，以驱动设备加工。TopSolid可以创建与实际机床外形结构及运动逻辑一致的机床模型，因此可以进行碰撞干涉的检查，降低加工错误率，如图5-18所示。

TopSolid具有与WoodWOP接口(豪迈)、BiesseCIX接口(比亚斯)、Xilog接口(SCM)等多家企业的设备接口，可以直接向机床输出程序进行加工，提高了加工编程效率，如图5-19所示。

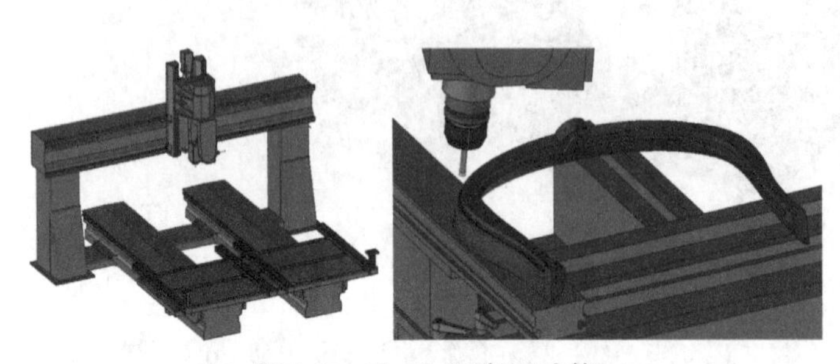

图5-18　TopSolid加工功能

图5-19　TopSolid加工代码输出类型

5.3.2　TopSolid在实木家具智能制造中的解决方案

实木家具实现智能制造不是单一设备或者系统能够完成的，而是多系统协作的结果，因此整个解决方案中需要大量数据来支持各系统的运转。TopSolid可以为实木家具智能制造提供加工数据，进而保障各系统在制造过程中获取准确完整的数据，如图5-20所示。

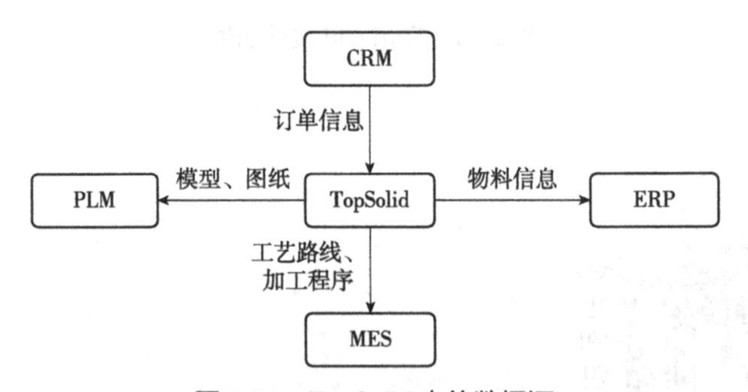

图5-20　TopSolid中的数据源

(1)三维建模是数据产生过程

TopSolid所能提供的智能制造数据，其载体为三维模型，因此三维建模的实质是数据产生的过程。实木家具相比板式家具，其工艺结构更为复杂，需要三维软件具备强大的建模和数据定义功能，这也是实木家具企业选择TopSolid的重要因素。

实木家具建模并不是简单的模型绘制，而是要将相关数据如材质、孔槽、加工刀具等信息定义到模型中；因此实木家具建模首先需要建立基础数据库，如材质库、五金库、刀具库等，如图5-21所示。基础数据库的存在一方面可以提高三维建模的效率，同时也促进对实木家具制造工艺的标准化。

基础数据库建立后，接下来需要建立零部件库。建立零部件库首先需要去分析实木家具产品的结构，将其拆分为不同的部件，随后通过TopSolid的建模功能将零部件库建立起来。建模过程中除了定义数据至模型中，还需要将零部件进行参数化，保证其通用性和重用性。

装配是实木家具建模的最后一步，其原理是调用零部件库中适合的模型，将其按照一定的约束关系组装成实木家具产品。组装过程严格遵守相关工艺标准，如公差配合、伸缩工艺缝等，保

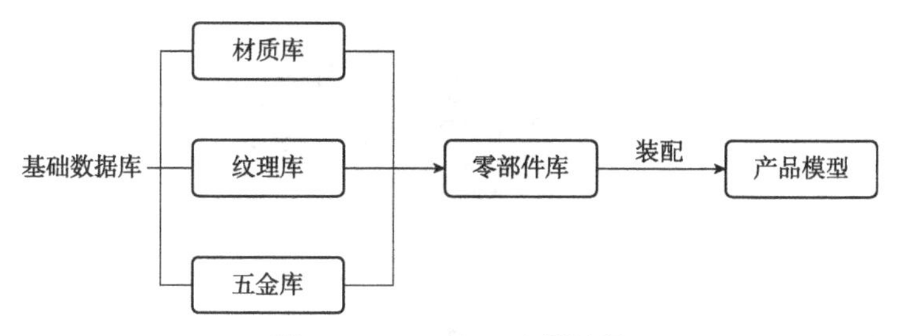

图 5-21 TopSolid 建模过程

证产品模型尺寸准确，结构合理；同时对于组装好的成品，根据需求可以对其进行参数化，便于后期的尺寸调整及改型设计

(2)基于同一数据源输出

三维建模完成了实木家具生产数据从无到有的过程，接下来需要将模型包含的数据进行有效输出。在实木家具的智能制造方案中，大到不同的系统、部门，小到某个工序、设备，其数据需求千差万别；常见的数据需求形式包括料单、图纸、程序等。

传统实木家具生产过程中，往往是通过多种工具软件去提供不同的数据。由于不同的软件之间系统平台不一致，导致设计加工人员做了大量的重复工作，降低工作效率。TopSolid 的数据输出基于同一数据源——三维模型，保证了原始数据的唯一性；同时通过自身功能进行图纸、料单、程序等数据的输出，降低了传统多软件工作模式的低效率和错误率，如图 5-22 所示。

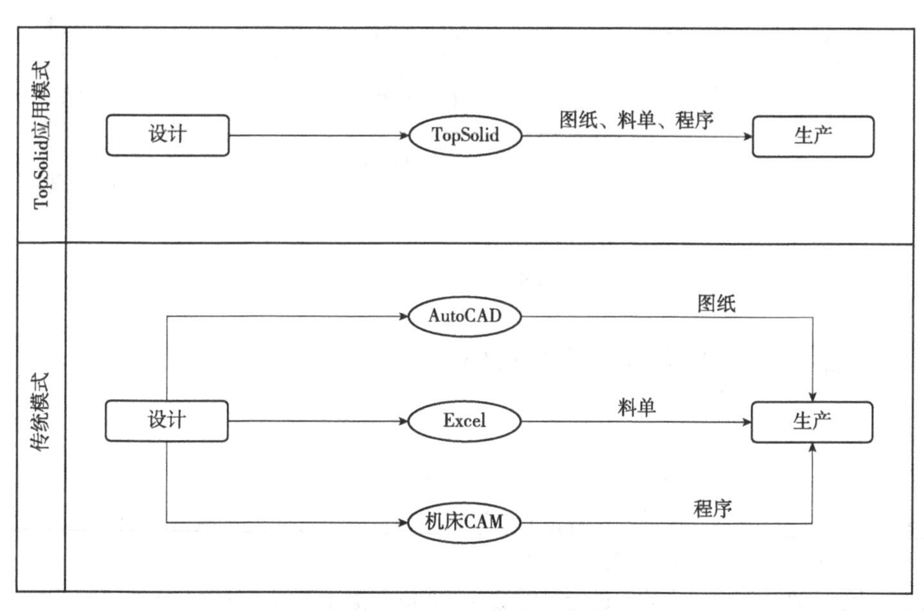

图 5-22 TopSolid 应用模式

5. 3. 3 TopSolid 在家具建模中的应用

视频：圈椅建模

视频：中式多宝柜建模

TopSolid 的建模过程基本上是一个对产品部件化和参数化的过程，用户借助 TopSolid 建立起产品的结构标准化体系，使得实木家具的研发和设计变得更加高效便捷。

(1)产品部件化

家具产品根据工艺结构合理性和生产流转方便性，可以被拆分为不同的部件，不同的产品往往其部件结构是具有一定规律的。TopSolid 在家具建模过程中，首先会对产品的部件进行建模，然后通过装配的方式将零部件组装成产品。这种方式可以减少建模的工作量和难度，更能提高新产品的设计效率，如图 5-23 所示。

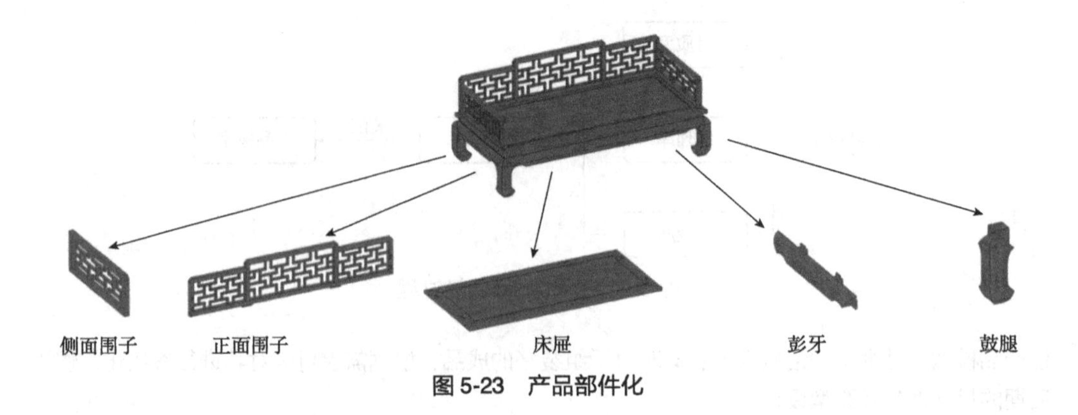

图5-23　产品部件化

视频：欧式抽屉柜建模

(2)部件参数化

TopSolid为了保证零部件模型的通用性，会对零部件进行参数关联，即通过参数去修改零部件的尺寸结构，减少的了零部件的种类数量。例如一个参数化的门板部件既可以通过修改参数变为抽面，也可以变成一个门板(图5-24)。

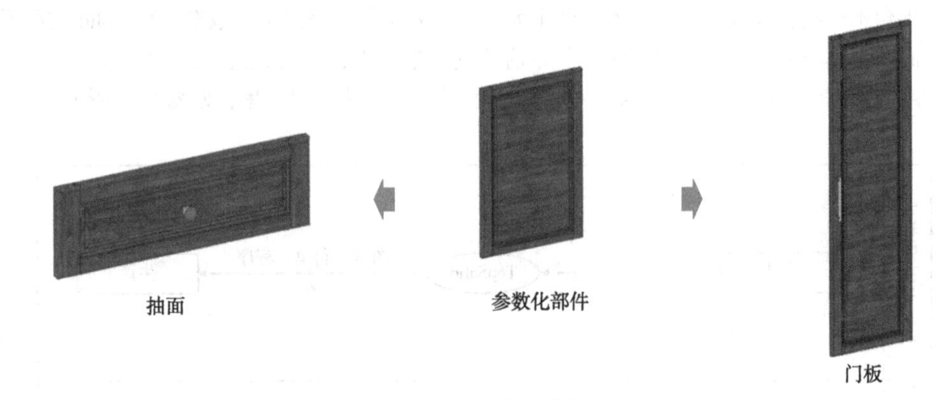

图5-24　部件参数化

5.3.4　TopSolid在家具生产中的应用

(1)传统生产模式的痛点

实木家具企业在引入TopSolid之前已经引进了ERP系统及数控加工中心，但是系统和设备并未良好运行，生产效率并未得到有效提升。通过分析，以下几点是影响生产效率提升的因素，也是目前实木家具企业或多或少存在的痛点。

①产品结构设计使用二维软件进行图纸绘制，对细节描述不如三维软件详细。

②产品的物料信息需要人工计算，录入ERP系统耗时较长。

③加工程序通过设备自带软件按照图纸重新编程，产生大量的重复劳动。

④不同部门、人员、系统的数据转换，对于数据的管理和准确性造成极大考验。

(2)TopSolid的角色及功能

TopSolid作为一款设计加工一体化软件，在结构设计与设备编程方面功能优势明显。企业在引入TopSolid后，可根据自身实际情况，将TopSolid的功能优势与产品结构工艺，生产流程进行有效结合，形成了完整的实木家具智能制造方案。在该方案中TopSolid作为生产数据提供者，主要作用是协助企业对产品进行部件化设计，建立结构工艺标准化体系；同时高效准确的为各系统、设备提供所需的生产数据。

(3)设计即制造

TopSolid是参数化三维设计系统，“面向装配的设计(DFA)”和“面向制造的设计(DFM)”的理念贯穿整个软件。该企业在产品研发阶段就已经将生产相关的数据定义到 TopSolid 的模型中，整个设计过程的实质是模拟生产的过程。

该企业在产品设计过程中，明确产品选用的的树种、规格、等级，确认后将详细的材质信息赋予产品零部件模型；同时严格按照生产工艺要求，定义零部件的备料尺寸，保证实木备料数据的准确(图 5-25)。

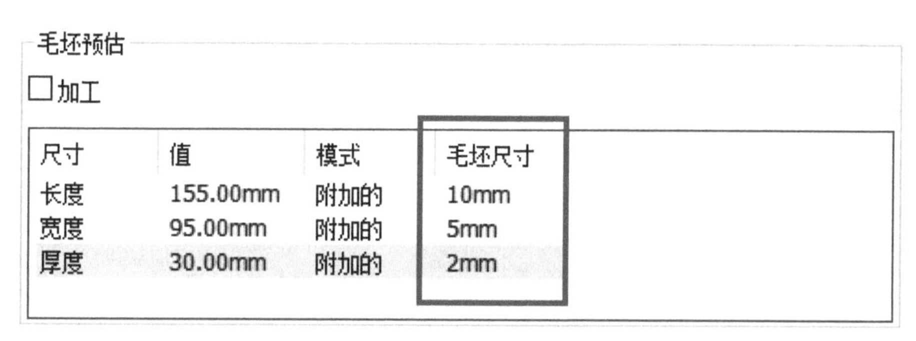

图 5-25　毛坯预估示例

实木家具生产过程中会使用多种刀具，企业在 TopSolid 中建立企业刀具库，并进行刀具编码，保证刀具的唯一性。设计师在进行产品设计时，根据造型从企业刀具库中选择对应的刀具进行成型操作，使得刀具信息存储于模型属性中。加工人员使用 TopSolid 进行编程会自动调用该刀具生成刀路，保证加工的准确性。

用户在使用 TopSolid 进行产品设计时，还需要考虑刀具路径与材料纹理的关系。由于实木家具材料的特殊性，刀具的加工路径往往需要根据加工件的纹理方向进行优化，以避免出现爆边的情况。TopSolid 在设计端就可以自定义刀具的加工路径，极大的保证加工效果与设计效果的一致性，贯彻落实“设计即制造”这一核心思想。

第6章 雕刻机在实木家具智能制造中的应用

实木家具主要由实木零部件经过装配和装饰而成，实木零部件主要指以原木锯材为原料，加工而成的各种零部件，如实木椅子、桌子和柜子等家具。现有的实木零部件加工过程中主要通过干燥、配料、毛料加工、胶合、弯曲成型、净料加工、装配和装饰等环节组成。但由于实木家具多采用榫卯结合，包括斜肩、侧脚收分等形式，同时经常使用曲面作为装饰，如各种中式家具，这导致零件上特征的种类多且复杂，给加工过程带来难度，特别是在净料加工、弯曲部件、装饰环节对工人的技术水平要求较高。为了实现实木家具的智能制造过程，很多企业采用五轴CNC等设备，但由于投资较大，对工人技术要求高，一些企业无法具备相应条件，同时，在教学过程中，学校受场地和资金等限制，也无法实现五轴，甚至六轴CNC的加工。雕刻机具有价格较低，占地面积少，且零件特征越多、越复杂，就越能体现雕刻机加工的优势，在实木定制的大背景下，雕刻机在实木家具部件的加工中也起到越来越重要的作用。

6.1　概述

6.1.1　雕刻机简介

雕刻从加工原理上讲是一种钻铣组合加工，雕刻机多种数据输入模式可根据需要进行选择。电脑雕刻机有激光雕刻和机械雕刻两类，这两类都有大功率和小功率之分。因为雕刻机的应用范围非常广泛，小功率的只适合做双色板、建筑模型、小型标牌、三维工艺品等，雕刻玉石、金属等则需要功率在1500W以上。大功率雕刻机也可以做小功率雕刻机的东西，最适合做大型切割、浮雕、雕刻。

数控雕刻机(图6-1)，是一种在生产实践中应用广泛的机床，它集合了雕刻和铣削功能，具有转速高、吃刀量小、精度高、硬度高等加工优点，拥有较高的生产效率和优质的表面质量。另外，数控雕刻机床拥有主轴转速高、刀具直径小、精细程度优越、表面光洁度高等特殊优势，弥补了诸如铣床、钻床、车床等通用数控机床加工功能单一的缺陷，已经使用在大功率LED铝基板、精美工艺品、金属电极、产品特殊外包装、金属眼镜框等精细加工领域。近年来，随着CAD/CAM技术水平的不断提升，数控雕刻机已经成为大型浮雕加工设备的首选。

根据雕刻机主轴数量，可分为单头、双头、四头、六头雕刻机(图6-2)。

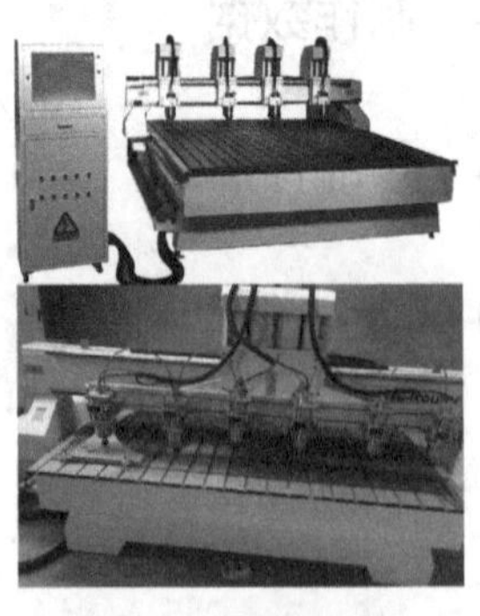

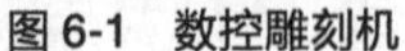

图6-1　数控雕刻机

图6-2　雕刻机主轴

主轴转速可调，一般在0～24000r/min，加工木材常用转速是24000r/min、18000r/min和15000r/min，主轴上能装夹各式铣刀，常用的铣刀如图6-3所示。左起分别是双刃螺旋直刀、双刃螺旋球头刀、锥度平底刀。除主轴外，雕刻机的主要组成部分还有台面、龙门架和控制系统。

数控雕铣机由电脑控制，用一根数据线连接两个控制卡，两个控制卡分别装在电脑主板和雕刻机上。数控机床的控制软件不止一种，雕刻机常用维宏等软件，软件界面如图6-4所示。

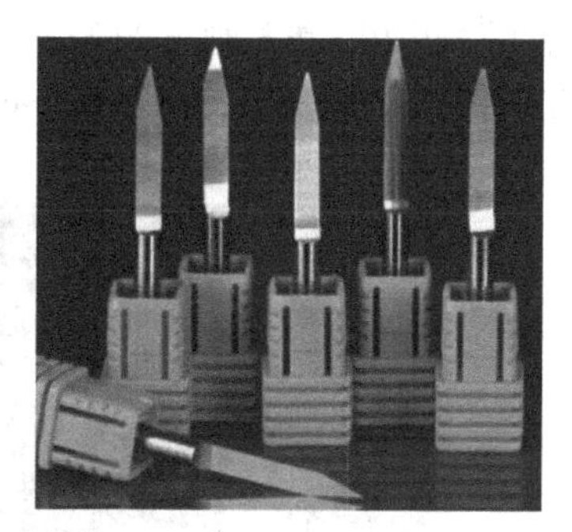

图 6-3　雕刻机铣刀种类

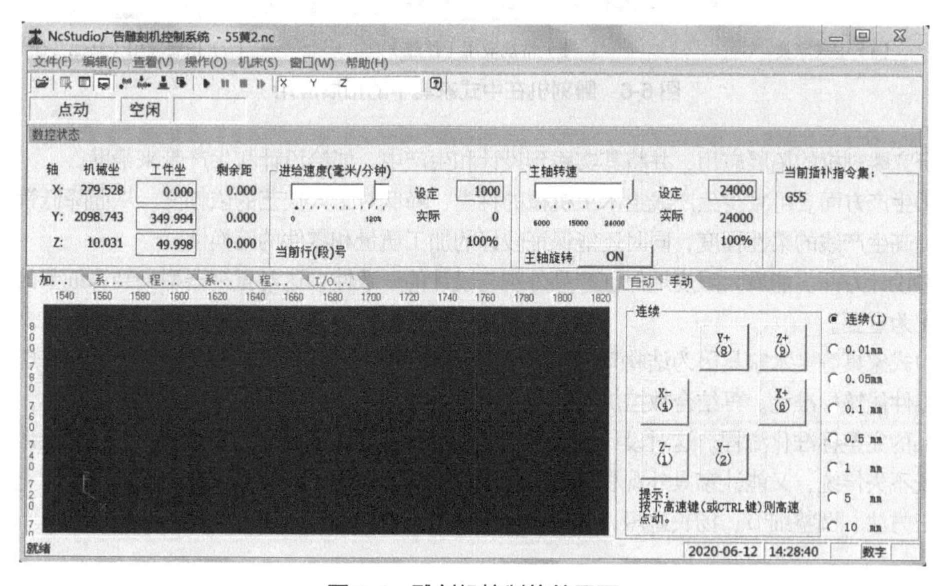

图 6-4　雕刻机控制软件界面

面板右下角有手动控制主轴移动的按钮，主轴可以沿着龙门架左右移动(*X* 轴)，龙门架可以沿台面前后移动(*Y* 轴)，主轴自身可上下移动(*Z* 轴)，在加工中三个运动方向彼此独立且互相配合，称为三轴联动，雕刻机属于三轴联动数控机床。

虽然“三轴”但并不是3D加工，因为 *Z* 轴只能与台面成90°角，这种加工方式可称为2.5D加工，即“平面+深度”的加工。在手工浮雕加工中，刀具可以与台面成锐角，但对于浅浮雕而言，雕刻机与手工的效果近似，而中式家具的装饰以浅浮雕为主，因此中式家具制造行业大量使用雕刻机进行浮雕。

6.1.2　实木零部件的元素和雕刻机的拓展应用

从设计的角度来说，浅浮雕是家具装饰元素，若换成机械加工的角度，浅浮雕属于“零件特征”。实木家具常见的零件元素有：曲面、轮廓、榫眼、榫槽、孔、榫颊、榫肩(图 6-5)。

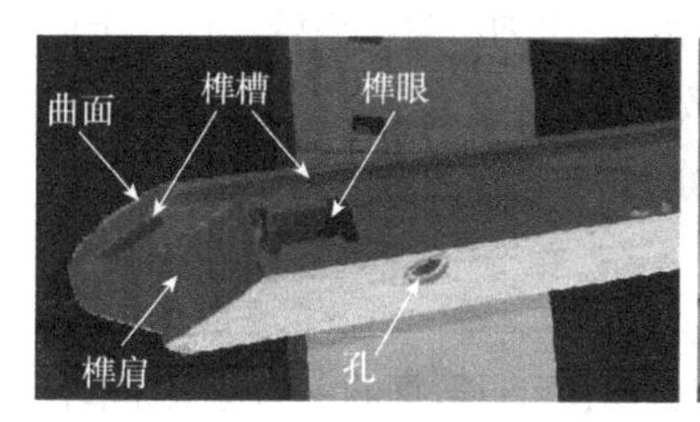

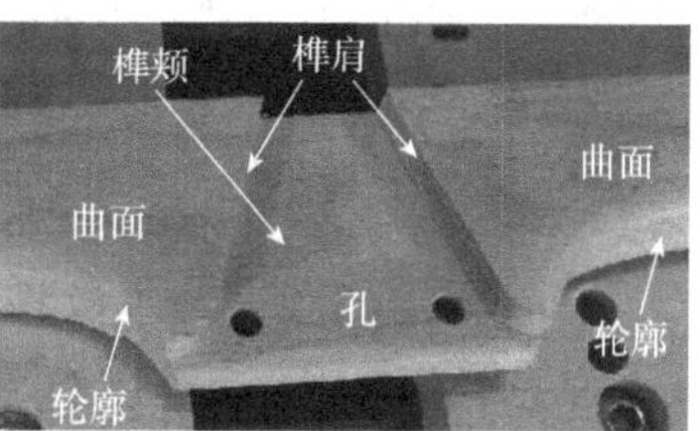

图 6-5　实木家具零部件元素

雕刻机的常规应用，就是制作浮雕和切割轮廓(浮雕属于曲面特征)。除此之外，用雕刻机加工其他的零件特征，就是拓展应用(图6-6)。

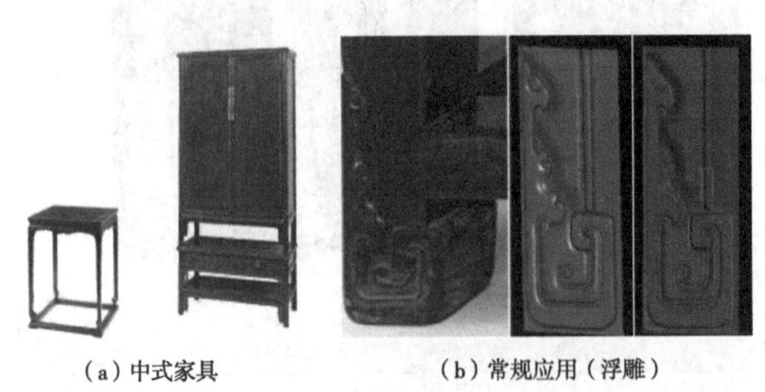

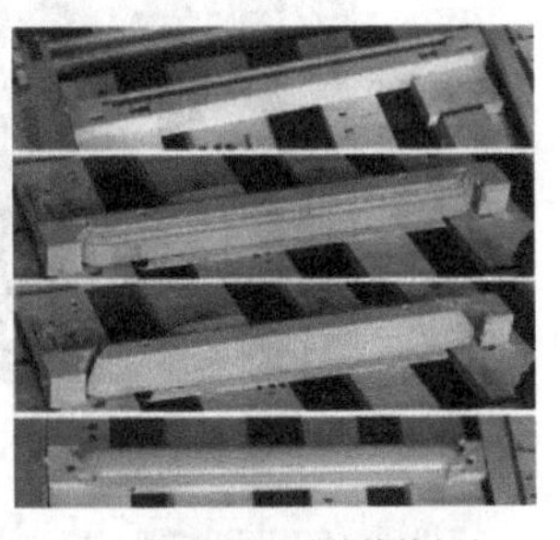

（a）中式家具　（b）常规应用（浮雕）　（c）拓展应用（其他特征）

图6-6　雕刻机在中式家具中的拓展应用

研究雕刻机的拓展应用，并将其实践到设计和生产中，能给设计和生产带来帮助。

①生产方面。可减少生产线上木工机械的种类、降低对工人技艺的依赖度，从而降低管理成本、提高生产线的柔性程度，同时还能保证较好的加工质量和零件的互换性。

②设计方面。能最大限度地保证产品外观与设计的一致性，这对重视器型和装饰细节的中式家具尤为重要。

中式家具等实木家具因为结构对器型的约束，像中国古建筑一样，其造型和装饰有规律可循，零件能够标准化。再结合数控加工，建立完备的数据库，有望实现从客户挑选、下单，最终到产品的完整标准化流程。这对设计的要求较高，设计者即要懂设计，还要懂工艺，懂设计要能做到既不失传统，又能让家具外观和功能符合现代生活。懂工艺要做到既能在设计外观时充分考虑加工方法、调整细节、扬长避短，以适合铣削为主的数控加工。

6.1.3　雕刻机在实木家具中的加工过程概述

雕刻机在实木家具加工过程中涉及到家具建模、路径构造和加工数据生成三个过程。总的来说，加工过程中需要把零件分解成若干特征，给每个特征建模并且计算路径，最后设法保证路径在工件上的位置准确。

6.1.3.1　刀具路径

刀具路径是理解雕刻机工作原理的关键。雕刻机是数控吊式铣床，加工时刀具悬垂于台面以上、顺时针旋转，刀具前端铣削工件，刀具底面的几何中心称为刀尖。

```
%00001
G55
M03 S24000
G0 G90 G17
T8 ([平底]JD-6.00)
G17
G0X-0.0002Y4.0255Z50.
Z48.500
G1Z-1.5F5000.
G2Y-4.0246J-4.025F5000.
Y4.0255J4.025
G1Z-3.
G2Y-4.0246J-4.025
Y4.0255J4.025
G0Z50.
G0Y0.X1000.
M09 M30 M05 %
```

图6-7　雕刻机加工实木家具时的数据示例

雕刻机采用数据控制的机床加工，数据承载信息，信息的内容主要融入到刀具路径里。刀具路径可以想象成过山车的轨道，刀尖是车，路径是轨道，车运行时的前后左右、向上向下、直线曲线，都是依轨道而行，换言之，都是由轨道决定的。

刀尖的轨道是路径，只不过这个路径不像轨道那样可见，刀尖在加工中沿着“看不见的路径”走刀。路径由软件计算生成，需要人们提供特征模型和相关参数。软件生成的是“看得见的路径”。看得见的路径和看不见的路径之间，用数据作为载体相关联。

6.1.3.2　加工数据

图6-7是一组加工数据，可见数据的主体是坐标值，众多坐标值记录的是“看不见的路径”，把路径坐标化，需要有原点。软件中“看得见

的路径”上的点，都有相对于制图空间原点的坐标值。同理，若在制图空间中另选一点为计算原点，那么路径相对于新的原点就会有新的坐标值。数据就经常使用这些新的坐标值。所以，“看得见的路径”是软件中的图形，其原点是制图空间原点。而要把“看得见的路径”坐标化，原点可以用空间原点，也可以另外指定空间中的任意点。路径被坐标化后，就由可见变为不可见。

数据中除了坐标值之外，还有文件头和文件尾，以及其他与加工有关的参数代码。所以数据不等同于路径，数据包含坐标化的路径。数据的主要功能是连接“可见和不可见”路径间的桥梁。

6.1.3.3　数控机床坐标系

数控机床工作过程中涉及三个坐标系，分别是制图空间坐标系、数据坐标系、雕刻机坐标系。

坐标系的要素包括原点、正方向和单位长度。这三个坐标系的正方向和单位长度显而易见，而原点作为数据的桥梁，具有非常重要的作用。

在制图空间坐标系中，找一个点定义为数据坐标系的原点，把路径坐标化。然后在雕刻机坐标系中，找一个点定义为数据坐标系的原点，把路径导入雕刻机。

制图空间坐标系中定义的原点，叫输出原点，路径以它为基准被输出。雕刻机坐标系中定义的叫工件原点，工件以它为基准被加工。

因此，数控过程可以描述为：软件中，以输出原点为参照，把路径坐标化。现实中，以工件原点为基准，再把坐标化的路径用刀尖还原出来，也就是加工。

数据坐标系，连接了输出原点和工件原点。所以说，数据是连接“可见和不可见”路径的桥梁。

6.1.3.4　雕刻机在实木家具零部件中的应用框架

雕刻机在实木部件加工过程中主要包括外观设计、工艺设计、刀具路径制作、加工数据制作、位置摆放路径制作、雕刻机加工以及部件的装配涂饰，最终实现实木家具部件从设计到制作的整个过程，如图 6-8 所示。

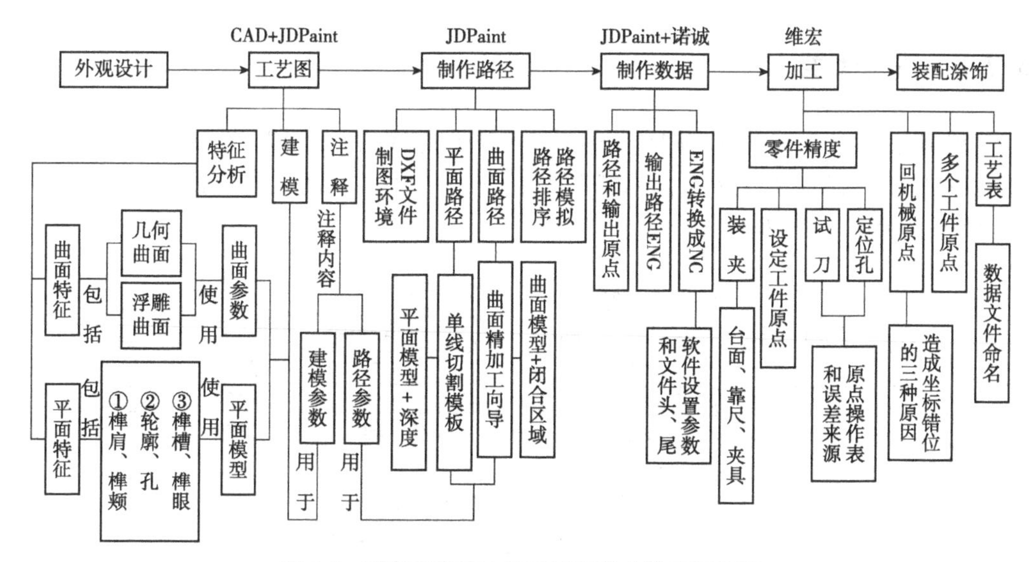

图 6-8　雕刻机在实木家具零部件中的应用框架

6.2　工艺图

绘制工艺图可以采用很多软件进行，本章节主要介绍使用 CAD 和 JDPaint 两款软件，工艺图的主要内容包括模型和注释（图 6-9），尺寸单位都是毫米（mm）。

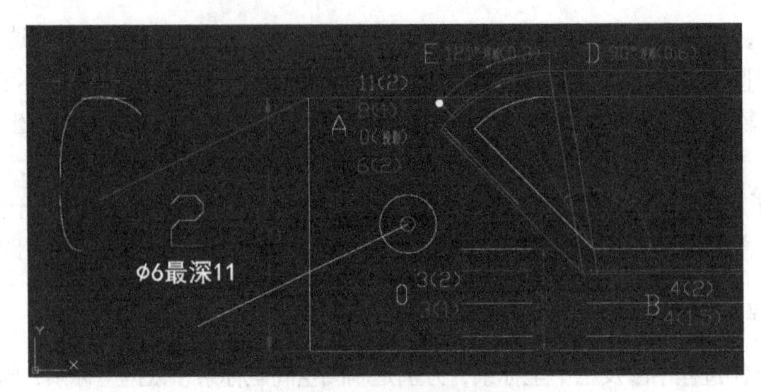

图6-9 家具工艺图示例

零件特征按照模型来区分，可分为平面特征和曲面特征，分别使用平面模型和曲面模型。注释则用于指导建模和制作路径，注释内容是加工顺序和相关参数等。

在介绍各种零件特征的工艺之前，要先了解一些相关知识：五色面，外铣和内铣，顺纹和逆纹等。

6.2.1 五色面

为方便加工过程中快速找到所需加工的面，在加工零部件之前需要用粉笔在部件上画上颜色，除端面外的四个面分别是“红、绿、黄、蓝”。红对绿、黄对蓝，两组相对的面。红和黄表示“外”，绿和蓝表示“内”。暖色外冷色内，“内外”依家具外观而言。对应的工艺图中的零件轮廓也用四色来画，用颜色给面命名，可以避免了诸如“腿侧面”“牙板正面”等复杂的名称。

最后，把一个端面定义成白色，这就是五色面。定义五色面的方便之处是能从制图到加工的各个环节都有体现，也为将来的自动化软件做铺垫。

6.2.2 铣削类型

通常雕刻机在加工时，铣刀顺时针旋转，这可以从刀刃的方向看出来。切削时，铣刀旋转方向和走刀方向，两者关系用“外铣、内铣”来描述；走刀方向和被切面木纹方向，两者关系用“顺纹、逆纹”来描述，如图6-10所示。

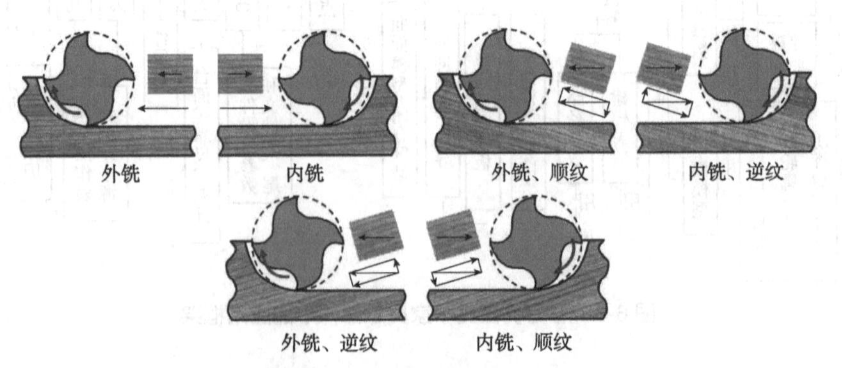

图6-10 实木部件加工过程中的外铣、内铣、顺纹和逆纹

判定外铣或内铣，与被切面木纹方向无关，只与铣刀旋转方向和走刀方向有关。外铣时铣刀“掀开”前方木料，内铣时铣刀“切断”前方木料。顺纹和逆纹的判定，与铣刀旋转方向无关，只与走刀方向和被切面木纹方向有关。具体方法是：将走刀矢量延木纹方向正交分解，观察与木纹平行的分量。远离被加工面是顺纹；指向被加工面是逆纹。

内铣时铣刀向内切，就会受到向外的反作用力；逆纹时铣刀是“顶”着木纤维走刀。这些都会引起铣刀振动，降低加工精度。所以四种组合中，只有“外铣且顺纹”可取。

图 6-11 双轴立铣床

双轴立铣床就是如此(图 6-11)。两个刨刀方向不同，便于应对加工中的不同情况，以保证“顺纹、外铣”。这是为了加工质量，更是为了安全。

但雕刻机的铣刀旋转是顺时针，虽然主轴旋转方向可以改成逆时针，但常用的铣刀均为顺时针，而且换反刀、调反转，都是手动，会浪费工时，将来若能自动化就另当别论，所以本文只讨论铣刀顺时针旋转的情况。

在设计工艺时，最常用的还是往复走刀，并不考虑上述诸多因素。需要时，可以用较小的吃刀深度(吃刀深度是指路径中的层间距，即重复下一次平面模型前，铣刀向下扎的深度)，来降低振动，保证被切面的表面质量。

6.2.3 平面模型与加工工艺

平面模型具有平面特征，可用“平面模型+深度标注”来描述，一般使用 CAD 绘制，深度在 JDPaint 中指定并计算路径。

6.2.3.1 榫肩和榫颊加工

常见的直肩榫，无论单榫还是双榫，加工时使用五碟锯(单头开榫机)最方便。雕刻机加工斜肩榫具有明显优势。因为是数控，所以斜肩的角度任意选择，也不会给加工带来麻烦。

中式家具中因为对“交圈”理念的坚持，经常使用各种斜肩榫，例如图 6-12 所示。

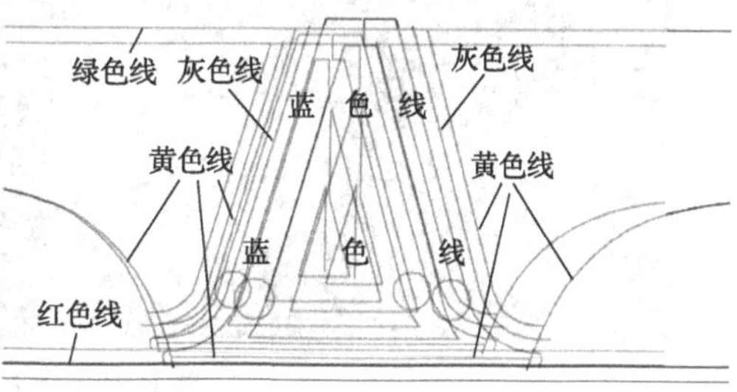

图 6-12 中式家具中的斜肩榫

图 6-12 是斜肩榫的榫肩和榫颊的平面模型，图中绿色线表示绿面，红色线表示红面，黄色线表示黄面，加工肩的时候刀具沿灰色线往复走刀；加工榫颊时刀具沿蓝色线往复走刀，往复走刀过程中不用考虑线条的起点和走刀的方向。

榫颊的被加工面是底面，加工效果与走刀方向无关。榫肩的被加工面是侧面，但这两个面无法都用外铣、顺纹来加工(图 6-13)。

不过榫肩并不外露，所以切割面不平整也可以，所以榫肩都用吃刀量小的往复走刀，榫颊先加工，榫肩后加工，这样做的目的是，保证切割榫肩时铣刀单侧受力，这样振动小，切割效果好。

下面介绍一下榫肩下段的圆弧加工，传统中式家具的这种榫肩只是一段斜线，使用圆弧是为了确保在下段木纹较短的地方，零件尖角不被破坏，因为铣是旋转切割，特别是外铣、掀开前方

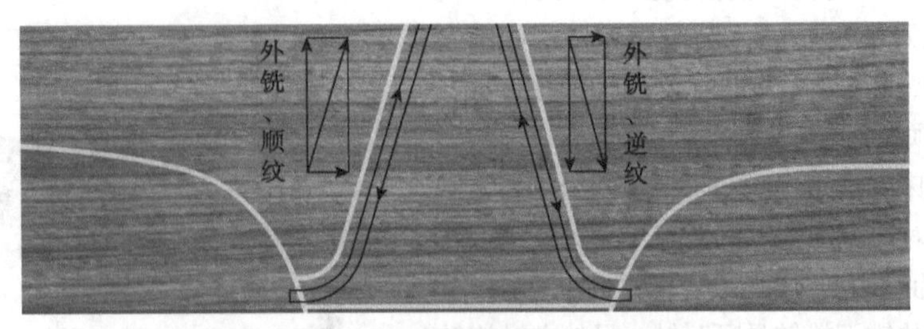

图 6-13　榫肩和榫颊的加工方式

图 6-14　榫肩下段的圆弧加工

木料前进，当木纹很短时，很容易把角整个掀起来(图 6-14)。传统加工方式的这个顾虑小得多，因为是用锯来切割榫肩。因此，斜肩下端的圆弧，是为了配合“铣”这种加工方式，而对外观做的改变。

6.2.3.2　轮廓和孔的加工

与榫肩类似，加工轮廓时也要先将另一侧的木料清空(图 6-15)。轮廓切割用往复走刀，吃刀深度依具体情况而定，若深度大则振动大，表面光洁度略差，后续打磨工时稍长。

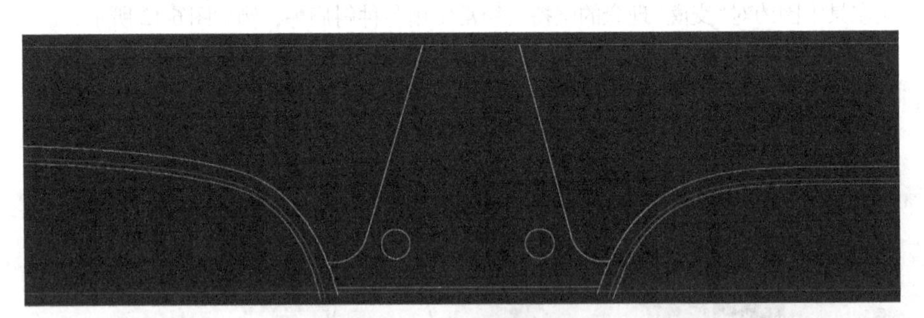

图 6-15　木料轮廓加工

不过也有特殊情况，必须使用外铣、顺纹，如图 6-16 中零件两端的圆弧轮廓，为了获得较好的表面质量，两段圆弧都使用外铣、顺纹。因此，需要分别在蓝、黄两个面上加工。图中白色圆点表示下刀位置，依然是先清空外侧，再加工轮廓。

这两段圆弧轮廓的表面质量要求较高，是因为与之相接的曲面的光洁度好，此时若圆弧差别过大，不利于后期处理。图 6-17 中，左边是外铣、逆纹；右边是外铣、顺纹。

孔有两种加工方式，即插铣和外铣，与铣刀直径相同的孔，使用插铣。顾名思义，铣刀直接向下扎到指定深度即可。深孔要分多层插铣，否则会因主轴转速快、铣刀排屑不及时，导致铣刀温度过高、烧焦孔内壁。大于铣刀直径的孔，环切走刀，必须使用外铣。

插铣孔的平面模型是一个点，环切孔的模型是半径小于孔轮廓的同心圆，差值是铣刀半径，图 6-18 是双层孔，小孔是插铣，环切孔加工，顺时针是外铣。

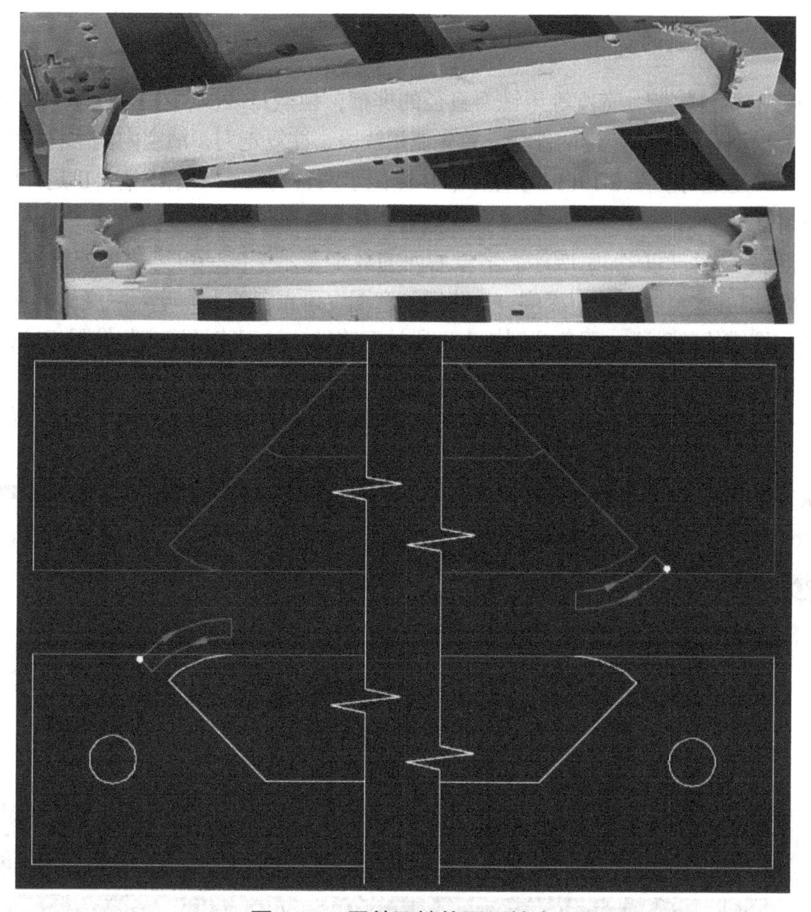

图 6-16　零件两端的圆弧轮廓

图 6-17　零件两端的圆弧轮廓加工成品

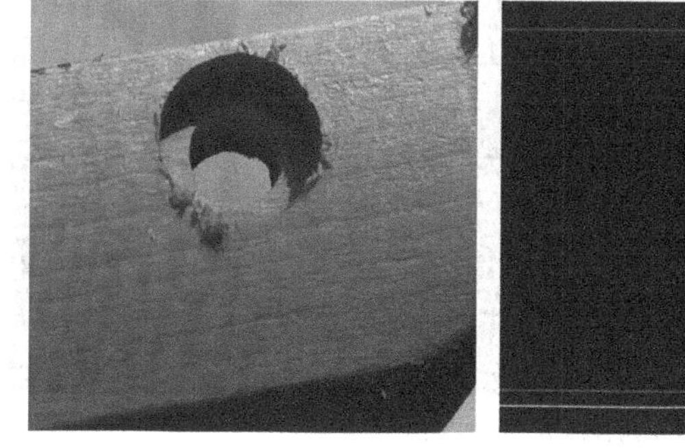

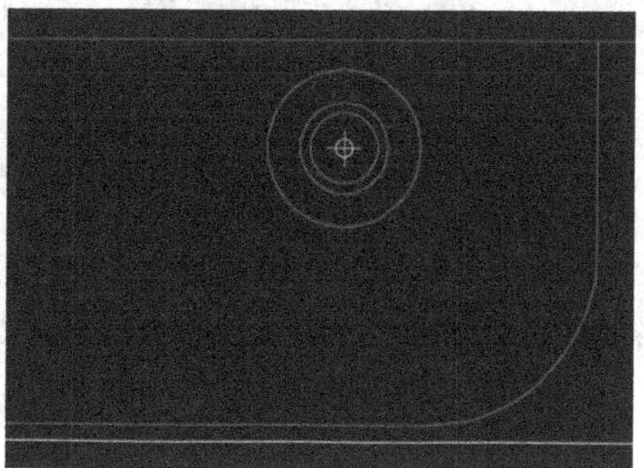

图 6-18　双层孔

6.2.3.3 榫槽和榫眼的加工

图6-19中有两种榫槽，宽度等于铣刀直径的榫槽，模型是线段，往复走刀；宽度大于铣刀直径的榫槽，模型有线段和矩形两部分。首先使用线段、往复走刀，清空内侧木料，然后再用外铣，即顺时针环切走刀。图6-19(b)中用A、B标记了两种特征，A是榫槽、B是榫眼。A包括了两种榫槽。

字母顺序表示特征间的加工次序。字母后面的数字表示深度，可见两种榫槽的深度分别是18和29。括号里的数字表示吃刀深度，从路径示意图中可直观的看到吃刀深度的区别。

榫眼是在榫槽的基础上，四角分别加上一段补刀路径。补刀路径深度与榫眼相同，但只有一层，由外向内走刀，补刀后的榫眼可以配合矩形截面的榫头。

同一特征内的路径用不同颜色做区分。数字的排列指定了先后顺序，由上到下、依次加工。

(a) 两种榫槽实物图

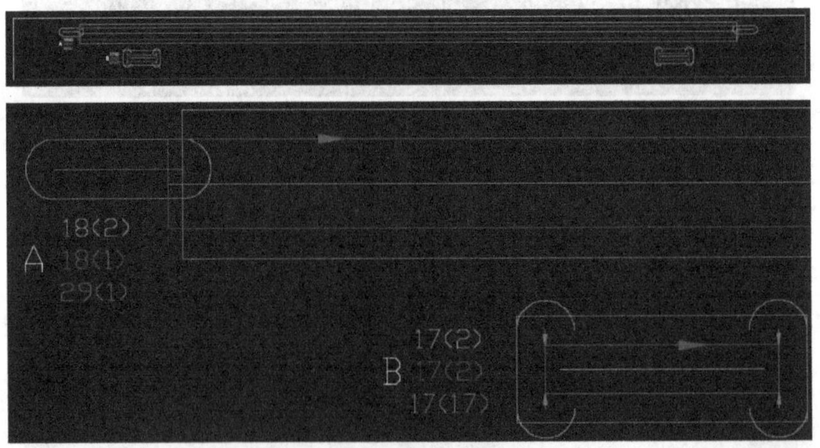

(b) 两种榫槽平面加工图

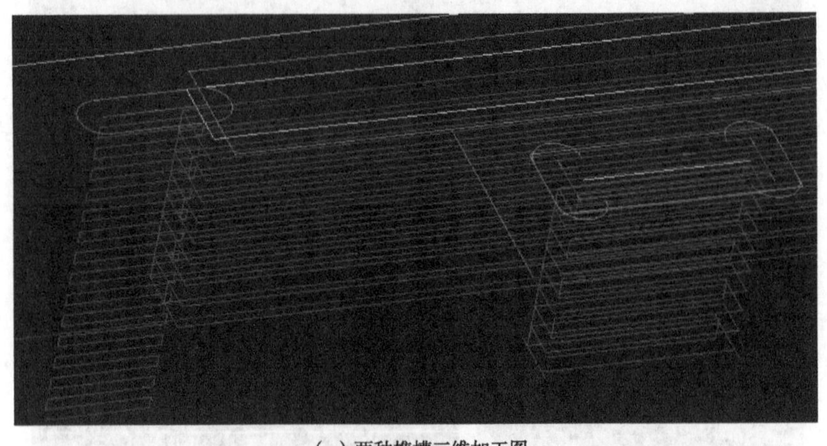

(c) 两种榫槽三维加工图

图6-19 两种榫槽的加工

6.2.3.4 雕刻机减榫的加工

上文提到过，雕刻机加工直肩榫，不如五碟锯高效且精确，不过在使用五碟锯之前，雕刻机也能派上用场(图 6-20)。

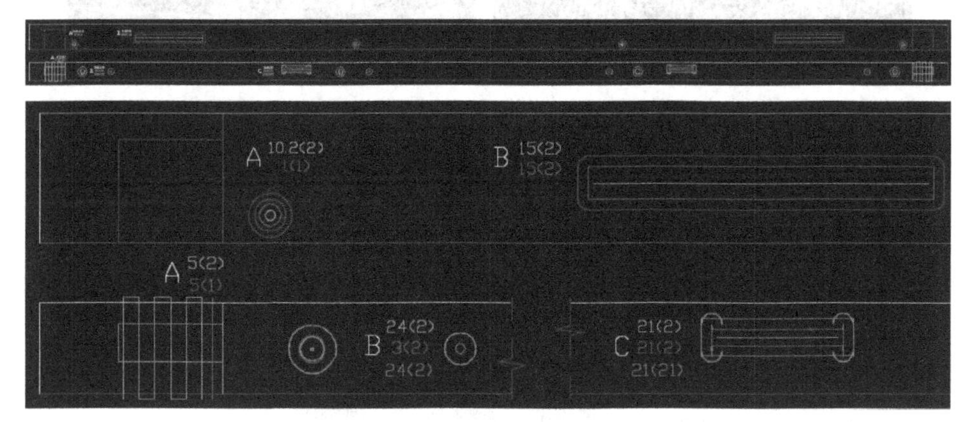

图 6-20 雕刻机加工榫头

这个零件要加工相邻两个面，之后用五碟锯完成最后一步，即两端的榫头。雕刻机配合五碟锯制作直榫时有限制，必须减榫，至少一侧。图 6-21 从左到右的这一步叫作减榫。这个过程中是先开榫、后减榫的加工顺序，所以左图有榫肩的线。而雕刻机配合五碟锯，要反过来，先减榫。

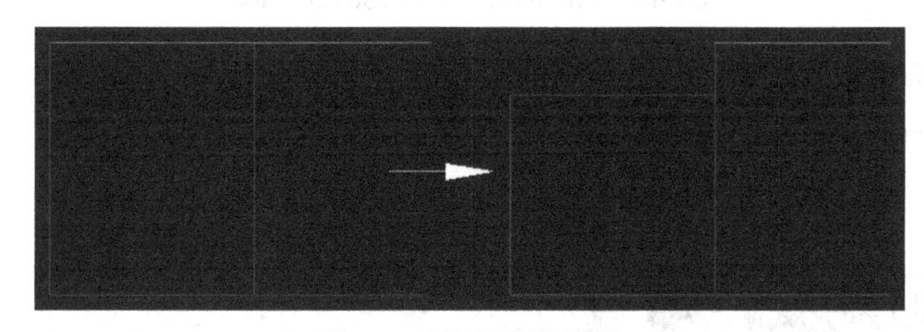

图 6-21 雕刻机减榫过程

用雕刻机减榫这一步，实际上一举两得，同时完成了减榫和画线，榫眼和榫肩在常规加工中也都是要先画线，画线本身需要木工技艺，画线的过程，就是木工设计工艺的过程。而按照画好的线进行加工也有技艺要求。线有宽度，木工要考虑具体情况下，选择压线或让线。画线和依线加工，这两步决定了家具外观接缝是否严密。

因为雕刻机拓展应用省去了画线等相关工序，所以降低了生产对木工技艺的依赖程度。

6.2.4 曲面建模与加工工艺

曲面建模具有曲面特征，分为几何曲面和浮雕两个方面，使用 JDPaint 软件完成。在工艺图中要绘制建模所需的曲线，包括几何曲面中要用到的截面线、路径线；制作浮雕需要的轮廓线、辅助线等。

6.2.4.1 几何曲面建模

图 6-22 是最常见的几何曲面，使用“截面+路径”的建模方式。截面线在左图左侧。由右图的模型结果可知，路径线是零件两端的两段圆弧和它们之间的线段。

几何曲面建模时常用的命令面板如图 6-23 所示。

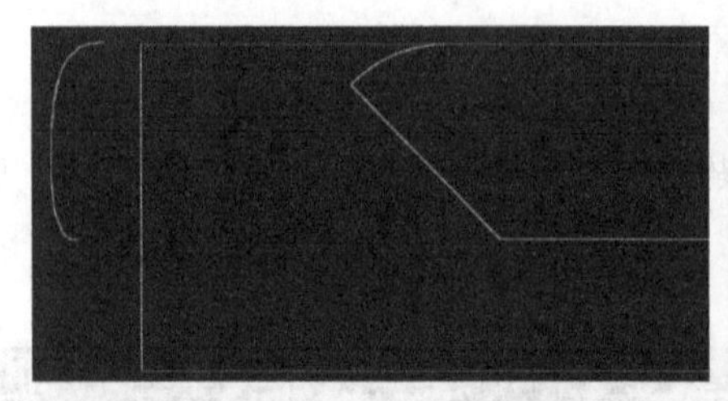
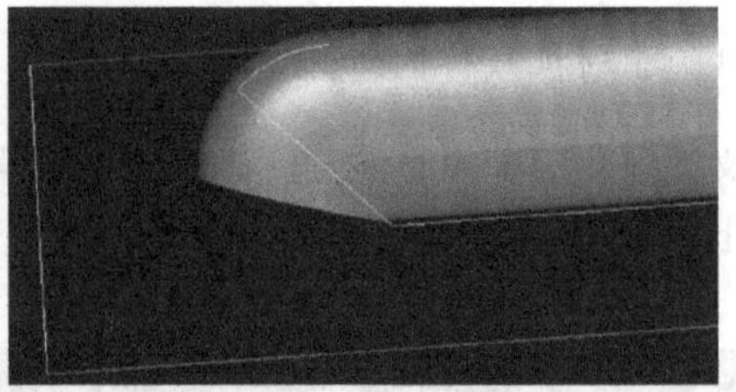

图 6-22 常见的几何曲面

绘制(D) 编辑(E) 变换(R) 专业功能 几何曲面(G) 艺术曲面(X) 刀具路径 曲面(X) 刀具路径(P) 艺术绘制(Y) 测量(

点(P)
直线(L) Ctrl+Q
圆弧(A) Ctrl+A
样条(N) Ctrl+P
多义线(Y) Ctrl+W
圆(C) Ctrl+L
椭圆(E)
矩形(R) Ctrl+T
正多边形(G)
星形(S)
双线(D)
箭头(W)
公式曲线(F)
曲面上线(U) ▸
三维曲线(H) ▸

曲线投影(J)
曲面交线(I)
曲面流线(M)
曲面边界线(B)
曲面组边界线(P)
曲面上画线(D)
三维样条曲线(N)
空间直线(L)

标准曲面(L) ▸
平面(Z) ▸
拉伸面(E)
直纹面(A)
旋转面(R)
单向蒙面(K)
双向蒙面(N)
边界面(B)
扫掠面(W) ▸
等距面(O)
管道面(I)
旋转扫掠(V)
两面拼接(D)
曲面延伸(X)
曲面编修(Y)
转为网格面(C
曲面手柄编辑

单截面-单轨(1)
单截面-双轨(2)
多截面-单/双轨(3)

曲线延伸(D)
曲线镜像(I)
曲线连接(J)
曲线打断(B)
曲线反向(R)
节点编辑(E)
样条插边
曲线光顺
曲线分段光顺
准平面曲线调平(P)
闭合曲线组调整起点
曲线组端点吸附曲线
拟合样条曲面
高度相随(K)

对称曲线(Y)
随手绘制曲线(F)
区域提取(C)
显示参考图象(G)
单线生成区域(A)
截取屏幕图象(S)
视平面上绘制曲线
在模型上绘制曲线
空间曲线编辑(E)
区域编号

图 6-23 几何曲面建模时常用的命令面板

6.2.4.2 浮雕曲面建模

制作浮雕曲面的大致过程如图 6-24 所示：首先绘制出轮廓线，然后分出高低层次、并做好层次间的过渡，最后细化浮雕效果。

图 6-24 制作浮雕曲面的过程

CAD 和 JDPaint 都能绘制轮廓线。绘制轮廓线和辅助线时，依据的是后续浮雕工作的需要，不要画多余的线。也要考虑实际加工中刀具、材料的限制。

制作浮雕的初期会用到几何曲面建模，主要制作层次间过渡的斜坡。模型的层次示意如图 6-24 所示。制作浮雕时，不要急于细化，先分好层次很重要，层次直接影响成品效果。

JDPaint 的曲面建模功能很好，不仅是浮雕曲面，NURBS 建模功能也很好，操作便捷、计算快速且准确。

熟练掌握软件之后，绘制工艺图需要对家具结构有深入的了解，制作浮雕要对浮雕的造型和审美有认识。同时，绘制工艺图和制作浮雕跟 NURBS 建模一样，都需要有相应的立体想象能力。

6.2.4.3　曲面模型注释

曲面模型注释内容包括曲面路径加工区域、路径间距和路径角度。

(1)加工区域

两种曲面模型在计算路径时都要指定加工区域。以图 6-25 为例，加工区域由图中扇形区域围成，也就是分成了两端和中间，共三个区域。相邻加工区域间要稍有重合，1mm 即可。加工区域与实际轮廓间要留间隙，间隙要大于刀具半径。

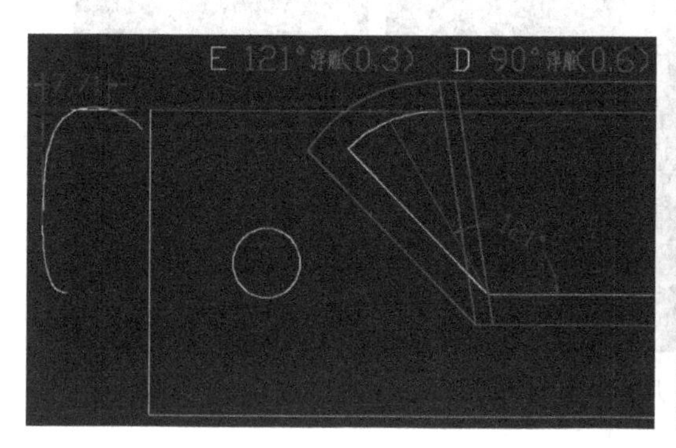

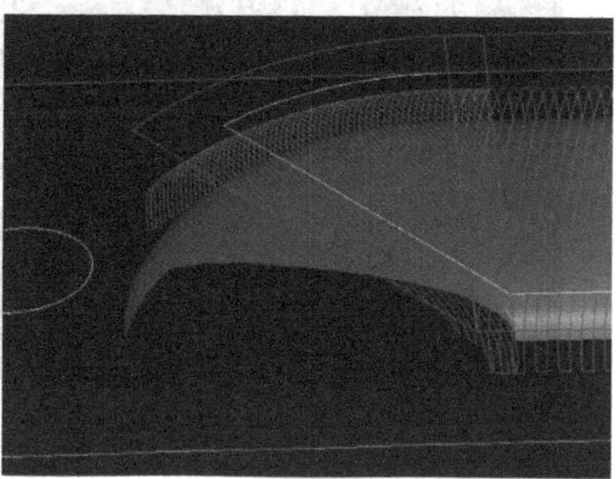

图 6-25　曲面模型

(2)路径间距

曲面加工使用“往复+推进”式走刀。路径间距就是推进时每次前进的距离。如图 6-25 右边的路径，可以直观地看出路径间距的存在。图 6-25 左边，D、E 括号里的数字就是路径间距。

根据不同的精度需求，选用不同的间距。直刀加工，精度要求不高时，选用刀具直径的十分之一为间距。比如 6mm 选 0.6mm，若选 0.3mm 就过于精细了。锥度平底刀的路径间距一般设在 0.1mm，要求高一点的可以 0.08mm 等，也是依成品表面的光洁度要求而定。

(3)路径角度

路径角度是指路径推进方向与软件默认方向的角度。JDPaint 中曲面路径默认的推进方向是由 Y-向 Y+，为 0°，其他角度根据需要改变，如图 6-26 标注的 121°。

加工中根据实际情况，设定不同的路径推进方向，是为了获得理想的加工质量。

浮雕曲面的路径推进方向要平行于木纹，这样加工时刀具垂直于木纹往复运动，木纤维被切断，不易起毛茬。

几何曲面的路径推进方向，最理想的情况是始终平行于轮廓，也就是铣刀在往复运动时，每次都走完一段截面线。不过在轮廓的圆弧处，做辐射状的路径比较麻烦。若不是正圆，则辐射状也不能完美贴合。所以，轮廓的曲线处，路径依然做直线推进，用合适的角度即可(图 6-26)。

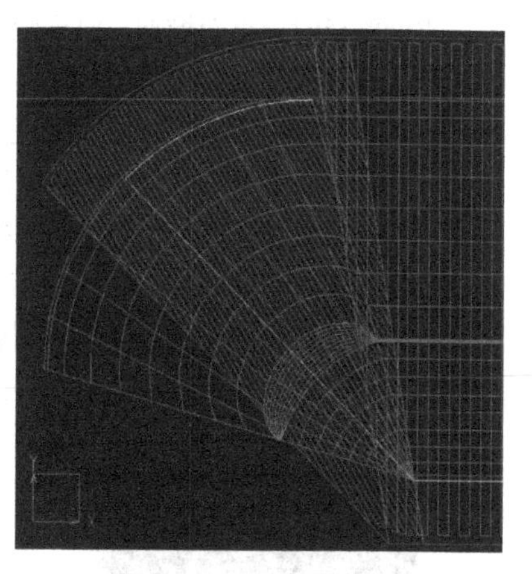

图 6-26　路径角度

6.2.4.4　曲面模型粗加工

为了在精加工的时候铣刀受力均匀平稳，对于吃刀深度大的曲面，在精加工之前要先粗加工，几何曲面和浮雕曲面都是如此。

平面浮雕一般不需要粗加工，曲面浮雕要在深度大的地方，先用直刀分层去料，底面留出余量，然后再用锥度平底刀精加工。

几何曲面的粗加工也如是，先加工出台阶状，再精加工(图 6-27)。

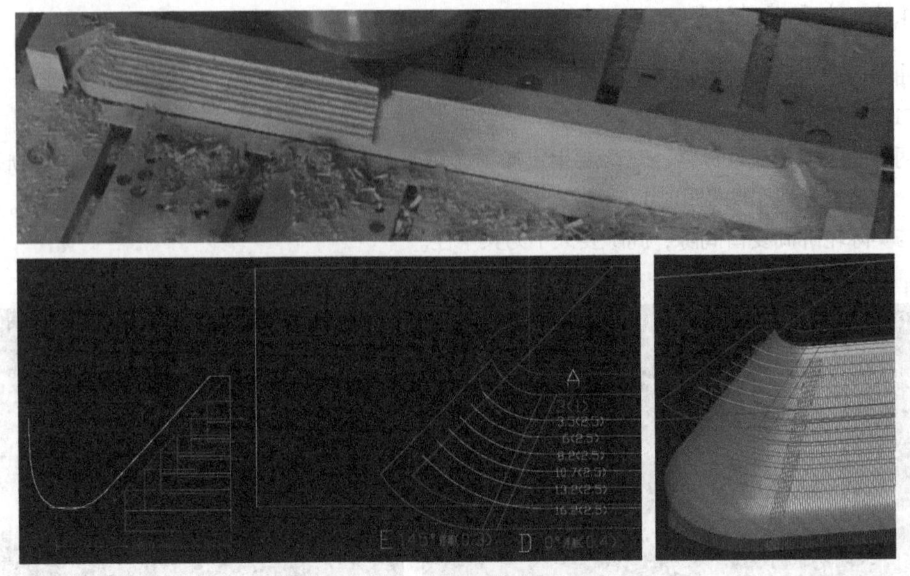

图6-27　几何曲面的粗加工

6.3　JDPaint 制作路径

JDPaint 俗称精雕，是精雕 CNC 雕刻系统的基本组成部分，它是一套面向雕刻行业的 CAD/CAM 软件，也是国内最早的专业雕刻软件。

6.3.1　平面路径和单线切割模板

平面路径对应平面模型。以榫眼为例，其路径在软件界面的展示如图 6-28 所示。图 6-28(b)是榫眼的工艺图，其中数字表示加工顺序和参数。从图 6-28(a)可以看出来，同样要加工到 21mm 的深度，吃刀深度 0.7mm 路径就有好多层，吃刀深度 21mm 就只有一层。图 6-28(b)中左括号里(0)是“表面高度”，是指路径从哪个高度开始。例如，表面高度是-10mm，那么路径就会变成图 6-28(c)的样子。系统默认绘图平面是 $Z=0$，所以大多数路径表面高度都是 0。因此表面深度经常省略，仅在需要的时候才写。

吃刀深度要根据刀具直径和木料软硬程度合理选择，要在加工精度、切削平稳程度和工作效率间找平衡。即要保证效率、质量，又要让噪音适中，营造相对舒适的工作环境。

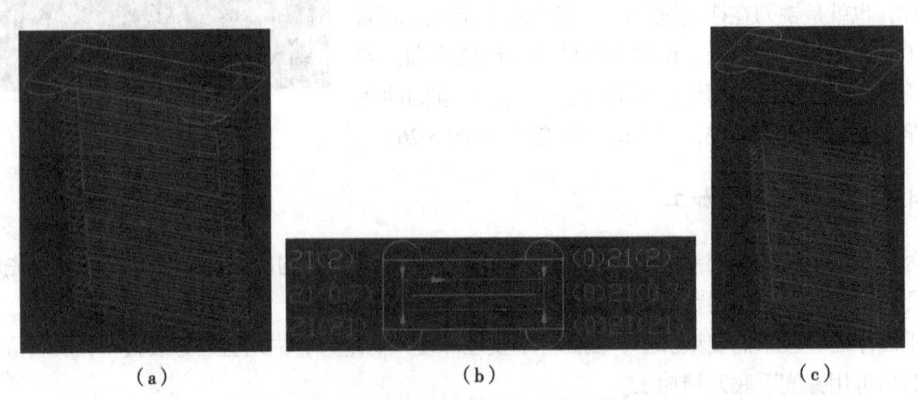

(a)　(b)　(c)

图6-28　榫眼平面模型在软件界面的展示

平面路径的制作方法是“平面模型+深度”，工艺图中的平面模型和深度参数，都用于JDPanit里制作平面路径的模板——单线切割模板。使用方法是：选取平面模型——左击刀具路径(P)/路径模板(T)——选择预设模板并填写参数——左击确定，计算生成路径。如图6-29所示。图中可见各参数在模板上的位置。模板属于单线切割组，在选择吃刀深度的同时，还要选择顺或逆，这就是前文提过的，软件中的顺铣和逆铣。

图6-29　平面路径的制作

在JDPaint中，顺铣指在矢量线段的起点处下刀。在CAD中绘制的线条有方向，都是矢量线。到JDPaint的“节点编修工具”中，可以对线条的起点位置进行选择(图6-30)。图中榫眼正中的线段，两个端点大小不同，大的是起点。选择这条线段，选择吃刀深度为2mm“顺”时，生成的路径是从右端点下刀，以每层深2mm的往复走刀加工。反之，想要从左端点下刀，把左端点改成起点即可。更改方法是选择左端点，左击“定为起点”按钮。另一种方法是，不改变起点，选择吃刀深度为2mm“逆”。

榫眼四角的补刀，可在右边输入深度，生成的路径是：铣刀在起点处下刀，扎到指定深度后，向终点方向行走一次，所以要预先设定好每个补刀线段的起点。注意补刀走反了会引起事故，因为切割阻力过大，导致装夹松动。

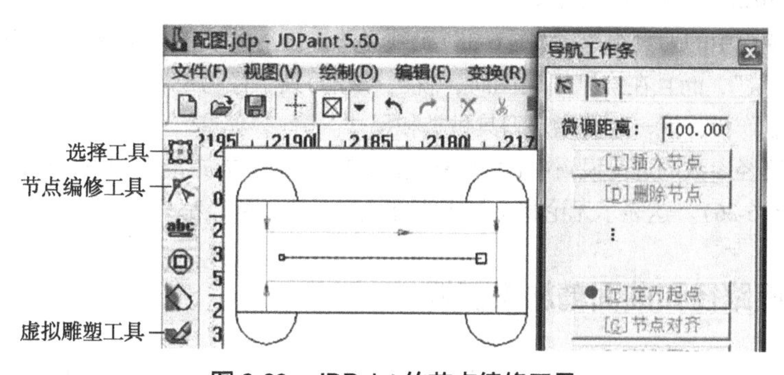

图6-30　JDPaint的节点编修工具

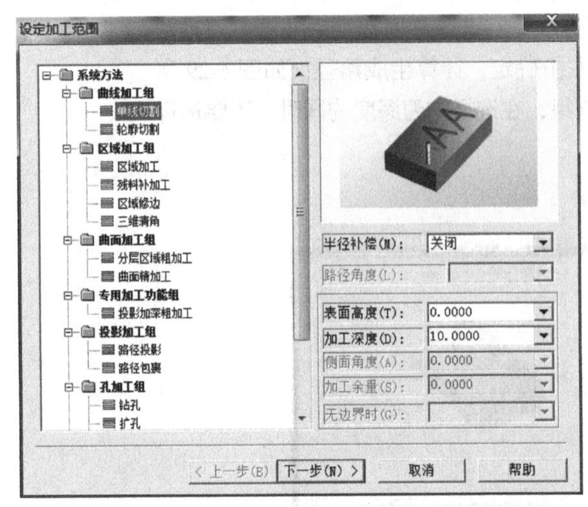

图 6-31　JDPaint 路径向导中的设定加工范围

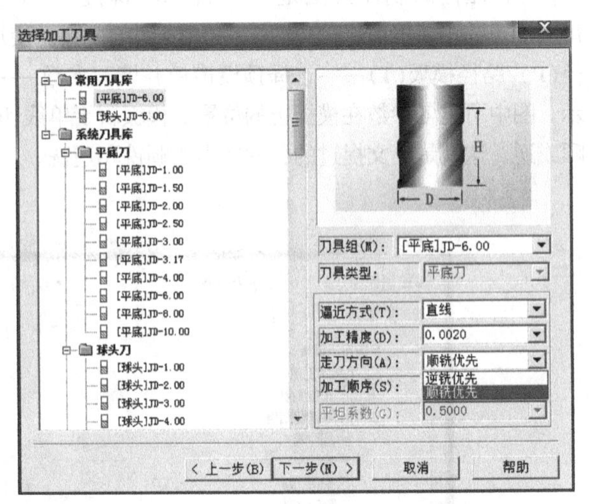

图 6-32　JDPaint 路径向导中的选择加工刀具

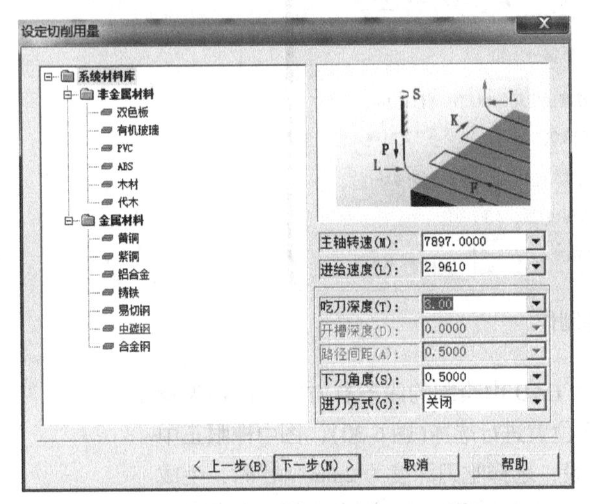

图 6-33　JDPaint 路径向导中的设定切削用量

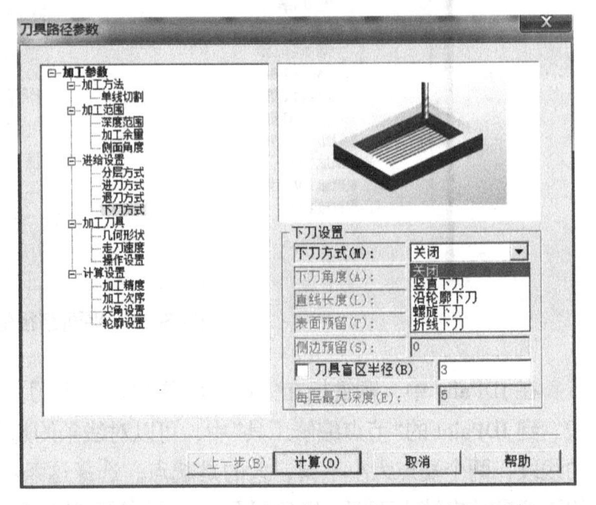

图 6-34　JDPaint 路径向导中的刀具路径参数

单线切割组里的选项如图 6-31，依次包括选择加工刀具(图 6-32)，设定切割用量(图 6-33)，设定刀具路径参数(图 6-34)，都是预先设定好的模板，方便制作路径时选取。想要设定新的模板，比如吃刀深度为 3mm 的顺铣，那么左击添加按钮，就能进入完整的路径向导。路径向导共四个面板，依次进行设定加工范围，选择加工刀具，设定切削用量和刀具路径参数，这样就完成了吃刀深度为 3mm“顺”的快捷模板设置。

单线切割模板中的刀具组选项(图 6-35)无须修改。因为所有的快捷模板，在设定的时候都关闭了“半径补偿”，而且在绘制工艺图时，就已经把刀具半径考虑在内了，不过在接下来要讨论的曲面路径制作中，就一定要指定刀具种类和尺寸。

要在刀具路径参数的进给设置中(图 6-31～图 6-34)，分层方式的选项里，选择限定层数，路径层数 1mm(图 6-36)。这表示无论将来加工深度设定多少，路径都只有 1 层。

6.3.2　曲面路径和曲面精加工模板

曲面路径和曲面精加工模板两类曲面路径如图 6-37 所示，从路径图中可以观察出下刀处和走刀方向。浮雕和几何曲面两类曲面，在制作路径时使用路径向导，如图 6-38 所示。平面路径使用的都是路径模板，路径模板点击添加时，打开的就是路径向导。

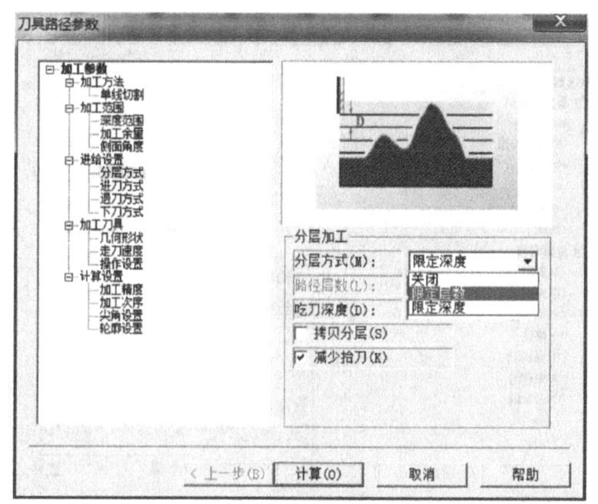

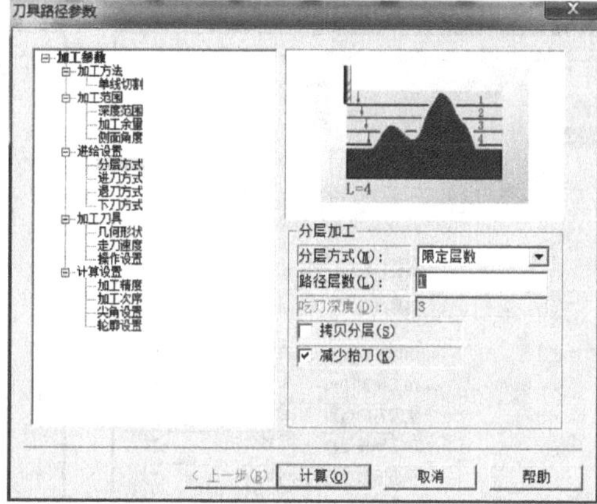

图 6-35　JDPaint 刀具路径参数里的限定层数选择

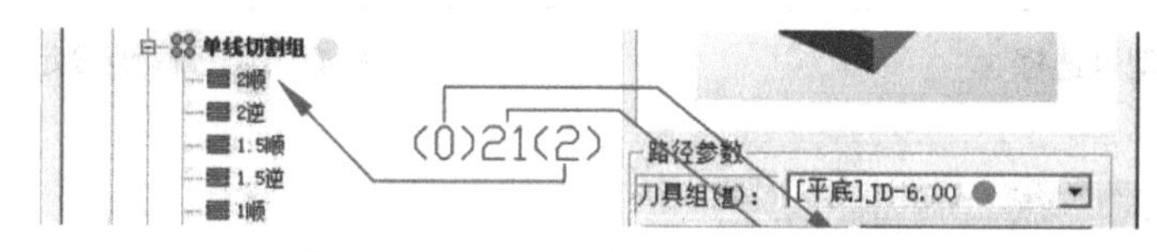

图 6-36　JDPaint 中的单线切割模板

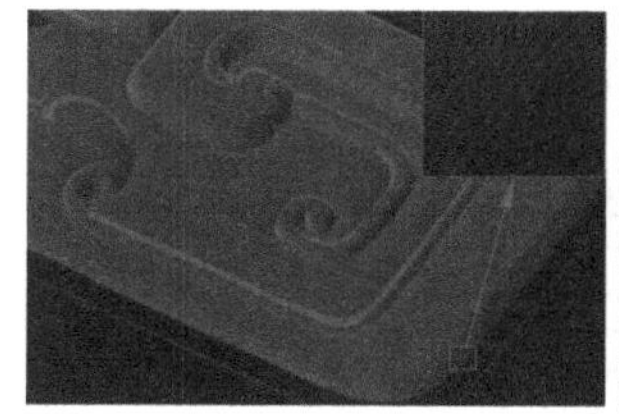

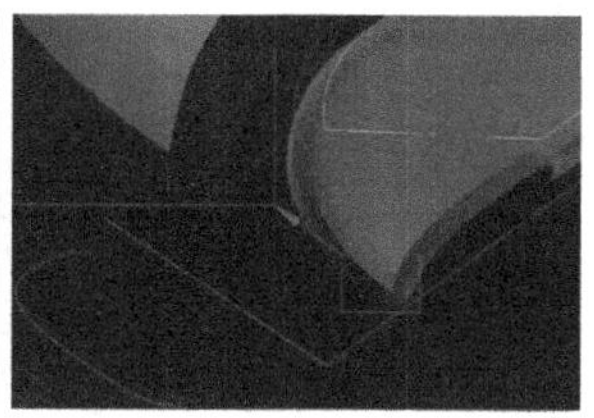

图 6-37　曲面路径和曲面精加工路径

图 6-38　路径向导选择

因为大部分特征用平面模型，单线切割使用率最高。若使用路径向导，则每次都要依次设定四个面板，很麻烦。而且在设定时，除了吃刀深度、走刀顺序(顺逆)、表面高度和加工深度，这四个参数每次均发生变化，其余设定都是重复的内容。所以单线切割的路径制作，使用预设的路径模板，能提高效率。而曲面路径的数量不多，且每次要变更的参数不一定有规律，所以直接使用路径向导(图 6-39)。同时选取曲面模型和闭合区域，然后打开路径向导。

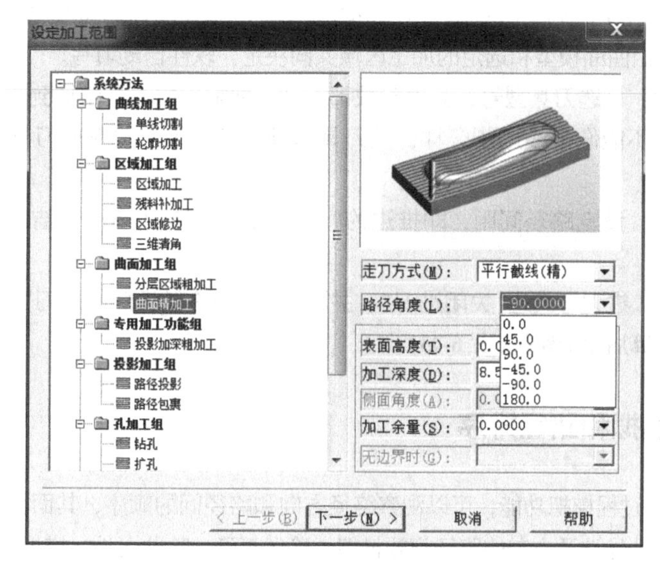

图 6-39　曲面加工路径

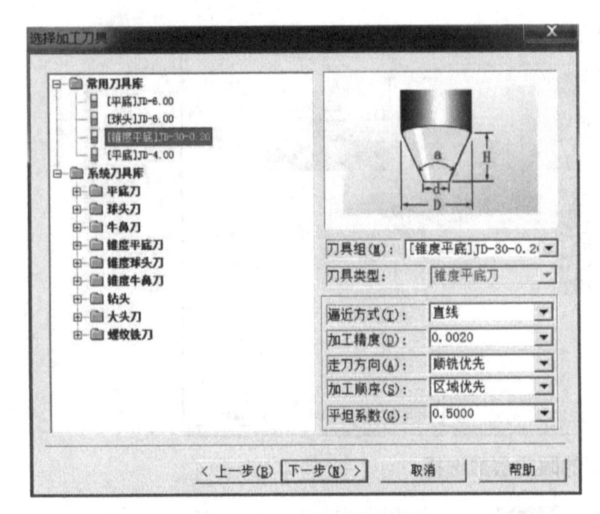

图 6-40　刀具型号选择

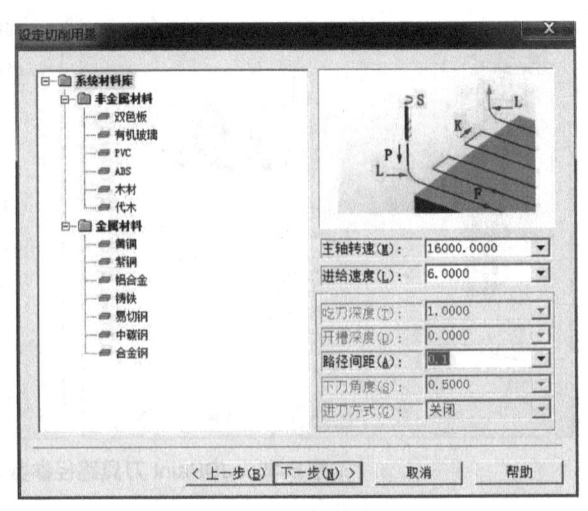

图 6-41　路径间距设定

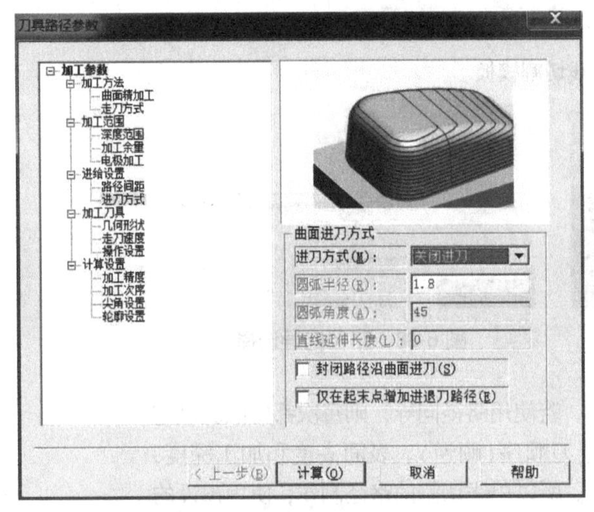

图 6-42　关闭进刀

图 6-43　生成路径

第一个面板中，选择曲面精加工，路径角度默认0°，表示路径在X轴向上往复、向Y+方向推进；90°表示路径在Y轴向上往复、向X–向推进。其他角度根据实际需要选择。表面高度和加工深度不用设置，由曲面模型和选定的加工区域共同决定，软件自动填写。

第二个面板中，只选刀具型号，其他参数都不动。把常用的刀具添加到常用刀具库中，方便选取。曲面加工不能像单线切割一样，把刀具选项忽略，因为要根据刀具参数来计算路径(图6-40)。

第三个面板中，设定路径间距，即推进的"步幅"，数字越小表面光洁度越好、耗时越长(图6-41)。

第四个面板中，进刀方式选"关闭进刀"，并取消"封闭路径沿曲面进刀"的勾选(图6-42)。左击计算按钮，计算后生成路径(图6-43)。

6.3.3　路径模拟和路径排序

JDPaint有加工过程模拟功能，可以观察路径方向和路径间的顺序，其面板图6-44是模拟顺时针走刀的截图，凡是涉及方向的路径都要模拟，确保正确。除此之外，模拟的另一个重要用途是观察路径间的先后顺序。家具零部件加工是减材加工，所以要考虑加工顺序。有时零件之间要有先后，但更多的是每个零件上四色面间要有顺序，每个面上的特征间和每个特征内的路径也要排序。

路径间的默认排序，就是各自被计算出的先后顺序。JDPaint 也提供了更改顺序的按钮(图 6-45)。

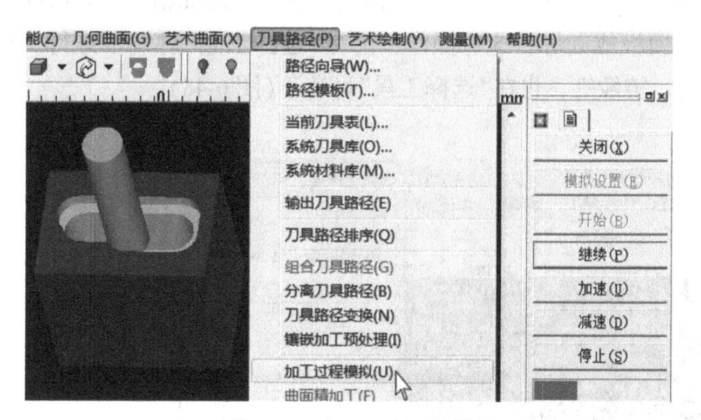

图 6-44　加工过程模拟

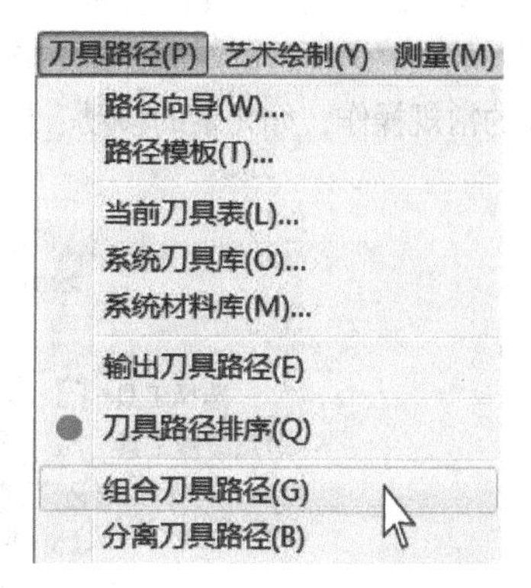

图 6-45　JDPaint 刀具路径排序

点击“刀具路径排序”按钮后，界面如图 6-45 所示。图 6-46 是三个特征间的顺序，图 6-47 是将榫眼特征的路径组分离成单条路径之后，组内的路径排序。

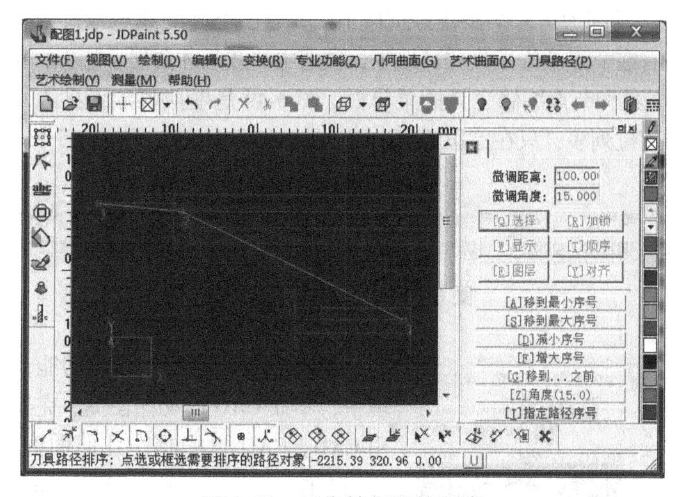

图 6-46　三个特征间的顺序

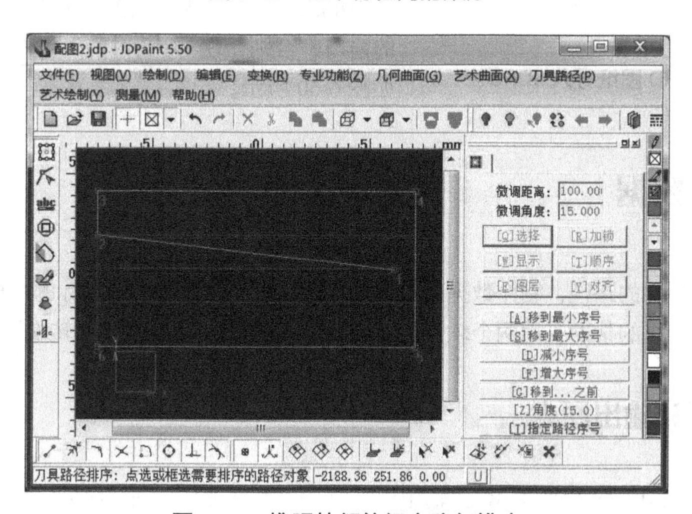

图 6-47　榫眼特征的组内路径排序

6.3.4 软件制图环境和文件导出

使用路径向导或是路径模板之前，都要选择目标。单线切割要选择线，曲面精加工要选择曲面和区域。选择目标对象、进入路径模板或向导，这些操作，都在“选择工具”环境下进行。软件的常规操作，如元素的移动、旋转、镜像等，也在“选择工具”环境下(图6-48)。

配图.jdp - JDPaint 5.50
文件(F) 视图(V) 绘制(D) 编辑(E) 变换(R)
导航工作条
微调距离：
100.000
[I]插入节点
[D]删除节点
[T]定为起点
[G]节点对齐
选择工具
节点编修工具
虚拟雕塑工具

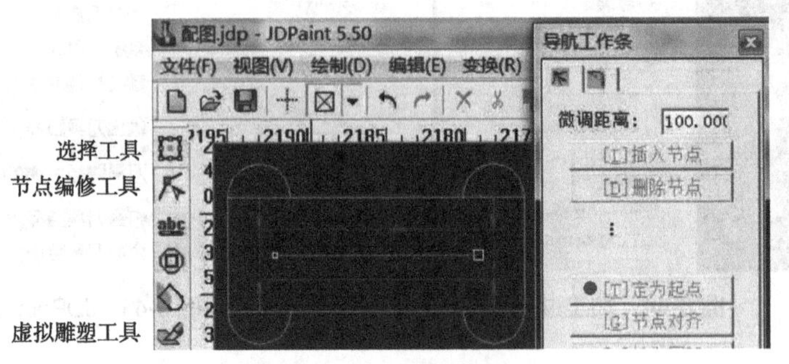

图6-48 选择工具环境

前文提到过“节点编修工具”环境，常用的还有“虚拟雕塑工具”环境。之所以在每个名称后面加上“环境”二字，是因为这三个按钮分别按下后，制图空间的显示方式会有变化，菜单栏也有变化。比如，只有在节点编修工具的环境中，被选中的线条才会显示起点；菜单栏的变化如图6-49，上栏是选择工具和节点编修工具的菜单栏，图6-49是虚拟雕塑工具的，制作浮雕用的模型、雕塑、导动等下拉列表，只在这里才有。

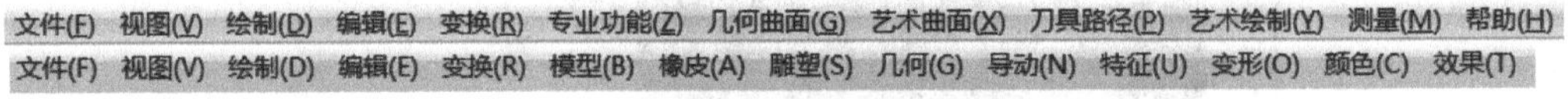

文件(F) 视图(V) 绘制(D) 编辑(E) 变换(R) 专业功能(Z) 几何曲面(G) 艺术曲面(X) 刀具路径(P) 艺术绘制(Y) 测量(M) 帮助(H)
文件(F) 视图(V) 绘制(D) 编辑(E) 变换(R) 模型(B) 橡皮(A) 雕塑(S) 几何(G) 导动(N) 特征(U) 变形(O) 颜色(C) 效果(T)

图6-49 虚拟雕塑工具栏

文件(F) 视图(V) 绘制(D) 编辑(E) 变换(R) 模型(B) 橡皮(A)
新建(N) Ctrl+N
打开(O)... Ctrl+O
保存(S) Ctrl+S
保存部分(V)
另存为(A)...
输入(I)
输出(E)...
二维图形(C)...
点阵图象(G)...

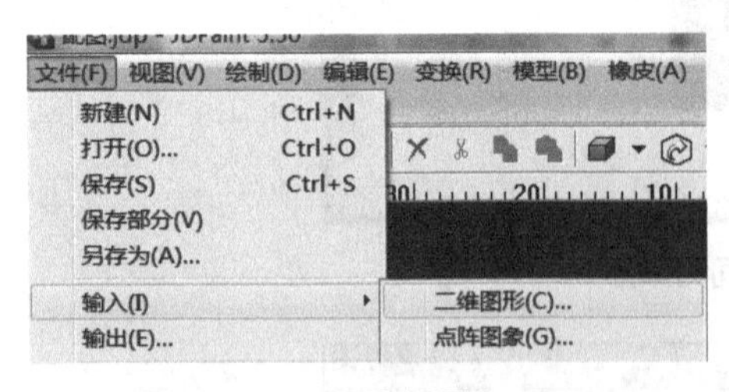

图6-50 CAD图纸导入JDPaint

JDPaint也有平面图绘制功能，但在选择工具环境中，不如CAD的功能便捷、完善。所以工艺制图用CAD。CAD也能制作几何曲面，但不如JDPaint使用方便。CAD制图后，导出.dxf格式的文件，再由JDPaint导入。导入之前，要在CAD中关闭.dxf的窗口，否则无法导入，提示共享违例，导入方法如图6-50所示。

6.4 制作数据

数据包含坐标化的路径，制作数据的过程包含把路径由图形转换成坐标的过程。这些大量的运算，要借助计算机的帮助，用两个软件配合完成，即JDPaint和诺诚NC转换器。

6.4.1 路径和输出原点

制作数据时，JDPaint会要求指定“输出原点”(图6-51左图)。图中坐标值都是零，这是制图空间的原点，也就是软件默认的输出原点。一般不用这个点，要用右边的三个按钮另选。常用的

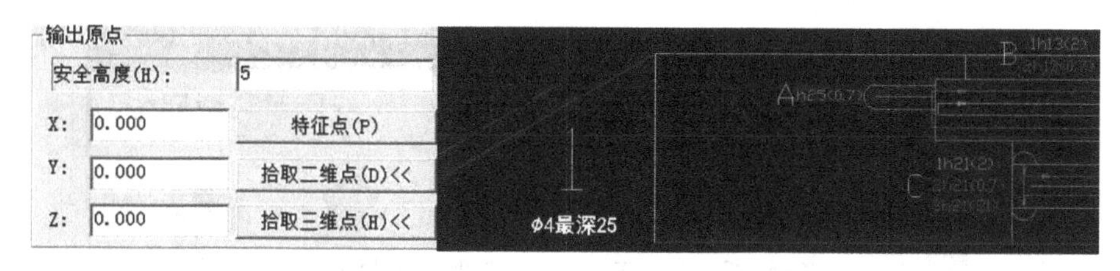

图 6-51　路径和输出原点

是“拾取二维点”。如图 6-51 右图所示，输出原点的位置用红斜线标出，在加工面的左上角。选定后，坐标栏的数值会变成这个点在制图空间中的坐标值。

选好输出原点，软件依此计算路径上每个点相对于它的坐标值。路径被坐标化之后，路径和输出原点就成为一个整体。这个整体被转换为数据，加载给雕刻机。雕刻机可以将刀尖悬停的位置设定为工件原点。加载数据后，“看不见的路径”就依工件原点，被摆在了雕刻机上。注意：这时若手动操作移动刀尖，“看不见的路径”并不跟着移动。刀尖停下来时路径也不动，只有将新的位置重新设置成工件原点时，“看不见的路径”才会移动。所以，改变雕刻机上工件原点的位置，才能改变“看不见的路径”的摆放位置。

同一组路径，选用不同的输出原点，得到的就是不同的数据，因此，数据=路径+输出原点。

理论上，输出原点可以选三维制图空间中的任意点。实际上，选在被加工面的角上最方便。因为在实际工作中，是先摆木料，后摆路径。摆放路径，就是用刀尖给工件原点找个新位置，这个位置需要让路径刚好处于木料上正确的地方。假如在 JDPaint 中将输出原点选在图 6-51 中虚线所指处，那么面对已经摆好的木料，想用刀尖找到这个点，就要知道它相对于木料上某个点的三个坐标差值，那何不直接用木料上的点。

注意：在软件中制作路径时，要考虑零件在雕刻机台面上摆放的方向。比如想沿雕刻机的 X 轴向摆放木料，在软件中就要横着画图。

6.4.2　输出路径

输出路径前要确保路径顺序正确，包括组间顺序和组内顺序。JDPaint 输出的路径数据，是 . ENG 格式的数据文件。JDPaint 是北京精雕开发的软件，所以精雕公司的控制卡可以直接读取 . ENG 格式的数据。其他的控制卡，要使用 . NC 格式的数据，可以用诺诚 NC 转换器将 . ENG 转换成 . NC。. NC 格式的数据文件，可用文本文档打开。如图 6-52 是一个孔的数据文件，其中包含了两部分内容：①文件头、文件尾；②路径数据和其他参数。

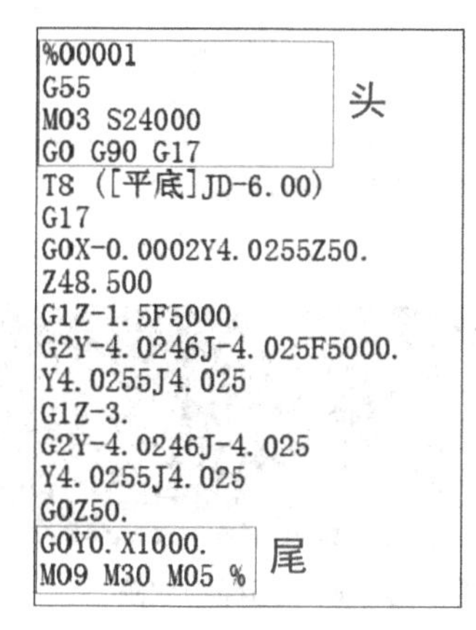

```
%00001
G55
M03 S24000
G0 G90 G17
T8 ([平底]JD-6.00)
G17
G0X-0.0002Y4.0255Z50.
Z48.500
G1Z-1.5F5000.
G2Y-4.0246J-4.025F5000.
Y4.0255J4.025
G1Z-3.
G2Y-4.0246J-4.025
Y4.0255J4.025
G0Z50.
G0Y0.X1000.
M09 M30 M05 %
```


图 6-52　孔的 NC 数据文件

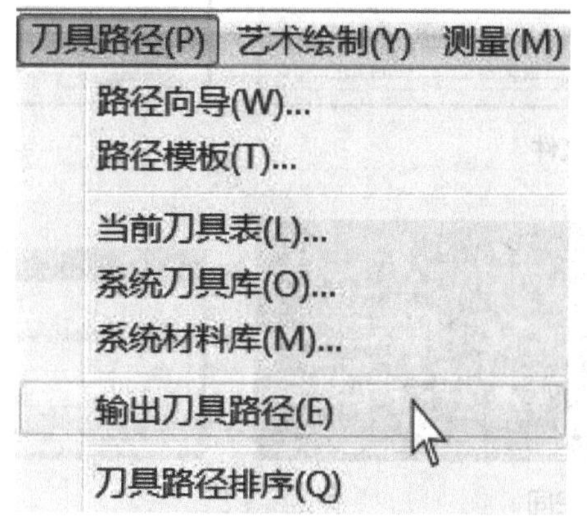

图 6-53　输出刀具路径图

图 6-54　命名窗口

在前文介绍路径向导时，很多参数都被忽略，其实这些参数设置，对于北京精雕的机器都有用。只不过若不用精雕的机器，这些参数后续会由诺诚和维宏来设置。将 . ENG 文件导入诺诚 NC 转换器，在诺诚中重新写入文件头、尾和相关参数后，转换成 . NC 格式。

JDPaint 生成数据的按钮叫"输出刀具路径"，如图 6-53。左击后弹出 windows 通用的命名窗口，如图 6-54。命名后点保存进入"输出文件"面板，如图 6-55。左击右下角"拾取二维点"后(图 6-55)，画面暂时切回制图空间，左击输出原点后显示(图 6-56)。点击确定后，回到"输出文件"面板，注意右下角输出原点坐标值有变化(图 6-57)。确定后系统会显示输出路径的数量(图 6-58)。

这里要对输出原点的坐标值做进一步说明，这组数值是输出原点在制图空间中的坐标。制图空间的原点在三维空间的正中心，是新建文件时蓝色矩形的中心(图 6-59)。

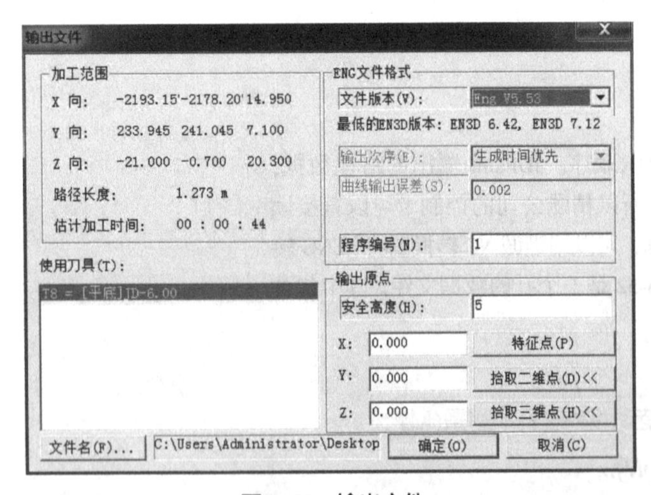

图 6-55　输出文件

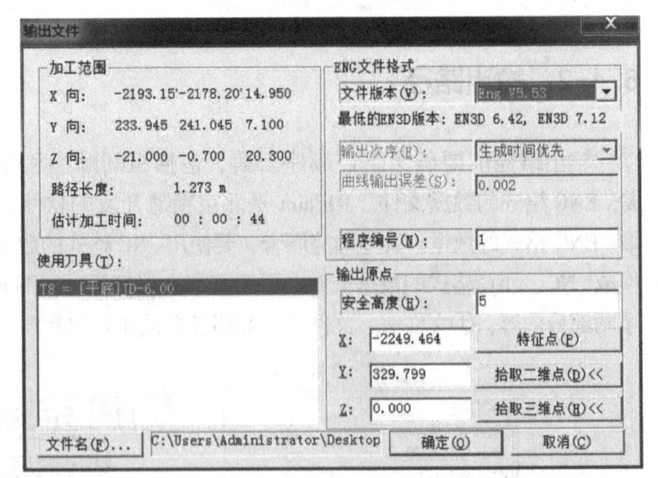

图 6-57　输出文件面板

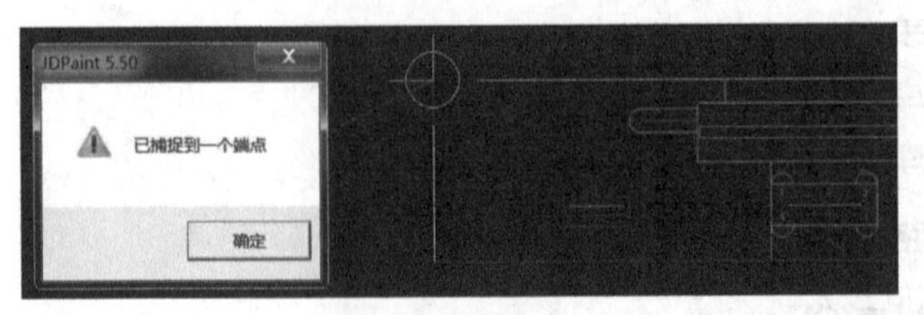

图 6-56　制图空间

图 6-58　输出路径的数量

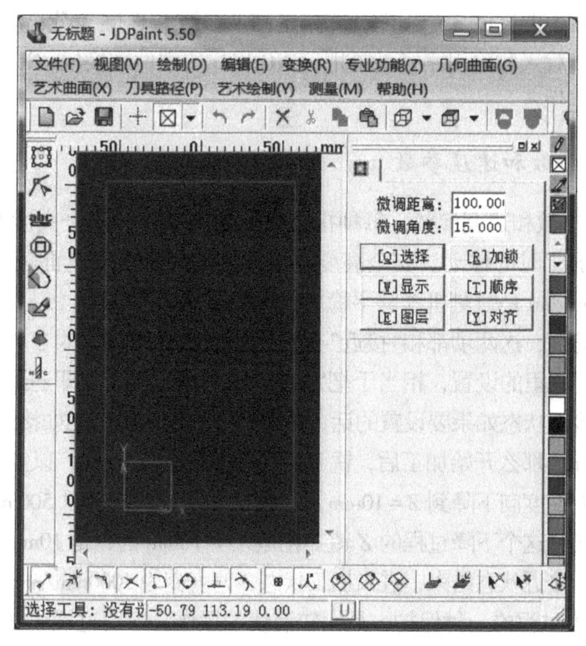

图 6-59　输出原点的坐标值

绘图平面是 XoY 平面，其中 $Z=0$，所以矩形中心就是制图空间的中心。由图 6-58 可见，如果不做选择，输出原点的默认位置，就是制图空间原点。所以如果每次把要输出的路径，都依次移动到中心，使每个输出原点与制图空间原点重合，那么输出这些路径就不需要“拾取二维点”这一步。但是这样操作不如“拾取二维点”方便，因为移动路径时，显卡工作量大，画面容易卡顿。拾取的二维点是 $Z=0$ 面上的点，制作的路径也是以 $Z=0$ 平面为基准的，这个面对应着零件的被加工表面。因此用刀尖在木料上找原点时，刀尖 Z 向要找到被加工表面。最后会显示输出了多少条路径，这是单条路径的数量。

6. 4. 3　NC 转换器

NC 转换器面板如图 6-60 所示。

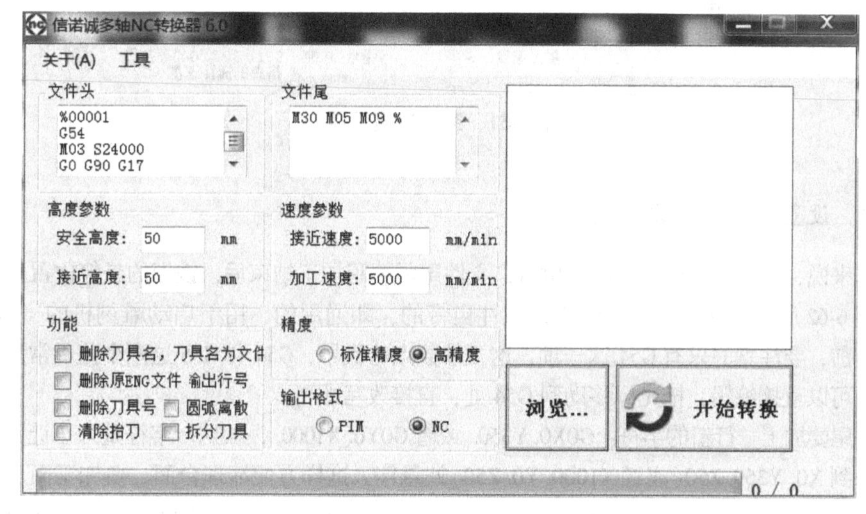

图 6-60　NC 转换器面板

在诺诚软件的面板里要完成3个工作，即指定高度参数和速度参数；设置文件头和文件尾；载入和输出路径数据。载入和输出路径就是把.ENG格式的文件转换成.NC格式，但在这一步之前，要先做好前两项工作。

6.4.3.1 指定高度参数和速度参数

图6-60可见高度参数和速度参数，每种指定同一数值即可。安全高度50mm是铣刀空程时的高度，空程即没有加工时的移动。安全高度顾名思义，为保证安全而设，避免空行时碰到夹具。加工速度5000mm/min是雕刻机能够平稳加工的尽可能大的数字。

接近高度和接近速度，这两项都和“接近”有关，“接近”是指铣刀的一个状态。铣刀的状态包括空程、接近和加工。这里的设置，相当于把“接近”这一项省略了，即通过数值设定，把接近状态并入了加工状态。接近状态如果要设置的话，通常小于其他两项。比如接近高度设为10mm，接近速度设为500mm/min，那么开始加工后，铣刀先在$Z=50$mm的高度，以空程速度移动到需要下刀的位置，然后以空程速度向下降到$Z=10$mm，开始进入接近状态。以500mm/min的速度慢慢降到需要开始加工的深度，这个下降过程的Z值变化是大于10mm的，是10mm加上第一刀的吃刀深度。到达指定深度后，接近状态结束，进入加工状态，速度变为5000mm/min的加工速度。

接近状态是对加工过程的一种保护，是比较谨慎的操作。下刀过程速度慢、时间长，如有错误，比如发现下刀位置不对，能有时间及时停止加工。去掉接近状态，会节省时间，因为一组数据中，有很多条路径，每一条完成后，都会提刀到安全高度，空程到下一条路径的下刀处，再来一次慢速接近。这样整个加工过程里，慢速接近会占去很多时间。

另外，插铣的速度等于接近速度，因此，若接近速度慢，执行插铣路径时速度也慢。其实，若能设置第一刀的下刀速度慢，之后的下刀和插铣都快，这样最好，但诺诚软件不能将第一刀单独设置，一定要改的话，可以用文本文档打开.NC文件，把第一个下刀速度5000mm/min改为500mm/min。第一刀慢有好处，会避免偶尔Z向零点设置错误导致的加工失败。

空程速度在维宏面板中设置，一般也设置为5000mm/min(图6-61)，这样在整个加工过程中，铣刀的移动速度就很稳定。

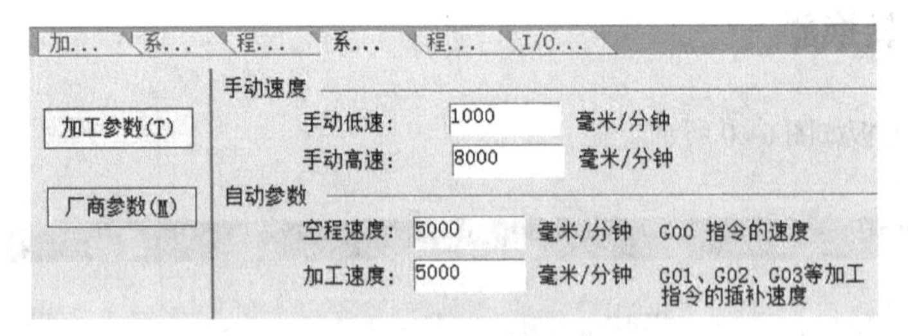

图6-61 空程速度设置

6.4.3.2 设置文件头和文件尾

简单来说，文件头需要设置原点位置，文件尾需要写加工结束后，铣刀的悬停位置。文件头设置如图6-62所示，这些内容是信诺诚软件自带的，即通用的、用于启动雕刻机的一些指令。每次转换前，要注意的只有G54这一项，这工件原点的代号，G54和G55这两个值最常用。文件头的窗口可以直接编辑，把光标移动到G54处，直接改写即可。

文件尾要加上一行新的字符：G0X0. Y350. 或者G0Y0. X1000.，加这行字符是为了让铣刀在完成路径后到X0. Y350. Z50(或者X1000. Y0. Z50)处悬停。这样方便清理台面、换加工面、更换木料和测量试刀结果等操作，否则每次都手动移开主轴，会给工作人员增加无意义的工作量。

这个改动较长，每次都编写比较麻烦，所以保存成模板，以后直接调用即可。方法是：工具——NC格式——设置，如图6-63所示。

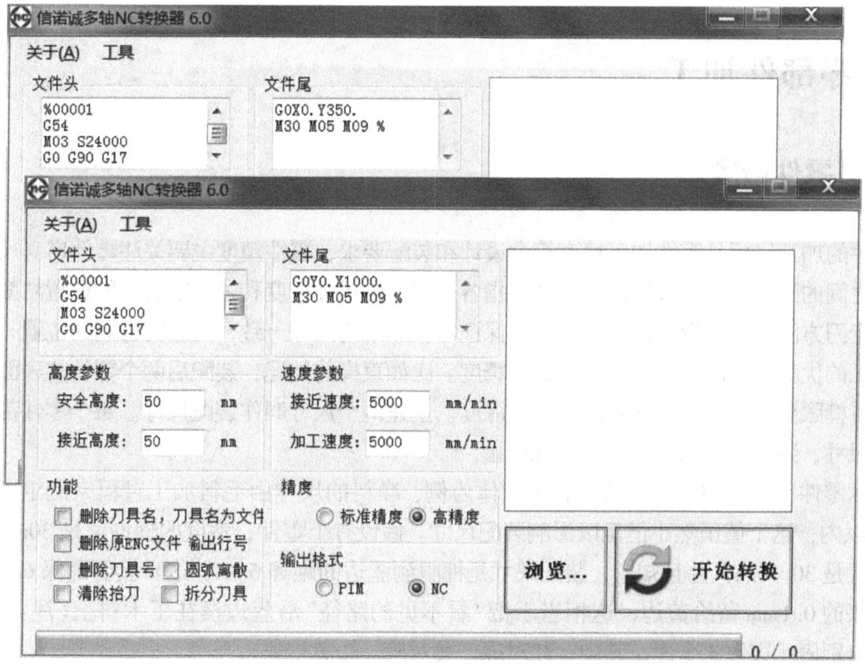

图 6-62　文件头和文件尾的设置

6.4.3.3　载入和输出路径数据

点击 NC 转换器上的“浏览”，会弹出 windows 自带的文件浏览窗口，找到要被转换的 . ENG 文件，确定后就完成了载入。之后点击“开始转换”，转换过程有绿色进度条显示，如图 6-64 所示。

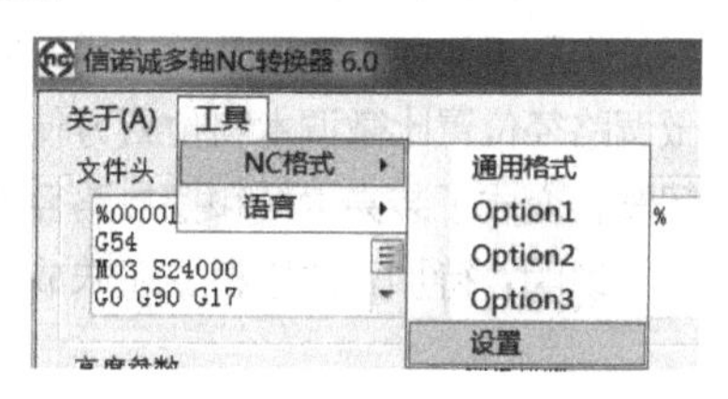

图 6-63　NC 格式设置图

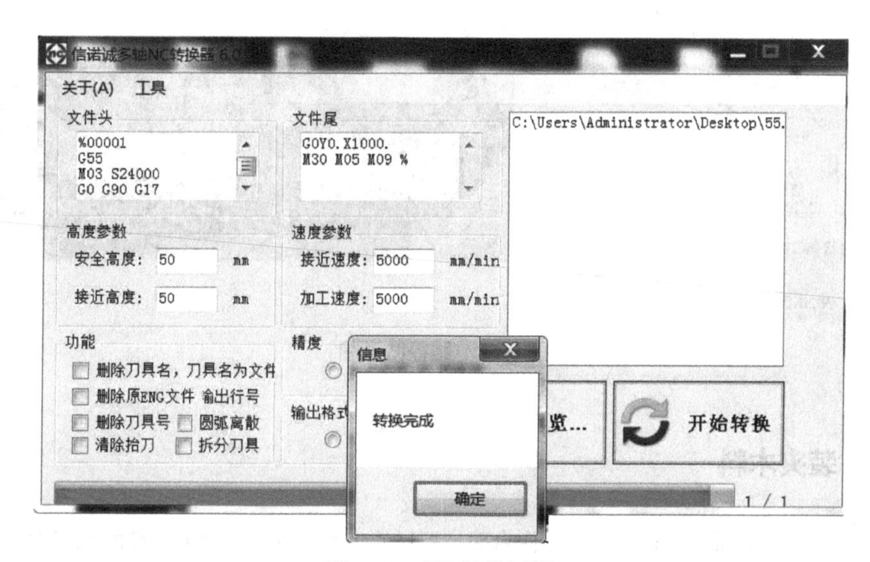

图 6-64　NC 转换过程

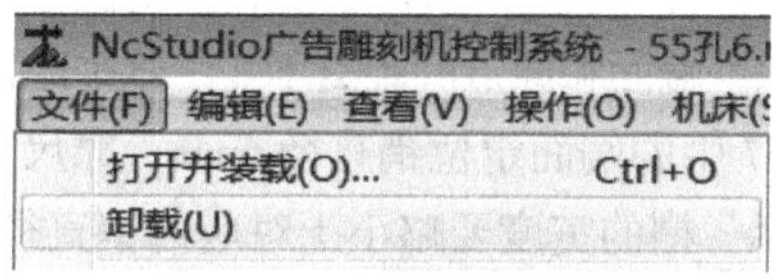

图 6-65　加载数据操作

至此就完成了路径数据的制作，完成后的 . NC 文件的位置与源文件，即 . ENG 文件相同，可以被维宏软件加载使用。维宏加载数据的操作，如图 6-65 所示。注意：在更换文件时，首先要卸载之前的，才能再加载新的。

6.5 零部件加工

6.5.1 零件精度

零件的加工目标是零件加工精度符合设计和装配要求，零件精度主要关注零件自身尺寸精度和零件之间的装配精度。零件自身精度是指各个特征的尺寸精度和各特征之间的位置精度。尺寸精度由走刀方法决定，数控机床能很好的保证每次加工的尺寸一致，而且特征间的位置一致，是数控加工的优势。其次是零件之间的装配精度。比如直榫的装配，装配后两个零件的表面是否齐平，要看榫眼到表面的距离和对应榫肩的深度。上述两个尺寸叫作装配尺寸。每个零件都有各自的装配尺寸，装配尺寸的精度影响外观质量。

实木零件在净料加工前最常见的长方体为例，净料的尺寸由毛料加工过程来确定，误差在0.1mm以内，这个值虽然小但足以影响装配尺寸。假设有个零件，宽度的理论值是30mm，而净料的尺寸是30.1mm，并且知道，装配尺寸是榫眼到蓝边的距离6mm，这时就要确保6mm准确，把多出来的0.1mm留给黄边，这相当于把“看不见的路径”沿蓝边摆在了木料上(注：红、绿、黄、蓝分别表示零件4个面。其中，红对绿、黄对蓝、红黄相邻)。

由于摆放路径用软件控制，所以能实现微调。比如按一次方向键移动0.1mm(图6-66左)。不过实际工作中，微调几乎不用方向键，而用手轮，手轮操作更便捷且安全(图6-66右)。显然微调路径位置比微调木料位置方便，因此都是先装夹木料，后摆放路径。所以，零件加工的精度问题，变成了装夹木料和摆放路径的问题。

说明：待加工的原料，还未成为工件。

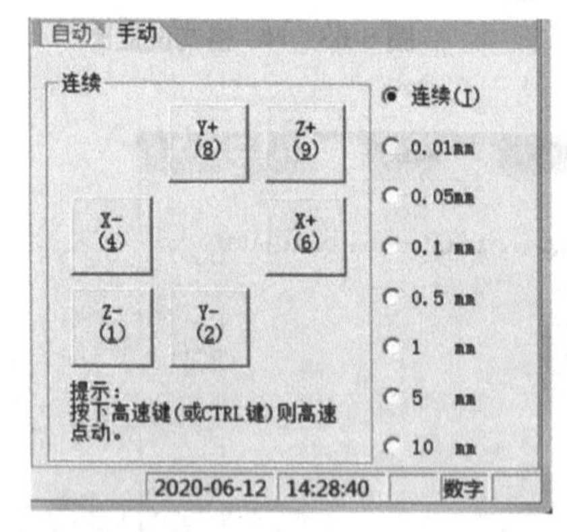

图6-66 路径微调图

6.5.2 装夹木料

雕刻机台面上要铺上板材，用作工作台面。板材的表面要统一使用大直径的铣刀铣平，这样就能确保铣刀和台面的垂直度。此外，工作台面上还要用小直径铣刀加工出定位槽，分别用于插端面定位销和靠尺定位销。这就保证了靠尺与雕刻机轴向的平行度(图6-66)。端面的定位销用于顶住零件端面，工件换面时，始终用端面顶着销，可以保证端面和原点间距离不变。这个距离数值可以大于零，因为差值对于每个面而言都一样。图6-67中的端面定位销直径6mm，靠尺定位销直径4mm，加工这两种槽的工艺示意图如图6-67所示。槽的宽度要略小于对应的销直径，小0.2mm即可，以保证牢固和精确。

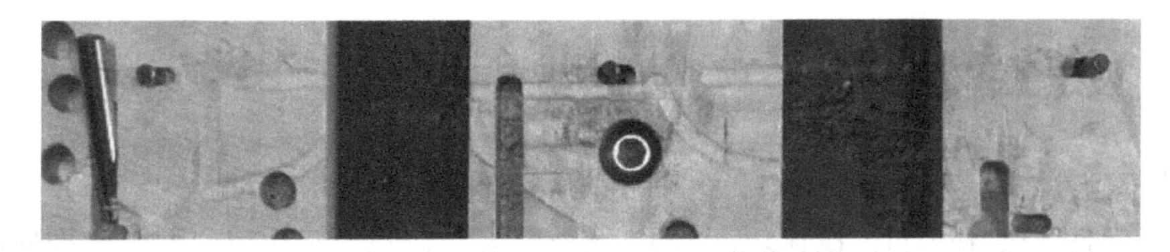

图 6-67　雕刻机台面上板材图

因为路径的输出原点习惯选在左上角，所以图中的原点位置，理论上就是工件原点。不过因为误差的存在，实际的工件原点并不与这个原点完全重合，而且每次加工前都要微调一下。

图 6-68　靠尺安放位置

靠尺有方向，平行于雕刻机的 *X* 轴或 *Y* 轴(图 6-68)。前文介绍过，摆在台面上的路径也有方向，方向与路径在 JDPaint 中一致，所以制作路径时，要考虑在加工台面上选用靠尺的方向。此外，制作数据时也要选用相应的文件尾。

使用两个互相垂直的靠尺，是为了消除 *X* 轴和 *Y* 轴各自传动误差不同产生的影响。主要用于斜肩加工。使用斜肩相接的两个零件，分别在横竖两个靠尺上加工，能在理论上保证斜肩的缝隙严密。否则会出现如下情况。

假设一台雕刻机在切割边长是 30mm 的正方形时，由于传动误差的存在，其实际值 *Y* 向比 *X* 向大 *a*(图 6-69 左)。用这台雕刻机来切割榫肩 *AB* 和 *CD*，则 *B* 和 *D* 点会比理论位置低(中)(虚线是理论榫肩)，因此组装时会有缝隙(图 6-69 右)。

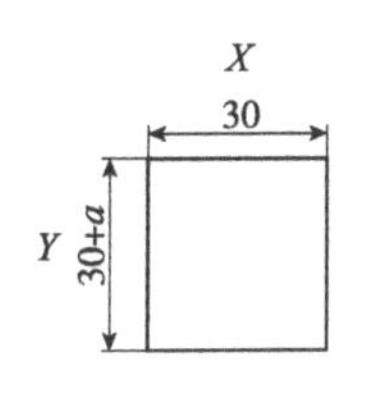

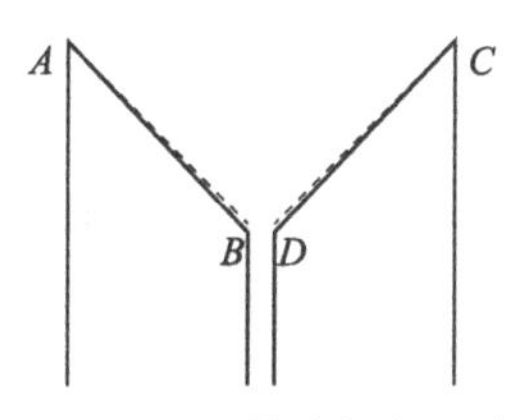

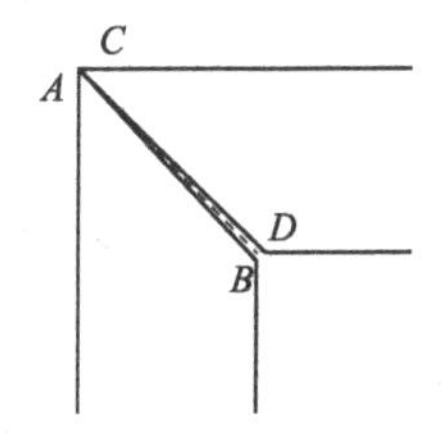

图 6-69　榫肩切割示意

装夹木料的夹具包括顶和压两种(图 6-70)。压是在两端，若木料中间有拱起也要压一下。顶也一样，通常是两端，较长的木料中间要加顶一下。

使用木质夹具的原因是出现铣刀碰夹具的意外时，木质夹具能被切割，不会损坏刀具。夹具除木质部分外，还有铝导轨结合 T 型螺栓或法兰螺母的夹具，以及由固定台面板材结合带铝轨的螺丝或 T 形螺母和家具防滑垫的夹具(图 6-71)。

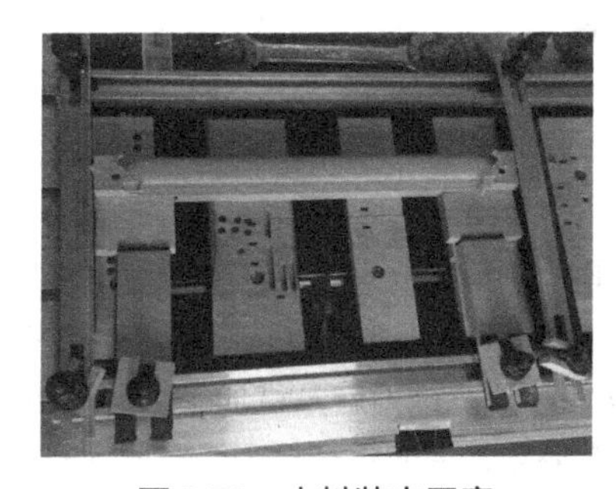

图 6-70　木料装夹示意

图 6-71　夹具

6.5.3 设定工件原点

前文提到过，摆路径就是找原点，在已固定的木料上摆放“看不见的路径”，就是用刀尖在木料上给“工件原点”找位置。找到之后，要把此处设定为工件原点，设定工件原点要使用维宏软件的刀尖坐标面板。

在刀尖坐标面板上，有机械坐标和工件坐标(图6-72右)。工件坐标是此时刀尖相对于工件原点的位置，机械坐标是相对机械原点的位置。雕刻机*X*轴、*Y*轴的零点不严格的说，在台面的左下角(图6-72左)。

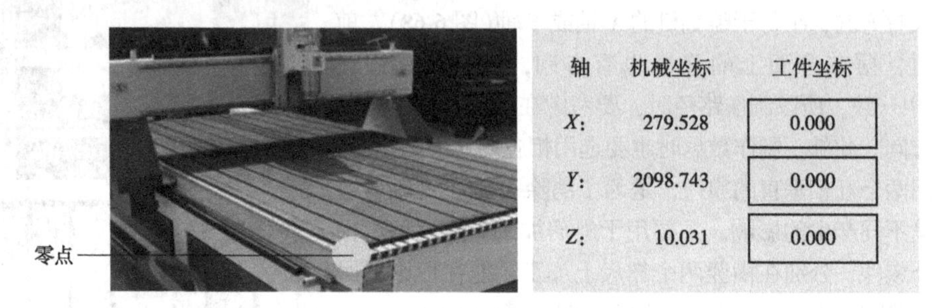

图6-72 机械坐标和工件坐标

工件坐标的*X*、*Y*、*Z*三个按钮，左击即可清零，全部清零就将此处设为工件原点。工作中，用刀尖找好原点的大概位置后，全部清零，按下回原点按钮(F7)，铣刀会自动抬起50mm，此时刀尖坐标是(0，0，50)。50mm是预设的安全高度，(0，0，50)在维宏软件中称为退刀点，数值可更改(图6-73)，这个值要和诺诚软件中的一致。

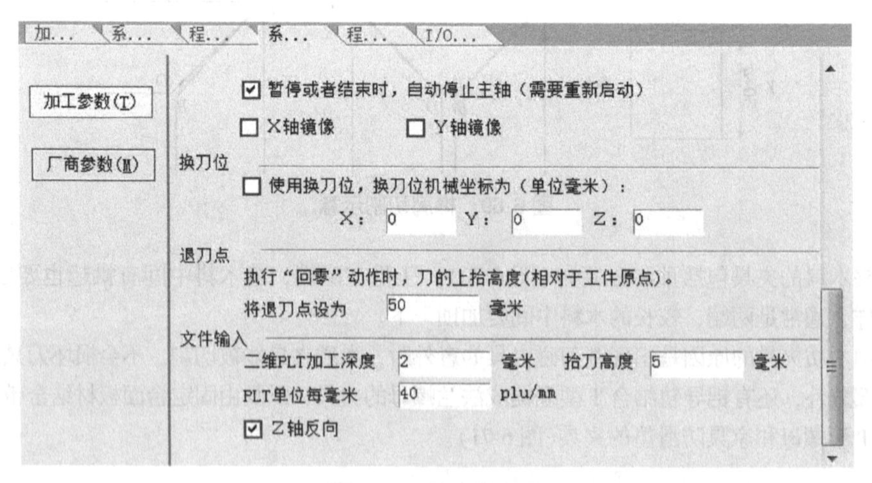

图6-73 退刀点设置

6.5.4 试刀

刀尖要找的点，在木料被加工面的角上，这个点的坐标三维坐标。刀尖是刀具底面的几何中心，但是直刀和球头刀的刀尖不易被观察到，如何才能知道调节的刀尖位置是不是真的刚好碰到木料表面，又刚好让路径摆在正确的地方呢？答案就是“试刀”。试刀就是试加工，但并不是把整个路径执行一遍。否则路径完成后，发现特征的位置有偏差，说明路径摆歪，造成木料浪费，这样的试加工没有意义。试刀要试“装配尺寸”。图6-74中，为保证“6”这个数值精确，在加工前增加了“0”特征，就是试刀特征。

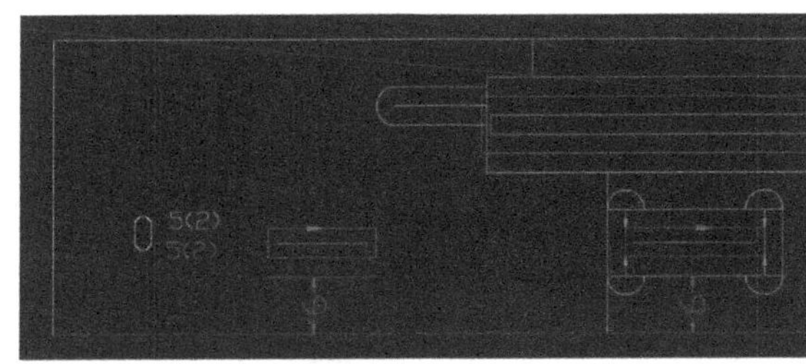

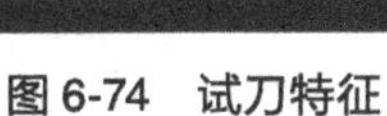

图 6-74　试刀特征

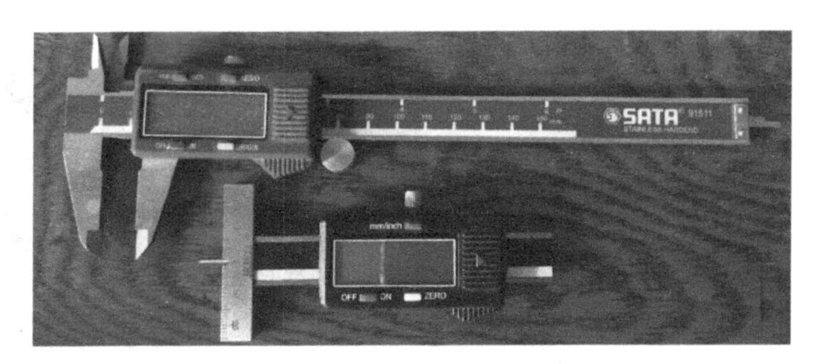

图 6-75　测量工具

图 6-74 中试刀要确定距离和深度两个值。注意试刀特征的加工方法，要和目标特征相同，这样才能消除不同的走刀方式对结果产生的影响。比如上图中榫眼和试刀，都是先沿图形中心线往复走刀，再沿中心线周围线条顺时针环切走刀。试加工后，测量“6”和“5”，根据测量结果，再将路径“摆放”的位置微调，然后才正式开始加工。测量工具如图 6-75 所示，黑色的尺是测量深度的。

试刀数据是单独的文件，所以试刀路径完成后，铣刀会悬停在路径文件尾指定的位置，比如本例中的位置是(1000，0，50)。可见，为微调原点方便，文件尾中垂直于靠尺的轴向(本例是 Y 轴)的坐标值要为零。

铣刀悬停到指定位置后，测量、填表，再将微调数值写入“当前工件坐标”面板。然后卸载试刀数据、加载新的数据文件、直接点击“开始加工”即可，无须执行刀尖回原点操作。因为路径的位置只与工件原点有关、与刀尖所在位置无关，不会因为开始时刀尖不在原点处而有错误。

6.5.5　定位孔

定位孔是打在加工台面上用来固定工件位置的孔，如图 6-76 所示。

定位孔用于两个相对的面都要加工的情况，如图 6-77 中的三个面，为了让所有面的基准一致，因此需要定位孔面。

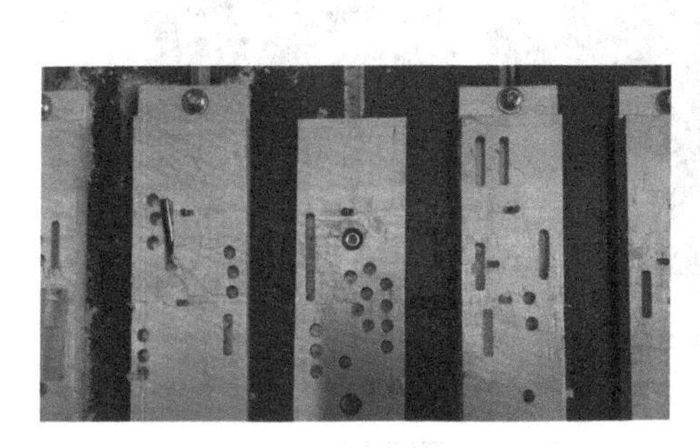

图 6-76　定位孔

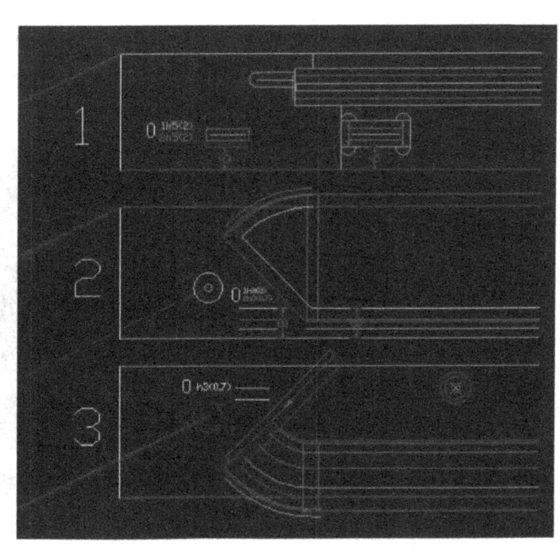

图 6-77　定位孔图示

在台面上找空白处设为工件原点，执行定位孔数据。这样原点位置就在左孔圆心。此时要注意：打孔时原点的 $Z=0$，之后一定要记得及时把原点的 Z 向升高，否则易出事故。升高的高度要以木料的厚度而定。

接下来敲入定位销，再将零件黄面向下，把孔对准定位销压平(图 6-78)。然后使用热熔胶把零件固定到台面上。回原点、刀尖找零件表面、将 Z 归零、再回原点、运行试刀数据。

图 6-78　零件安放

定位孔的功能有以下三点：①不用再试距离，仅试深度即可。②不再使用顶的夹具，压的经常也可省略，改用胶，这样可以做切断的特征。因为切断总是在最后，所以孔和胶也常用在最后的加工面。③带孔的面可以暂时不做，等有合适的时间，再在台面上打孔，这就让工序安排变得灵活了很多。若不用定位孔，则所有面都要连续完成，中途不能更换原点，也不能关闭机床。假如中途更换原点再回来时，原点位置会与上一次有偏差，这是因为机床存在传动误差。

机床的传动误差，可通过反复在台面同一位置打定位孔来表现。在第一次的孔上装夹并完成一组路径后，拔掉定位销再打孔，往往第二次孔的位置与第一次稍有错动。因此即使所有面都连续完成，也很有可能发生原点和端面间距离轻微的变化，而且这个误差难以用试刀来校正。

6.5.6　坐标错位和回机械原点

坐标错位是指维宏软件界面中，刀尖坐标面板显示的机械坐标和刀尖在雕刻机上实际的机械坐标不一致，解决坐标错位的办法是回机械原点。

雕刻机 X 轴、Y 轴的零点在台面左下角，Z 轴在顶端，它们的具体位置是由限位开关的位置决定的。

图 6-79 中的限位开关，左起分别是 X 轴、Y 轴、Z 轴限位开关。当主轴架、龙门架移动到这里时，限位开关会感应到金属、触发限位(图 6-80)。

图 6-79　雕刻机限位开关

图 6-80　行程开关触发

触发限位时软件和硬件会急停。这时要在释放限位环境下，手动移动主轴离开限位，才能恢复软件对硬件的控制。释放限位按钮如图 6-81 所示。

通过“回机械原点”，能在限位处将“刀尖坐标面板”上的“机械坐标值”归零。而在限位处，雕刻机的真实机械坐标也是零，这样就达到了消除坐标错位的效果，回机械原点在维宏软件中的按钮位置(图 6-82)。

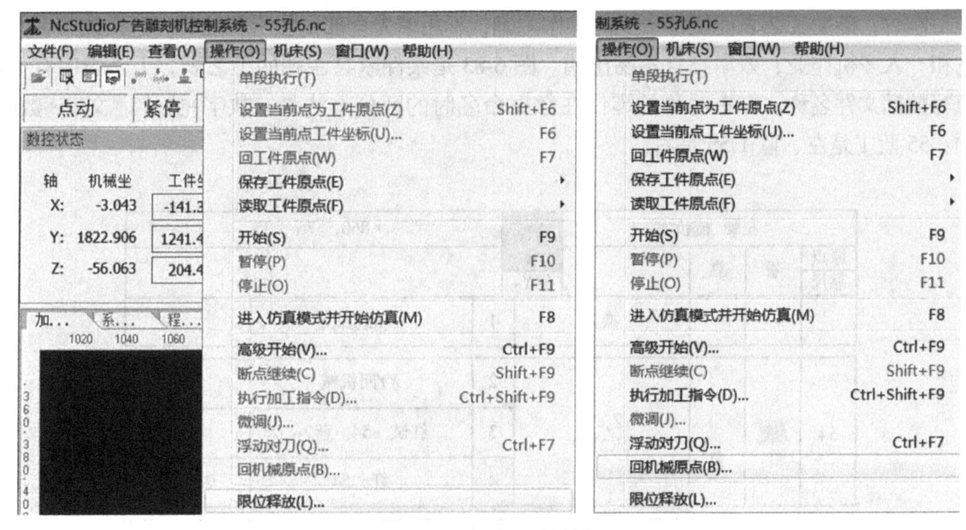

图 6-81　释放限位按钮

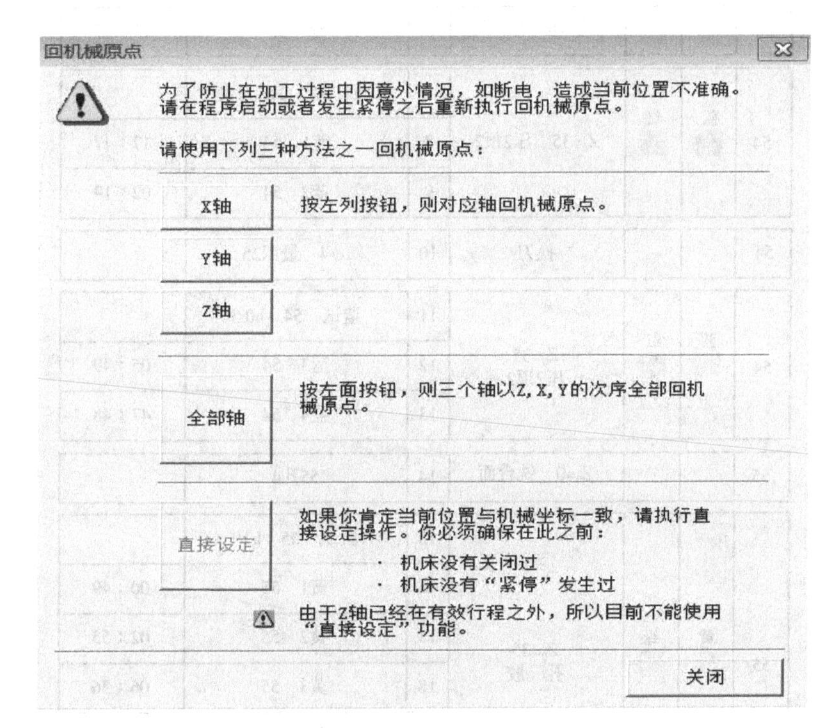

图 6-82　回机械原点

加工过程中平面路径和曲面路径要分开。具体来说，假设一次装夹中，要加工的既有平面特征又有曲面特征，那么要制作两个数据文件。所有平面特征使用一个，所有曲面特征使用另一个。否则，在加工曲面时有可能出现卡顿或沉刀这类严重的事故。

一般来说造成坐标错位的原因有以下三个：①传动误差；②路径设计不当或操作不当；③内存问题。消除坐标错位的方法是回机械原点。

实际工作中，事故和意外不常见，但传动误差始终存在。所以零件在换面加工，又不使用定位孔时，或者同一批零件依次加工时，要在每次加工前，把靠尺轴向回一下机械原点，以确保白色面到原点距离与上次加工一致。

6.5.7　工艺表

工作时，借助工艺表能使每一步的操作明确，不用事先全部记住所有细节。这样能实现间断作业和一人多机作业，效率高且不易出错。图 6-83 是某件家具左腿的工艺表。工艺表中有一栏要填写数据文件名称。左右对称的零件在数据命名时的区分方法是：数字+文字、文字+数字。例如：55 蓝 1 是左、蓝 1 55 是右。

左腿 梳妆案				X	860 76 35	
原点 靠尺	看	靠		靠Y+		
			换刀	1	ϕ6最深35	
54	红	黄	Z_0=76 压2顶2	2	XY回机械	
				3	红试　54　蓝7–	
				4	红　54	08：59
55			Z_0=0　铣台面	5	55孔6	
55	绿	蓝	Z_0=76　孔压2	6	绿　55	15：37
54	蓝	红	Z_0=35　压2顶2	7	X回机械　Y对刀尖	
				8	蓝1　54	17：47
				9	蓝2　54	02：19
54			换刀	10	ϕ4　最深25	
54	蓝	红	Z_0=35 压2顶2	11	蓝试　54　h0.3	
				12	蓝3　54	05：49
				13	蓝4　54	47：48
55			Z_0=0　铣台面	14	55孔4	
55	黄	绿	Z_0=35 孔　胶	15	黄试　55　h10	
				16	黄1　55	00：49
				17	黄2　55	02：53
				18	黄3　55	06：36
				19	黄4　55	01：52：06
				20	黄5　55	

图 6-83　工艺表

6.6 加工案例

为了更直观地学习雕刻机在实木家具智能制造中的应用，下面给出了一个插肩榫平头案的加工案例(图 6-84~图 6-95)，同时可以通过扫码获取相应的加工视频。

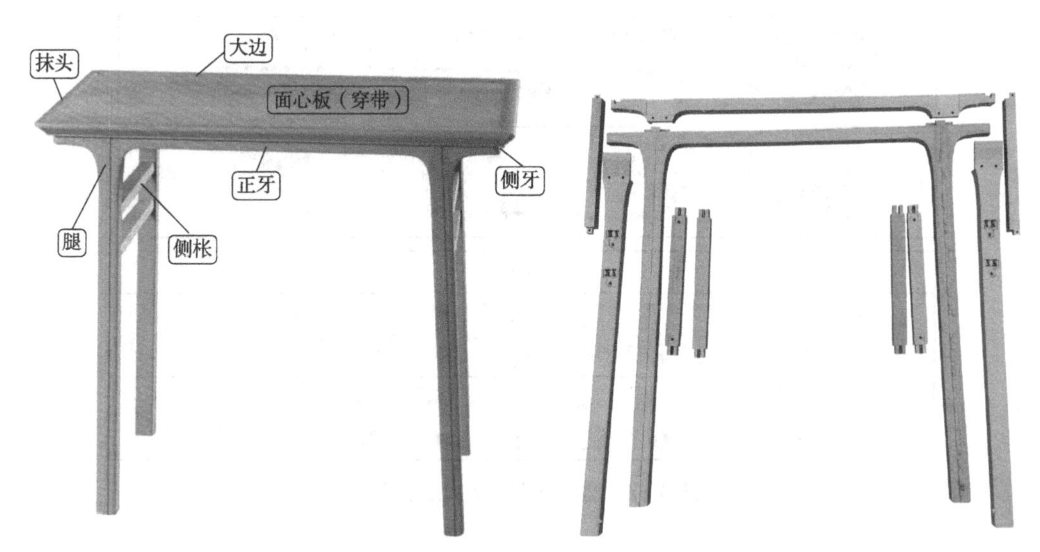

图 6-84 插肩榫平头案及各部件名称

图 6-85 插肩榫平头案零部件实物图

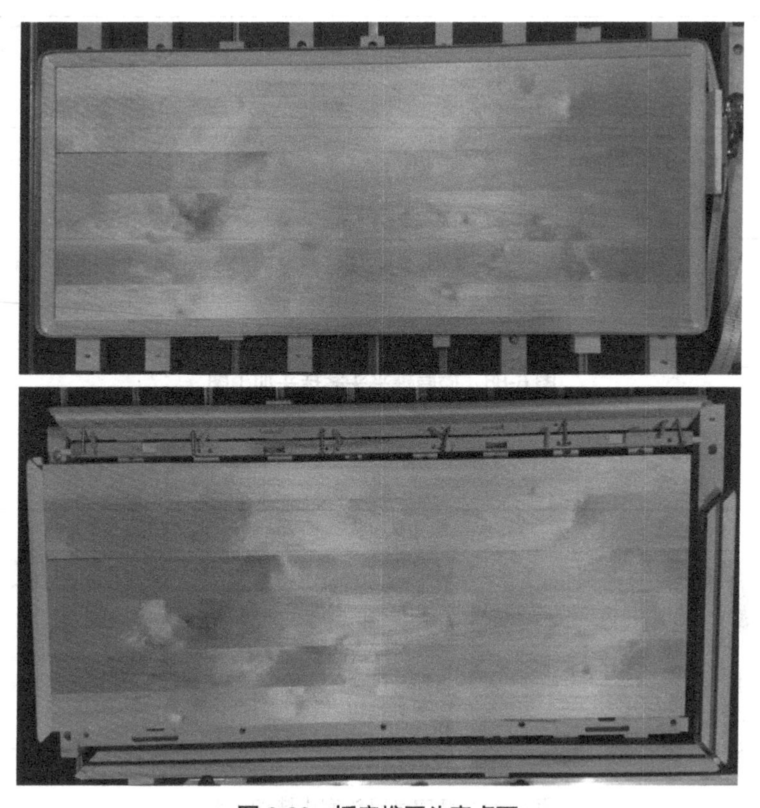

图 6-86 插肩榫平头案桌面

视频：大边加工

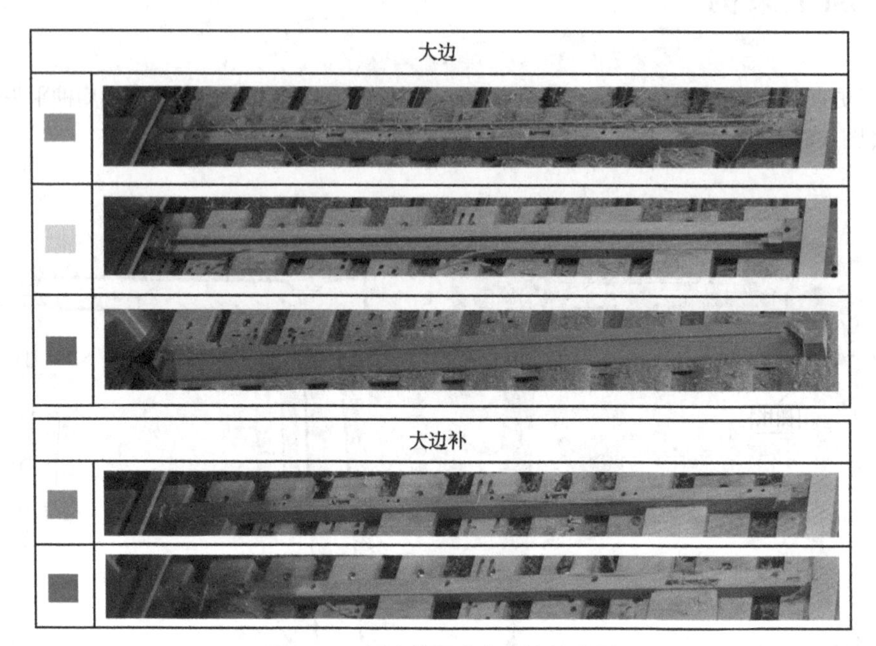

图6-87　插肩榫平头案大边加工图

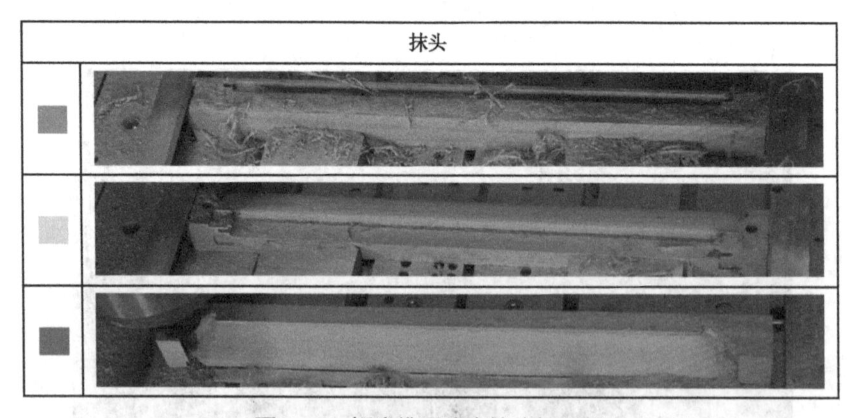

图6-88　插肩榫平头案抹头加工图

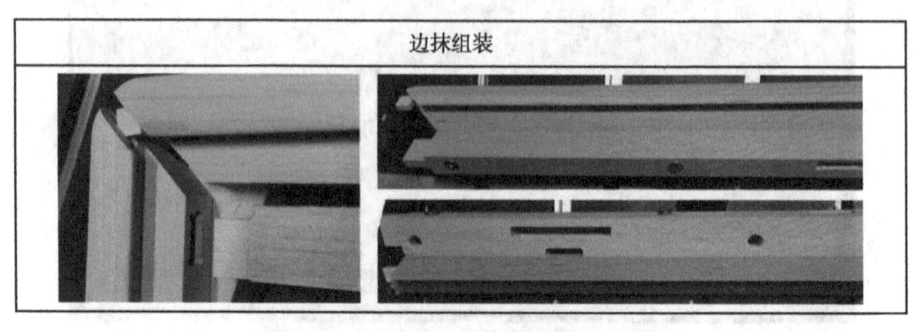

图6-89　插肩榫平头案边抹加工图

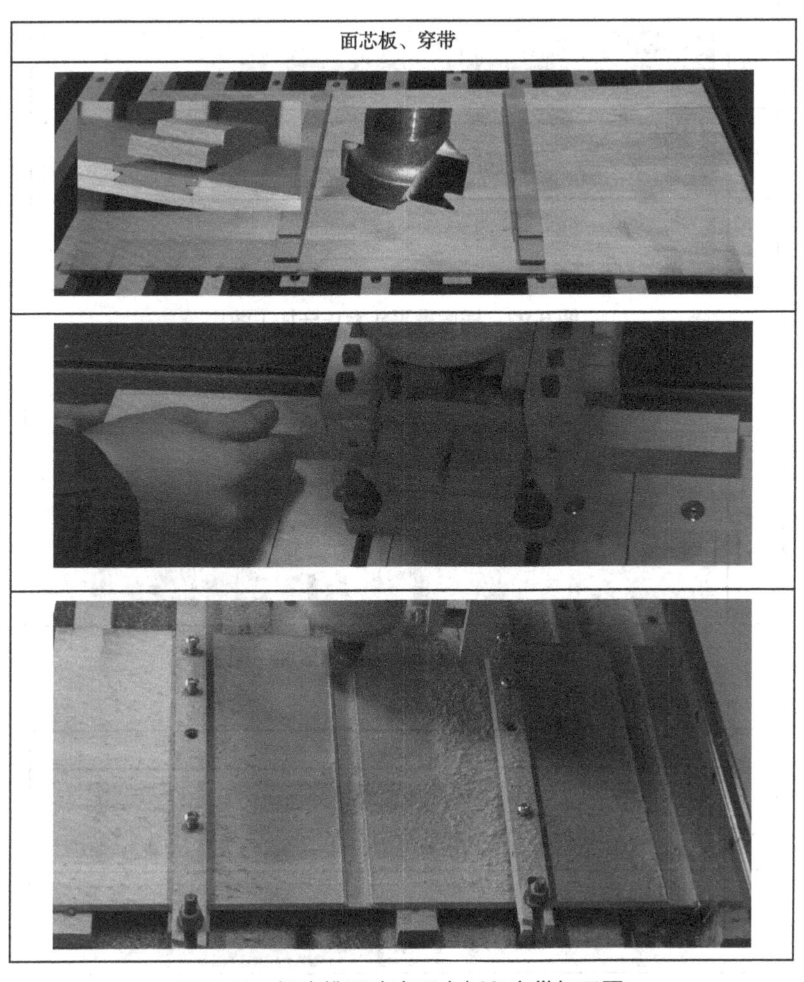

图 6-90　插肩榫平头案面心板和穿带加工图

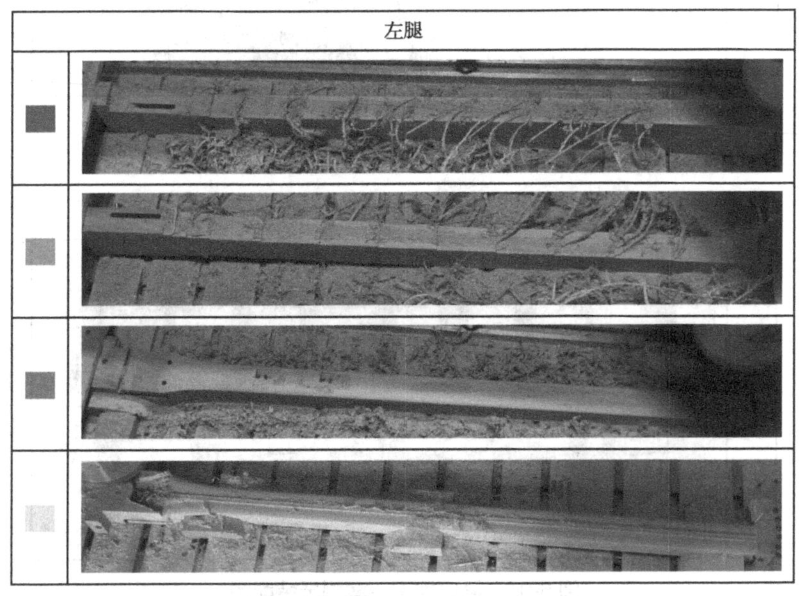

图 6-91　插肩榫平头案左腿加工图

视频：左腿加工

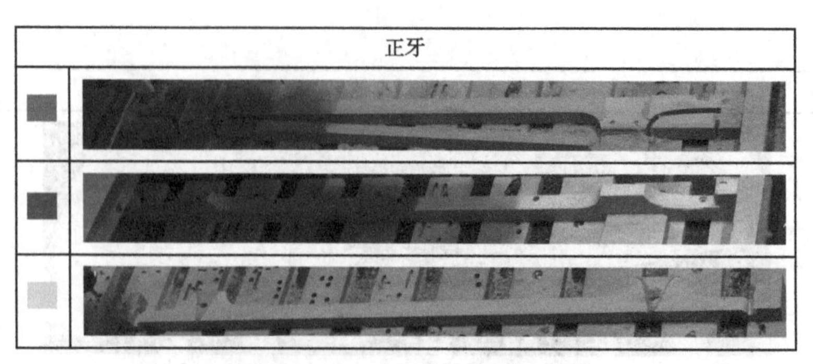

图6-92　插肩榫平头案正牙加工图

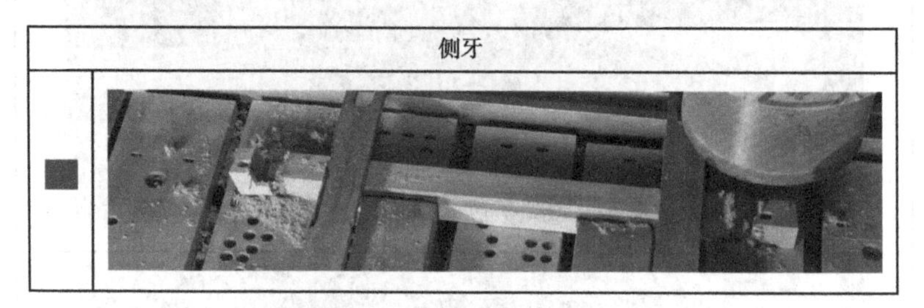

图6-93　插肩榫平头案侧牙加工图

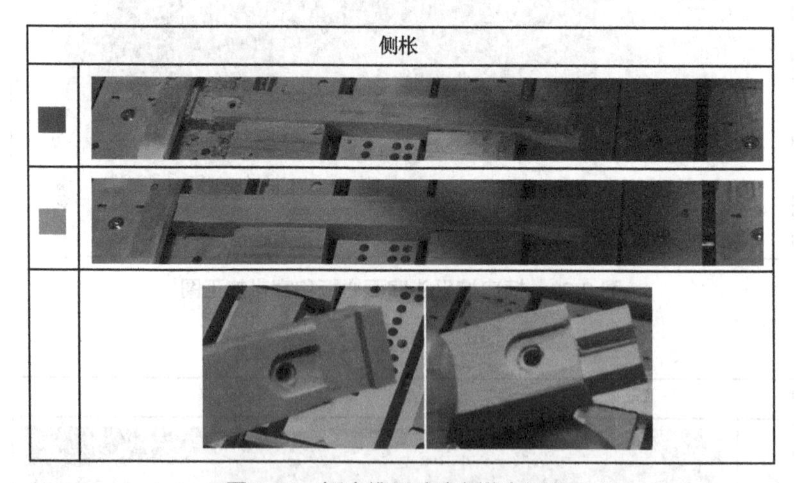

图6-94　插肩榫平头案侧枨加工图

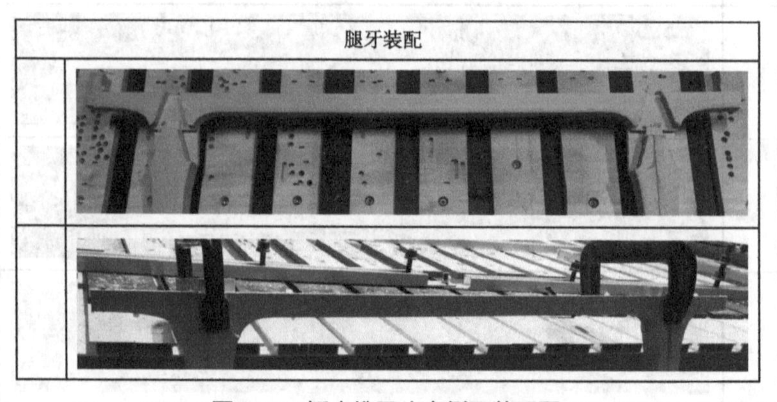

图6-95　插肩榫平头案侧牙装配图

第7章 虚拟制造技术在家具智能制造中的应用

随着社会的发展和制造技术的进步，家具等制造业为了在竞争激烈的全球市场中生存与发展，必须以最短的产品开发周期、最优质的产品质量、最低廉的制造成本和最好的技术支持与售后服务来赢得市场与用户。面对不可预测和快速变化的市场需求，家具企业的制造过程必须具有高度的柔性，能够对消费者的需求变化做出快捷的反应，并能及时地对自身的产品做出合理调整与重新规划。因此，以消费者的需求为第一驱动，并将用户需求转化为最终产品的各种性能特征，最后，一种全新的基于数字化的虚拟产品开发和制造过程的虚拟制造体系和模式逐渐被企业应用，进而保证产品开发和制造过程的效率和质量，降低企业成本，提高了企业的快速响应和市场开拓能力。

7.1　概述

虚拟制造(virtual manufacturing)技术是利用信息技术、三维仿真技术和计算机技术对产品制造过程进行系统化分析，通过将虚拟现实与仿真技术相结合的方式，对产品的设计和制造过程进行三维数字化模型的建立，并在计算机上完成从设计、制造、装配到检验的整个生命周期的模拟和仿真，从而在产品实际物理制造之前得到虚拟的产品，进而为产品的设计、分析、改进等后续工艺提供依据，可以极大地节省材料、降低成本、缩短产品的设计研发周期。虚拟制造技术的运用优化了产品的设计质量和制造过程，从而提升了产品设计的准确性和高效性。

实际制造系统是物质流、信息流在控制流的协调和控制下，在各个层次上进行相应的决策，实现从投入到产出的有效转变，其中物质流和信息流的协调工作是主体。虚拟制造系统是在分布式协同工作等多学科技术支持的虚拟环境下的现实制造系统的映射。

实际制造系统是虚拟制造系统的实例，虚拟制造系统是实际制造系统的抽象，是结合产品属性，基于计算机、网络系统和相关软件系统进行的制造，虚拟制造处理的对象是相关产品和制造系统的信息和数据，得到的是一系列产品的数字化模型而非真实产品，得到的虚拟产品是现实产品在虚拟环境下的反应，具有现实产品所具备的所有特点。虚拟制造可以颠覆传统企业的制造模式，彻底打破地域和时域的限制，利用网络系统实现资源实时共享，实现异地设计和制造，进而实现产品的快速优质开发，低成本的适应市场的变化。

7.1.1　虚拟制造的核心技术

7.1.1.1　建模技术

虚拟制造系统是现实制造系统在虚拟环境中的映射，是现实制造系统的模型化、形式化和计算机化的抽象描述。虚拟制造系统建模包括生产模型建模、产品模型建模和工艺模型建模。

(1)生产模型建模

生产模型建模分为静态描述和动态描述，静态描述是对系统生产能力和生产特性的描述；动态描述是在已知系统状态和需求特性的基础上对生产全过程进行预测。

(2)产品模型建模

产品模型是制造过程所有实体对象模型的集合，包括产品结构、产品形状特征等静态信息，以及通过映射、抽象等方法提取出的生产过程中各活动所需的模型，包括三维动态模型建模、干涉检查、应力分析和受力分析等。

(3)工艺模型建模

工艺模型建模是指将工艺参数与产品属性联系在一起，反映生产模型与产品模型之间的相互作用，包括计算机工艺仿真、制造数据表、制造规划、统计模型，以及物理和数学模型等。

7.1.1.2 仿真技术

仿真技术是对系统当中某个抽象属性的具体模仿或直观演示，其以客观系统作为基础，以此建立相应的模型，仿真主要依靠的载体是计算机，通常是通过计算机建立一个实际或理论上的仿真模型，然后根据模型搭建一个仿真环境，该环境的本质是一个系统，在系统当中对模型进行操作，最后所得的结果通过计算机输出，并自主分析其包含的数据且进行分析验证工作，不会干扰实际生产系统。利用虚拟仿真技术可以对这些实验进行模拟，从而获取实验结果，虚拟仿真技术具有拟真性和灵活性，相关人员只需要在实验过程中修改相应的数据参数，即能达到想要的实验环境，得到较为真实的研究结果，不仅提高了工作效率，利用计算机的快速运算能力，仿真可以用很短的时间模拟实际生产中需要很长时间的生产周期，成本也远远低于真实实验，避免资金、人力和时间的浪费，并可重复仿真，优化实施方案。

虚拟仿真可通过调查研究系统、收集数据、建立系统模型、确定仿真算法、建立仿真模型、运行仿真模型、修改需要的参数继续仿真、输出结果并分析等步骤完成。

产品制造过程仿真包括制造系统仿真和加工过程仿真，虚拟制造系统中的产品开发涉及产品建模仿真、设计过程规划仿真、设计思维过程和设计交互行为仿真等，可对设计结果进行评价，实现设计过程早期反馈，减少或避免产品设计错误。加工过程仿真包括切削钻孔等过程仿真、生产线各工序仿真、装配过程仿真、检验过程仿真等。

7.1.1.3 虚拟现实技术

利用虚拟现实技术可在计算机上生成可交互的虚拟环境。通过操作者、设备和人机接口，对真实世界进行动态模拟。通过用户的交互输入，及时修改虚拟环境，使用户产生临场感。

7.1.2 虚拟制造的分类

(1)以设计为中心的虚拟制造

以设计为中心的虚拟制造，可为设计师提供产品设计阶段所需的制造信息，从而实现最优设计。设计部门和制造部门通过计算机网络进行协同工作，基于相同的产品制造信息模型，对数字化产品模型进行分析、虚拟仿真和优化，从而实现设计阶段对所零部件甚至整个产品的加工工艺分析、工序匹配分析、装配性分析等，打破传统的设计与制造的脱节，最终得到产品的设计评估和性能预测结果。

(2)以制造为中心的虚拟制造

以制造为中心的虚拟制造，可为制造工程师提供虚拟的制造车间现场环境和相关设备，用于分析并优化生产计划和制造工艺，实现对产品制造过程的优化。一般来说，企业的设备、人力和原材料等资源是一定的，对产品的可制造性进行分析与评估，对制造相关资源和制造环境进行优化，进而为制造提供精确的生产成本和加工信息，进而对生产计划与生产规划进行合理决策。比如，家具生产线的模拟，可以实现家具企业尚未建成，但其产品的制造过程相关信息已经通过虚拟制造展现出来。

(3)以控制为中心的虚拟制造

以控制为中心的虚拟制造，可提供从设计到制造一体化的虚拟环境，对产品的设计、制造、装配、物流等全系统的控制模型及现实加工过程进行虚拟仿真，以全局优化和控制为目标，对不同地域的产品设计、产品开发、市场营销和加工制造等通过网络加以连接和控制，进而实现对整个过程的优化，降低成本并提高效率。

7.1.3 虚拟制造的特点

虚拟制造是对制造过程中的产品设计、加工、装配，甚至企业的生产组织管理与调度进行统一建模，形成一个可运行的虚拟制造环境，以软件技术为支撑，借助于高性能的硬件，生成数字化产品，实现产品设计、性能分析、工艺决策、制造装配和质量检验，具有以下特点：

(1)无须制造出实物就可以预测产品性能，节约制造成本，缩短产品开发周期。例如对于新设计的家具产品，如果将其生产线建成后再分析制造成本和工艺过程会耗费很多时间和成本，而如果采用虚拟制造，在虚拟平台上完成家具的制造过程，并给出各种仿真后最优性能参数，在很低成本下对家具后期的生产过程提供非常有利的指导。

(2)产品开发中可以及时发现问题，实现及时的反馈和更正。通过家具生产线的模拟，了解各工序的匹配程度和加工工艺的正确性，进行调整之后再建立家具生产线的方式，这比生产线建成后进行改进的方式具有显著的优势。

(3)以软件模拟形式进行产品开发，可以进行多次修改。无须制造出物理产品，如家具实物，就能在软件平台上进行设计和修改，直到最优方案得出，开发周期和成本大大降低。

(4)企业管理模式基于网络进行，整个制造活动具有高度的并行性，彻底打破地域和时域的限制，利用网络系统实现资源实时共享，实现异地多人同时参与设计和制造。

7.1.4　虚拟制造的功能

(1)产品造型和生产线布局设计

采用虚拟现实技术进行家具产品造型设计时，可根据需要随时进行修改和完善，最后的模型可直接用于产品的设计、仿真和生产加工等。在制造车间各工序和设备的布置设计中，通过虚拟现实技术使设计者进入场景设计，避免靠经验和想象可能出现的影响和其他不合理问题，使设备布置、物流输送和半成品缓冲区等均得到合理的配置。

(2)活动过程仿真

随着机器人在家具制造业中的逐渐普及，在生产线设计过程中必须解决机器人或机械手工作时的活动协调关系、活动范围设计、活动干涉检查等。在家具生产线上，各工序上的设备之间协调和配合相当复杂，采用仿真技术，可以直观地进行配置和设计，保证加工过程中设备本身及设备之间的协调，进而降低成本。

(3)制造过程模拟

工程师在进行家具工艺设计的时候主要关注家具产品制造工序，以及各工序所采用的设备和工艺过程。使用虚拟制造技术，建立各工序的加工模型，并进行模拟，给设计人员一目了然的方案，现有的图纸和三维图形是无法达到这个效果的。在构造的虚拟车间环境中，操作者(人或机器)可以像操作实际设备一样与虚拟设备进行交互，从而评价刀具、材料、加工过程等相关信息是否正确和合理。比如在生产线改进过程中，无须生产线停止生产，也不用现场去操作设备，就能模拟出制造现状和出现的问题，然后进行改进。

(4)装配检查

现有板式家具为了顺利进行安装，部分企业采用试装的方式，这样不仅费时费力，提高成本，还会对家具质量产生影响。用计算机仿真家具产品的实际装配过程，利用有效的装配顺序和装配路径模拟，确定各部件是否能够合理装配，可以省去现有企业在发货前的试装过程。

(5)产品性能评价

对家具产品采取立体建模，将模型置于虚拟环境中进行仿真和分析，可以在设计阶段就对设计的方案，家具结构等进行仿真，解决家具设计与制造脱节的很多问题，实现设计与制造的协调统一。

(6)生产计划仿真

通过生产计划仿真，可以优化企业资源配置和物流管理过程，合理配置人力资源、设备等制造资源，实现柔性制造和敏捷制造，合理设计产品加工过程，缩短生产周期并降低成本。

(7)人员培训

使用虚拟制造进行培训，可以减少实地和人员到场等实物培训需要的条件，待培训人员仅需要围绕家具的虚拟原型进行讨论，基于得到的虚拟工厂和各种设备的加工属性和动态加工过程对家具制造过程进行学习，从而降低培训所需的费用，也一定程度上避免了安全事故的发生。

(8)可制造性评价

在给定的家具设计信息和制造资源等环境信息的计算机描述下，确定设计特性如形状、尺寸、公差、表面精度等是否是可在对应设备上完成并达到要求，如果设计方案是可行的，确定制造工艺；如果设计方案不可行的，判断引起制造问题的设计原因，给出修改方案并完善制造工艺。

总之，虚拟制造可使家具企业对生产过程和制造系统整体进行优化配置，全面改进和优化企业的生产组织管理模式，加快企业技术人员培养，增强企业的创新能力，能够在虚拟状态下设计、制造、测试和分析产品，以有效地解决那些反映在时间、成本、质量等方面的问题，进而降低成本，提供企业竞争力。

7.1.5　虚拟制造的应用

(1)虚拟设计

虚拟设计不需要消耗可见的资源和能量，也不需要生产出实际产品，但虚拟设计过程与实际的制造过程相差不大，具有高度集成、快速成型、分布合作、修改快捷等特征。虚拟设计与虚拟制造技术的结合是成为当前企业的一种新的制造模式，其核心是虚拟现实技术，即使用感官组织仿真设备、真实或虚幻环境的动态模型，生成人能够感知的环境或现实，使人能够凭借直觉作用于虚拟环境。基于虚拟现实技术的虚拟制造技术是基于一个统一模型，对设计和制造等过程进行集成，将与产品制造相关的所有环节与技术集成在三维的动态仿真的数字模型里。虚拟制造技术也可以认为是对制造活动进行虚拟仿真，不消耗现实资源和能量就能得到虚拟产品。

(2)虚拟制造

应用计算机仿真技术，对家具零部件的加工工艺、工艺参数和设备选用、装配工艺、连接件之间的连接性等均可建模仿真。利用CAD系统完成家具产品造型设计，并采用虚拟仿真软件完成结构分析和装配仿真等复杂过程的设计，使设计更加符合实际生产过程。三维造型系统能方便地与CAE系统集成，进行仿真分析，能提供数控加工所需的信息，如NC代码，实现CAD/CAE/CAPP/CAM的集成。一个完整的虚拟样机应包含以下内容：

①零部件的三维CAD模型及各级装配体，三维模型应参数化，以适合变形设计和部件模块化。

②包含与三维CAD模型相关联的二维工程图。

③三维装配体适合运动结构分析、有限元分析和优化设计分析。

④能够以CAD/CAM软件为设计平台，建立全参数化三维实体模型。在此基础上，对关键零部件进行有限元分析，对整个家具或部件的受力特征进行模拟。

(3)虚拟企业

虚拟企业是目前国际上一种先进的产品制造方式，采用的是“两头在内，中间在外”的哑铃型生产经营模式，即产品研究、开发、设计、组装、调试和销售两头在公司内部进行，而中间的机械加工部分通过外协、外购方式进行。

虚拟企业具有企业地域分散化的特征，虚拟企业从用户订货、产品设计、零部件制造，以及总装配、销售、经营管理都可以分别由处在不同地域的企业，按契约协作完成，实现异地设计、异地制造和异地经营管理。虚拟企业采用动态联盟形式，突破了企业的有形界限，利用外部资源加速实现企业的市场目标。企业信息共享是构成虚拟企业的基本条件之一，企业伙伴之间通过互联网及时沟通信息，包括产品设计、制造、销售、管理等信息，这些信息能够分布到不同的计算机环境中，以实现信息资源共享，保证虚拟企业各部门步调高度协调，在市场波动的条件下，确保企业的最大整体利益。

虚拟企业是建立在先进制造技术基础上的企业柔性化，在计算机上制造数字化产品，从概念设计到最终实现产品整个过程的虚拟制造，虚拟设计和制造技术的应用将会对制造业产生重大影响，具有重要意义。

①利用软件对制造系统中的人、组织管理、物流、信息流、能量流五大要素进行全面仿真，使之达到空前的高度集成，可进一步推动先进制造技术的发展和相关技术的进步。

②可以让人们对家具生产过程和制造系统有更深刻的认识和理解，有助于指导实际生产，实现对生产过程和制造系统整体优化配置，大大提升生产力。

③在虚拟制造与实际制造的相互影响和作用过程中，可以改进企业的组织管理工作，对企业做出正确决策有着深远的影响，实现对生产计划、交货期、产能等做出预测和评估，及时发现问题并调整实际制造过程。

④虚拟制造的应用将加快企业人才的培养速度。虚拟制造可以用于生产人员的操作过程的全方位训练，提高解决问题和处理问题的应急能力。

7.2 实木家具生产线虚拟仿真

随着国民经济的日益增长，家具产品也伴随着人们对家具产品个性化和高品质的要求向着多品种、小批量发展，产品生产周期缩短，产品开发时间和市场寿命不断变短。另外，国内的人工成本不断上升、木材资源短缺、原材料价格不断上涨、环保要求提高、行业竞争压力不断增大，特别是家具制造业近年来的机械化程度不断提高，如板式家具自动化程度已经具有很高的标准，对家具制造业提出了新的挑战。同时，家具制造业流水生产线在生产过程中不可避免存在或不断产生各种问题，如生产效率低、成品质量不高、生产周期长、不能快速响应顾客订单需求、人员设备不匹配等，使得生产线的生产能力严重制约制造企业的发展。

传统的实木家具生产线的生产方式目前多以半自动手工生产为主，自动化程度不高，对工人的操作熟练度和操作经验有很高的要求，工人的操作技能越好、工作积极度越高、产品质量和生产效率也随着提高。因此，在实木家具生产线中，工人的工作效率和技术、人机配合的衔接等因素对生产效率和生产质量有着极大的影响。面对竞争越发激烈的行业发展，实木家具企业想要进一步提升，必须着手于生产线改进，从产品设计和生产线入手，提高产品质量，增加产品种类，减少生产投入的成本，最终创造出产品价格质量优势，占据消费市场，为企业创造更大发展空间和经济利益。传统生产线改进方法需要大量的调研和数据分析，计算机软件技术的成熟为生产线的优化提供了更便捷的方式，让改进生产线的工作成本更低、时间更短、见效更快。计算机辅助改善生产线既有科研价值，又满足了制造业进一步发展智能制造的需求。

7.2.1 实木家具生产特点及虚拟仿真现状

目前，实木家具行业普遍存在产品种类多、生产过程复杂、生产方式以人机配合为主、劳动强度高、设施布局凌乱、物流路线复杂、搬运次数多、运输过程杂乱、工人工作量大、生产计划动态性强、依赖多技能工人、产量不稳定、效率低下、生产瓶颈多和自动化程度不高等问题。

造成这些问题的原因，一是由于实木家具造型更加灵活，连接方式多种多样，实木家具的生产过程中有很多异型部件和榫卯结构需要仔细加工处理，生产周期长，加工技术难度大；另外，实木家具的装饰性更强，容易在木材表面做特殊图案造型，比如雕刻、描金，导致生产过程复杂，周期长。二是实木家具需要进行表面涂饰，木材表面需要涂饰油漆、大漆、木蜡油等保护装饰层，需要特定的温度和湿度环境的车间进行涂饰和干燥，生产时间较长。三是实木木材本身纹理特殊，木材原材料易产生虫洞、节子、蓝变等缺陷，实木原材料需要进行干燥处理，满足一定的含水率要求和结构性能才可以进行加工处理，且木材的干缩湿胀和各向异性特点使得实木家具在生产和使用过程中会发生变形等缺陷。实木这种特有的材料特性对设备的稳定性和灵活性要求更高，同时也造成实木家具的生产周期较长。

当今人力成本越来越高，实木材料资源主要依赖进口，行业竞争日益严峻，消费者对产品质量要求提高，消费更加理性，消费水平趋于平缓，同时对产品种类、质量、服务方面的要求提高，面对经济发展现状、市场、消费者需求的多重压力，实木生产企业更需要不断改进生产线，提高生产效率，降低生产成本，增加生产线柔性，增加产品种类从而获得更大的决策空间和发展机遇。

目前，仿真优化生产线在制造业内的研究不断进步，现在已经涉及制造业的各分支，比如管道运输、纺织服饰、石油化工、汽车制造、电信设备、包装车间、食品加工等，为众多企业的生产调整和管理带来了好的经济效益，但是实木家具行业的生产线方面的研究确实很少。实木家具因为零部件多，各零部件生产工艺差距较大，生产线的自动化程度受到很大的限制，机器和工人的技术共同决定着家具的质量，影响着整个工厂的生产效率，极易出现生产瓶颈。利用仿真技术改善实木家具生产线的方式方法，在半自动化程度高的实木家具行业具有广大的发展前景，能够促进很多企业的发展，提高经济效益。

7.2.2 生产线平衡

18 世纪 20 年代，福特汽车的生产过程采用了科学管理和劳动分工原理进行管理，将生产过程划分为很多不同的工序，每个工序配备专门的设备，制定工人规范合理的操作动作，形成了世界上第一条流水线。流水线的生产组织方式，可以更加自由地把空间和对象组合在一起，是一种受企业欢迎的生产线模式。二战之后，精益求精的生产方式盛行，杜绝一切浪费现象，流水线也呈现 U 型、间接移动型、混合型等多种形式。在精益求精指导的方法下，“一个流”生产模式成为生产效益的重要衡量模式。我国的制造技术，生产设备不断改善，柔性化生产、智能化生产逐渐出现，但是目前绝大多数流水线都不能做到真正的最高效率生产，普遍存在自动化程度不高，对工人的依赖程度高的问题，机器辅助人工在众多中小企业中还是一种普遍存在的生产模式。

生产线平衡是指对生产线上的各单元进行平均化，使作业时间尽可能相近或者相同，以此减轻生产负荷，使生产线持续、健康、长久运行，减少设备等待时间和加工工件的零时性存储，优化空间利用。生产线平衡的目标是做到生产线各个工序平均化，更加合理的进行资源配置、划分重组生产要素，使制造企业效益最大化。

7.2.2.1 生产线平衡的改善方法

当今制造企业多使用流水生产线进行产品加工，将生产过程不断细分到工序和工位，各工序和工位只负责零部件一个环节的加工。这样的生产方式弱化了对技术工人的能力要求，简化了生产管理，规范了生产标准，如果各环节衔接合理，则能够实现生产线的良性循环。但是各工序或工位的作业负荷常常出现不平衡的状态，造成生产线各工序间物料堆积，物流阻塞，甚至是停产。生产线平衡的提出就是为了解决这部分问题。

常见的生产线平衡改善的方法有：

(1)数字最优化方法

数字最优化方法是通过建立数学模型，对数学模型进行求解，需要大量数据调研和计算。

(2)启发式算法

近年来最常使用的启发式算法有遗传算法、模拟退火法、禁忌搜索算法、基于免疫选择的粒子群算法等。

(3)计算机软件仿真

借助计算机建立数学或物理模型进行仿真，所建模型反映了生产系统的生产元素的关系，可以准确地把握系统运行的本质，简化生产线问题的研究过程，降低研究难度。

(4)工业工程法

工业工程法又叫IE方法，主要包括方法研究和作业测定。①方法研究包括对程序分析、操作分析和动作分析。程序分析如工艺分析的目的是实现标准化生产，常用的改善分析方法有5W1H提问技术和ECRS四大改善原则；操作分析目的是人机物的协调配合、人机配合程度的分析，分析种类分为人机作业分析、双手作业分析、联合作业分析，分析方法有目视分析、动素分析、影像分析；动作分析如动作经济性分析，即每一个动作都需要有经济价值，否则即是浪费性动作。②作业测定是通过直接或者间接的方法制定出标准作业规定，直接测定包括秒表法和工作抽样法，间接测定是通过标准资料和预定动作标准时间分析，两者常结合使用。

(5)MTM分析法

这是一种动作时间分析法，可以利用此方法可以统一部分操作动作，达到优化生产线的目的。

7.2.2.2 生产线平衡的研究参数

(1)生产节拍

生产节拍是指两个连续完成生产产品的时间间隔。节拍越小，相同时间内生产的产品越多，生产线的产能越高。影响生产节拍的因素有人为因素、工序工位设置因素、设备稳定性因素、来料零件因素和物流因素等。

(2)生产瓶颈

生产瓶颈是指生产线中节拍最慢、用时最多的工序。生产瓶颈的出现，影响了生产线的流畅性，阻碍了瓶颈工作前面机器的运作，造成了机器等待生产、停滞，因此，生产瓶颈是生产线优化解决的重点。

(3)人员利用率

PPOH评价用来计算生产线人员的利用率，以节省人工成本。人员利用率等于出勤时间内生产的合格品数量除以工人出勤时间和生产线总工人数的乘积。

7.2.2.3 生产线平衡的研究意义

(1)提高效率，缩短生产周期

生产效率的提高意味着缩短产品周期，产品生产成本下降，工厂产能提高，经济效益增加。

(2)平衡生产线

通过减少设备的闲置时间和合理的人员配比，调整生产节拍，提高工人和设备利用率，减少工人和材料成本，减轻工人的工作强度。

(3)更加合理地规划空间利用，减少库存堆积

精益求精思想下的生产线，库存和临时堆放需要进行精确地规划，以达到空间的最大化利用，减小厂房面积。

(4)提高工厂的生产管理水平

严格控制各工序的生产时间、工位人数、生产总数和生产质量，生产过程井然有序，更加有利于管理工作的进行。

(5)加快企业的资金周转

生产线的平衡研究能够用最小的时间资金投入，换取大幅度生产效益的提高，使企业的效益

最大化，生产调整更迅速，资金流动性更强。

(6)降低资源损耗

平衡生产线有利于减少生产时间，节约工业用电；有利于提高产品质量降低次品率，减少材料浪费，重新加工的能源浪费；有利于最大化利用机器进行生产，降低人力资源的使用，从而提高实木家具制造企业的标准化水平和竞争力，使企业能够健康持续发展，促进实木家具企业向着智能化和标准化发展。

7.2.3 实木家具生产线虚拟仿真的意义

对于生产线的优化，一种方法是依据生产计划将整个工厂的设备、生产线及人员配比进行重新规划设计，这样的优化资金投入量大且时间漫长，企业承担的风险也大；另一种方法是根据生产质量和生产工艺要求，找出最主要的生产矛盾，对生产线进行局部的改进，通过设备、工艺提高、现场操作优化等，解决企业现有的困难，提高生产效益。对于众多中小企业而言，局部的生产线优化，更能实现短平快的收益，更具有吸引力。而软件仿真技术在优化生产线方面，更具有时间和成本优势，能够发现潜在隐藏的生产线问题。对于已投产的产品，可以优化生产线，提高产量；对于未投产产品，可以更好地选择和规划生产线，改良产品的工艺，使设计工艺能够和生产工艺相结合。

三维仿真技术，能够快速地简化生产系统，通过输入现场采集的生产数据，进行建模，优化运行，能够迅速地找出生产线中存在的生产瓶颈、生产节拍、人员配比等问题。通过软件数据的改善、工艺的改变、生产线的重新布局，可以不断地对生产线存在的问题进行优化，帮助企业控制优化成本，获得最大收益。

实木家具的特点决定了实木家具生产过程中存在的众多问题，我国实木家具企业中小企业数量庞大，利用仿真软件技术让中小企业用最少的投入换取最大的收益，在行业竞争中占据优势。众多中小企业能够进行产业调整，改变生产现状，弥补资金技术上的不足，促进企业和行业的健康可持续性发展。

7.3 虚拟仿真实例

中国目前还存在很多传统的家具制造企业，特别是实木家具制造企业，无法在短时间内进行智能升级。所以，采用虚拟制造技术对现有家具制造生产线进行虚拟改进，进而无须停产就能进行多次改进，可实现在不耽误企业生产的情况下，经过多次模拟，得到企业生产线的最优改进方案，为企业降低成本，提高效率提供解决方案。

7.3.1 企业实际生产线调查

7.3.1.1 实木椅结构

本研究对象的实木椅共有 15 个零部件组成，即座面、左右前腿、左右后腿、前后左右望板、前后横撑、左右横撑、靠背上下横撑。其中，椅子后腿、靠背横撑为异型部件，有弯曲和弧度。椅子采用榫卯连接、钉连接、白乳胶连接三种连接方式，为不可拆装结构。靠背上横撑、前后望板、椅腿横撑为明榫连接，靠背下横撑为暗榫连接，左右望板为双榫连接和钉连接，座面使用钉连接。椅子腿上的榫卯互相避让，使用胶连接和钉连接加固，榫头尺寸多样、形状多样，椅子的结构方式多样，复杂程度高。

采用抽样调查的研究方法，对取样椅子进行拆分，得到椅子的产品尺寸，绘制椅子的三视图如图 7-1，效果图如图 7-2，结构装配图如图 7-3。

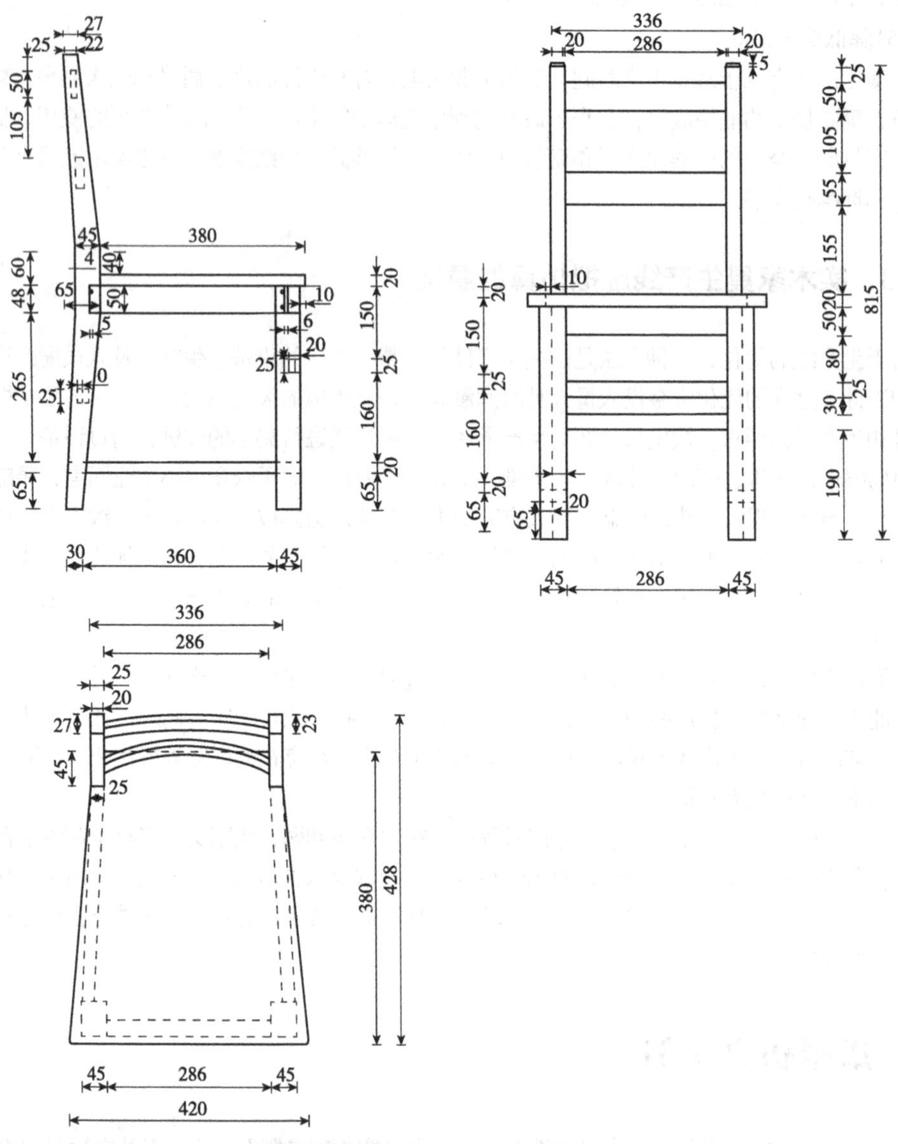

图 7-1 实木椅的三视图(单位：mm)

图 7-2 实木椅的效果图

图 7-3 实木椅的结构装配图

7.3.1.2 实木椅生产工艺

通过生产车间调研，椅子各零部件生产工艺流程如下：

①后腿加工流程：实木材材—划线—锯解—曲面加工—平面加工—端头加工—开榫—砂光—检验。

②靠背横撑加工流程：实木材材—划线—锯解—曲面加工—平面加工—端头加工—开榫—砂光—检验。

③前腿加工流程：方材—基准面加工—定厚加工—端头加工—开榫—砂光—检验。

④横撑及望板加工流程：方材—基准面加工—定厚加工—端头加工—开榫—砂光—检验。

⑤座面加工流程：实木材材—拼板—划线—曲线锯解—平面加工—砂光—检验。

7.3.1.3 实木椅加工设备

通过调研统计，该实木椅生产线的机器使用设备情况见表 7-1。

表 7-1 实木椅生产线的机器设备情况

名称	图示	名称	图示
细木工带锯机	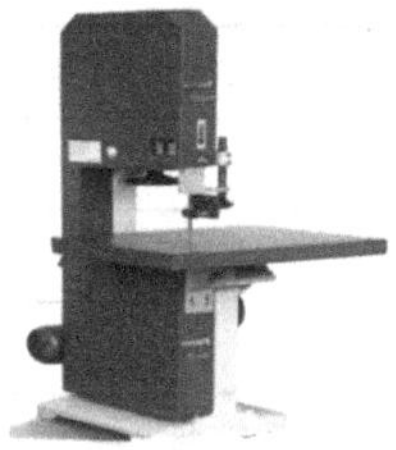	直角榫榫眼机	
五碟锯	 MD2108	平刨	
立铣	 T/T110XM	砂光机	
压刨		推台锯	

7.3.1.4 木椅生产数据

通过生产线现场观察得知，该生产线加工最耗时的零部件分别为靠背横撑、椅子后腿，即生产瓶颈为靠背横撑、椅子后腿。通过现场录像的方式记录生产过程，反复观看视频并利用秒表多次记录零部件加工时间取平均值的方式，得到椅子各零部件尺寸信息，并获得椅子后腿的加工工艺流程和加工时间见表 7-2，椅子靠背横撑的加工工艺流程和加工时间见表 7-3。

表 7-2 椅子后腿加工工艺和时间

序号	工艺名称	所用设备	加工时间/(s/件)	人数/个
1	划线	划线台	10	1
2	锯切	细木工带锯	25	1
3	平面加工	平刨、压刨	16	1
4	曲面加工	立铣机	53	1
5	横截	横截锯	25	1
6	开榫	榫眼机	300	1
7	砂光	砂光机	14	1
总计	—	—	443	7

表 7-3 靠背横撑的加工工艺和时间

序号	工艺名称	所用设备	加工时间/(s/件)	人数/个
1	划线	划线台	8	1
2	锯解	细木工带锯	20	1
3	平面加工	平刨、压刨	13	1
4	曲面加工	立铣机	48	1
5	横截	横截锯	17	1
6	开榫	五碟锯	60	1
7	砂光	手持砂光机	12	1
总计	—	—	178	7

7.3.2 生产线分析与改进

7.3.2.1 虚拟仿真技术在生产工艺改善中的应用

通过生产线实际调研得知，椅子后腿的加工时间为 7.38min，是整个实木椅生产过程中的加工瓶颈，严重阻碍了整个生产线的加工，延迟了生产节拍，是调整生产线的重点改善工序。利用虚拟仿真软件，结合表 7-4 中记录的椅子后腿生产数据进行建模并运行，建立的仿真生产线模型如图 7-4 所示，生产线运行结果如图 7-5 所示。

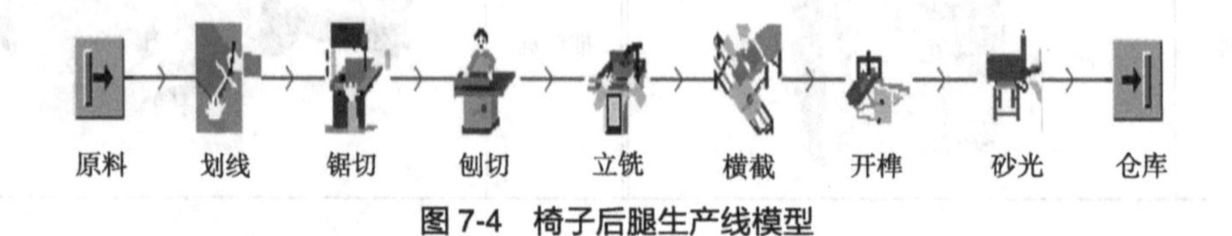

图 7-4 椅子后腿生产线模型

由图 7-5 虚拟仿真的结果可知，打孔的工作时间比为 100%，相比之下，划线、锯切、平刨、立铣、横截、砂光的平均工作时间比不到 10%，开榫工序阻碍了前面工序的运作，造成设备等待生产和大量的半成品缓存，由运行结果得到的设备利用率见表 7-4。

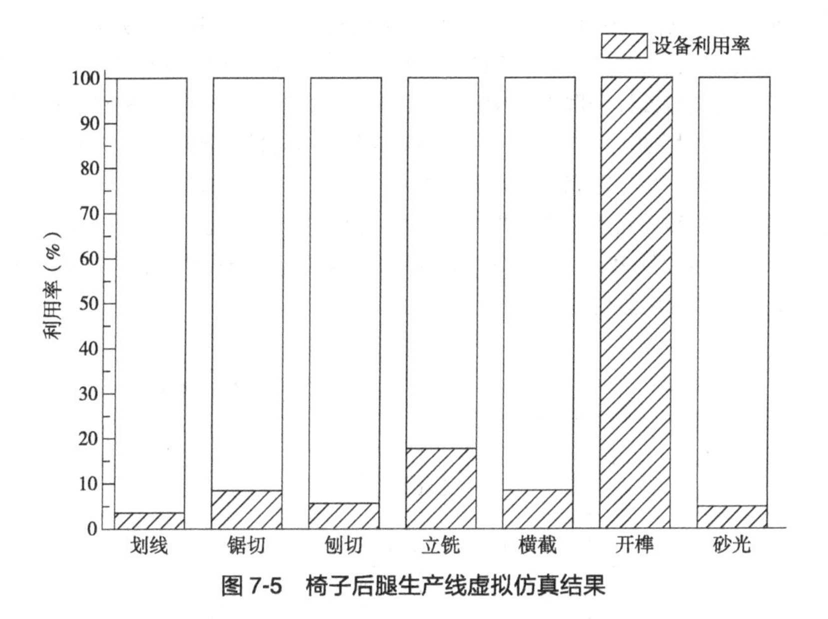

图 7-5　椅子后腿生产线虚拟仿真结果

表 7-4　椅子后腿生产线设备利用率

设备名称	划线台	细木工带锯	平刨/压刨	立铣机	横截锯	榫眼机	砂光机
利用率/%	3.33	8.33	5.33	17.67	8.33	100.00	4.67

该结果说明椅子后腿的加工过程中，开榫这一工序耗费的时间最长，设备负荷最大，阻碍了生产进度，整条生产线生产节拍混乱，设备等待加工时间较长，平均利用率只有 21.10%，生产线的加工能力低下。

调研发现，使用榫眼机为椅腿开榫的过程中，该榫眼机没有定位装置，工人现场划线标注榫眼加工的位置，然后手工定位，进行开榫操作，整个过程时间长、动作复杂，易出错。解决开榫工序矛盾的方法有增加开榫设备、增加人手、更换效率更高的设备、增加定位装置等。考虑到企业资金控制、成本控制和时间控制，选择成本低、见效快、调整幅度最小的方法进行改进，即安装定位装置。根据零件榫眼位置和钻头位置，定制定位装置，工人操作时只需放置零件靠在定位装置上即可加工，减少工人的操作步骤，最大程度地减少动作浪费，降低了残次品的产生，提高加工精度。通过这种方法改进后，开榫时间由原来的 300s 减少为 33s，效率提高了 89%。

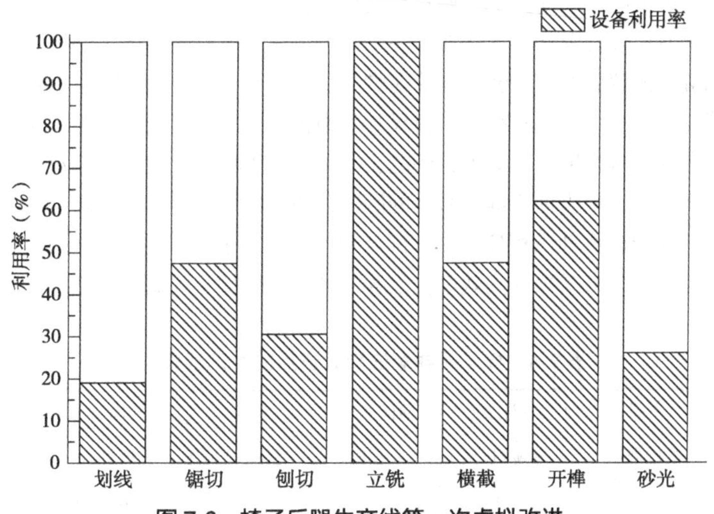

图 7-6　椅子后腿生产线第一次虚拟改进

分析图7-6可得，改善开榫工序后，生产设备平均利用率为47.44%，提高了26.34%，设备空闲状态减少明显，但新的生产瓶颈在立铣工序产生。分析调研结果可知，在使用立铣机进行仿型加工时，机器旁边没有设计合理的堆放区域，工人将已经加工好的零件随意放置在机器没有运转的空隙部位。这个过程中板材滞留、没有按要求放到规划好的区域内，造成多次搬运。另外，立铣机没有定位和模具，加工时完全依赖工人的加工技术，工人的操作技术决定了部件最后的加工形状。针对立铣生产线布置不合理，曲面异型零件加工没有模具这两点进行现场清理规划、制作模具，生产时间可减少到28s。将改善后的生产参数输入虚拟仿真软件，再次运行仿真，结果如图7-7所示，改进后的设备利用率见表7-5。

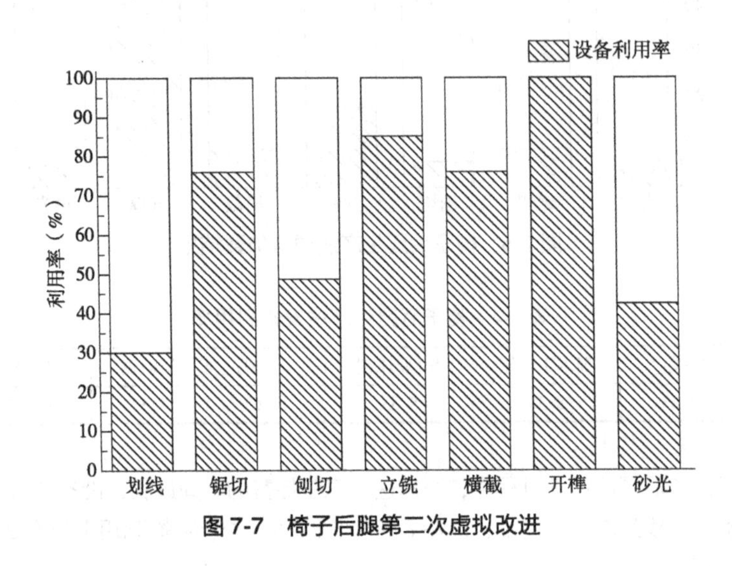

图7-7　椅子后腿第二次虚拟改进

表7-5　椅子后腿第二次模拟改进设备利用率

设备	划线台	细木工带锯	平刨	立铣机	横截锯	榫眼机	砂光机
利用率/%	30.30	75.76	48.48	84.85	75.76	100.00	42.42

由图7-7和表7-5可知，第二次模拟改进后生产的设备平均利用率大幅度提高，依然存在开榫工序的生产瓶颈，锯切、立铣、横截工序的加工能力有待提高。通过现场调研可知，细木工带锯旁边放置一张大桌子用于堆放原材料和加工完成的工件，工人操作过程中需要转身拿工件，定位加工，再转身放置工件，空间狭小，转身易发生碰撞，加工动作不流畅。在方材横截过程中，使用圆锯机，由于方材较长大部分不能放置在工作台上，工人只能手持工件抬到空中将两块方材进行对齐然后锯解。锯解后的方材随意堆放在脚下和工作台上，没有及时运输走或者为下一道工序码垛。在横截过程中，由于机器和原材料尺寸差距较大，工人操作动作不流利，加工精度不准确，并且存在很大的安全隐患。针对上述问题，利用工业工程法改进方法，对生产车间进行清洁整理，通过运输带传输，解决物料堆积搬运的问题，使加工环境更加舒适安全，工人动作更加协调；程度较高的数控带锯将划线和细木工带锯合并为下料工序，采用智能化程度较高的开榫设备并提升工人的熟练程度等方式来提高效率。改善后各工工序加工时间见表7-6。

表7-6　椅子后腿第三次改进后的生产线情况

工艺名称	下料	平面加工	曲面加工	横截	开榫	砂光	总计
设备	数控带锯	平刨/压刨	立铣机	横截锯	开榫机	砂光机	
时间/s	15	14	15	13	16	14	87

将改进后的生产参数输入虚拟仿真软件进行仿真，得到的结果如图7-8所示。分析图7-9可知，第三次改进后的生产线设备平均利用率为90.63%，比原生产线提高69.53%，生产能力大幅度提高。

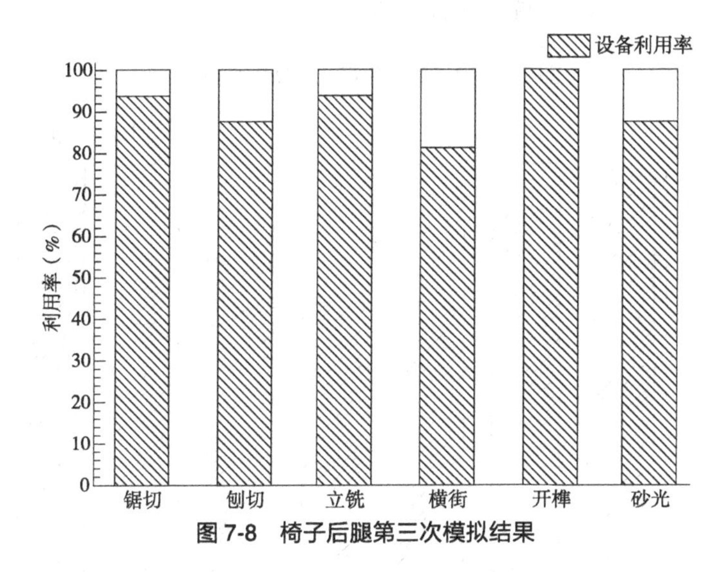

图7-8　椅子后腿第三次模拟结果

7.3.2.2　结构改进与生产线规划在生产工艺改善中的应用

针对生产线的生产瓶颈，从机器设备加工效率、人员工位调整、增加开榫定位装置、增加异型部件模具的方法，显著提高了该生产线的生产效率，突破了生产瓶颈，调整了生产节拍。但是通过前期调研分析可知，该生产线还存在严重的搬运浪费、包装浪费、次品率高、生产危险隐患多等弊端，针对这些问题，对椅子的结构工艺和生产线进行完善，使得该企业实木椅的生产效率达到"一个流"标准，减少次品率，提高产品质量和生产效率，节约生产时间、物料损耗、人工成本，为企业带来最大化利益，并参考市场上平板包装可拆卸的椅子，得到的改进方案如下：

(1)由于直角榫开榫难度较大，加工步骤多，时间长；直角榫眼加工速度慢，手工操作复杂，因此将直角榫改为椭圆榫，并使用铣床和数控开榫机进行加工。

(2)划线和锯解两道工序的加工等待时间长，各需要1位工人，且工人要求技术熟练，经验丰富。在人工成本逐渐提高的今天，工人的工资上涨，但是产量没有显著提高不符合利益最大化原则。因此，将划线和锯解合并工序，使用数控开料锯。

(3)将立轴铣床更改为回转工作台自动靠模铣床，同时可加工多个零件，工人只需要取放即可，达到人配合机器生产的目的，减少企业对熟练技工的需求，同时保证产品的加工质量。

(4)为增加生产线的连贯性，避免随意堆放、人工反复多次搬运等情况，在各工序之间增加传送带。传送带连接各个生产机器，减少了堆放占用的厂房空间，使生产线更加安全高效。

(5)利用传送带连接一条完整的平板包装生产线，提高包装效率和质量。

通过以上改进得到椅子后腿加工工艺和时间见表7-7。建立椅子后腿的生产线模型如图7-9所示，并输入生产数据得到椅子后腿仿真结果如图7-10所示。由图可知，椅子后腿的生产时间由最初的443s减少到59s，提高86.68%。生产线运行畅通，生产节拍趋于一致，生产效率显著提高。

表7-7　椅子后腿结构和工艺改进后的加工工艺和时间

设备名称	数控带锯	自动靠模铣	平刨	压刨	推台锯	钻孔机	砂光	总计
人数/个	1	1	1	1	1	1	1	7
时间/s	10	9	7	7	8	8	10	59

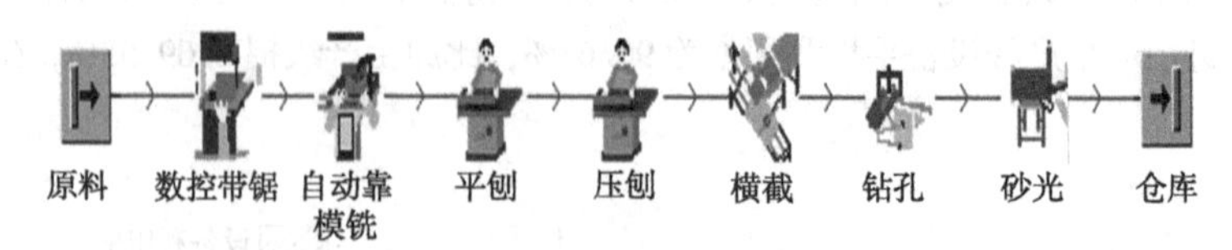

图 7-9 椅子后腿生产线重新规划建模

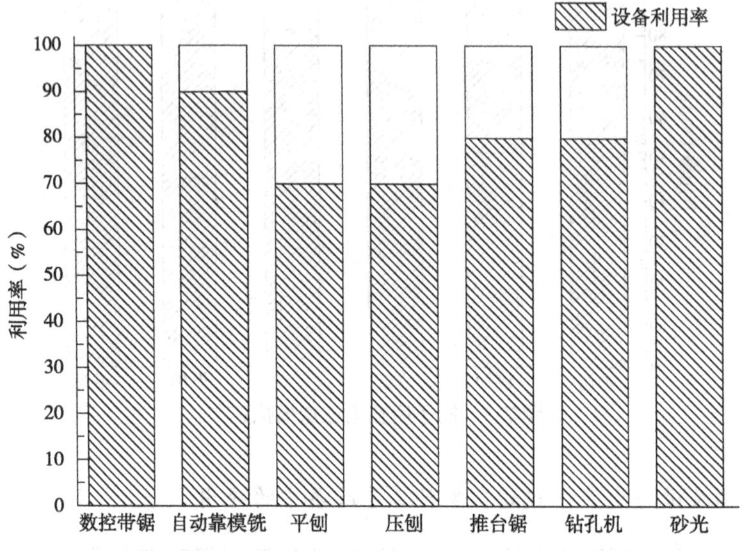

图 7-10 椅子后腿生产线结构和工艺改进后模拟

结合实木椅生产线管理问题，针对生产线椅子后腿生产瓶颈，利用虚拟仿真软件建立生产模型运行分析并提出相应的改善方法，对椅子后腿进行增加开榫定位装置、设计包装纸、增加数控设备、清理现场、训练熟练技工、调整生产线设备和布局的改进完善，为使生产线最优化，提高产品质量，最终对实木椅子结构进行再设计，得到一条生产效率高、设备利用率高的生产线。

7.4 虚拟制造在家具智能制造生产线设计中的应用

一个企业新建一个家具智能制造厂房时，如果按照传统经验进行建造，会导致很多工艺过程不太完善。如果基于虚拟制造技术，在物理制造之前将家具生产线进行模拟和虚拟制造，并得到相关参数，可大大减少生产成本，提高效率。

7.4.1 六轴机器人建模

当前机器人或机械手在板式家具智能制造生产线上逐渐被广泛应用，如电子开料锯锯切完成之后的小板或中间板需要转移到运输线上，如图 7-11 所示，工件加工完成之后需要放入堆垛环岛，包装之前需要进行订单分拣等过程，如图 7-12 所示，所以，在建成生产线之前，对机器人的作业形式进行虚拟仿真十分重要。

利用建模软件对六轴机器人进行三维建模，得到装配体模型，然后处理好模型，使其适合虚拟仿真，并创建六轴机器人的坐标系，最后将模型导入虚拟仿真软件(如 PLM、UG)等软件，进行设置和动画创建，最后实现六轴机器人的模拟。图 7-13 给出了六轴机器人的作业轨迹，可对每个轴的转动速度和角度进行虚拟仿真。

图 7-11 机械手上下料

图 7-12 机器人对家具工件的分拣

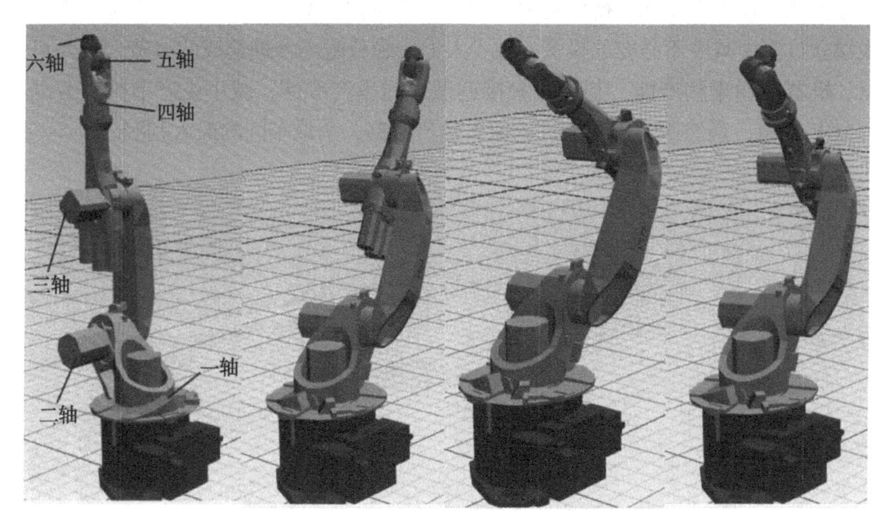

图 7-13 虚拟仿真过程中六轴机器人的运动图

7.4.2 板式家具生产线的虚拟制造

采用工厂、生产线及物流仿真软件，能够对车间布局、生产物流设计、产能等生产系统的各个方面进行定量验证，并根据仿真结果找出优化方向，从而能够在方案实施前对方案实施后的效果进行验证。

(1)家具生产车间设备布局及仿真

家具生产车间的设备布局将直接影响到物流路线的规划及车间的产能，虚拟仿真软件能够通过遗传算法等优化工具，结合各个工序的物流情况对各工序进行优化排序，最终实现对车间布局的规划和仿真验证。

(2)家具智能制造线产能仿真及优化

生产线上的产能是衡量生产效率的主要手段，是家具企业进行生产线规划及优化的重要内容。由于家具部件生产时间一般是分布函数而非一个确定的值，同时，考虑到设备的故障率等问题，所以普通的计算方法得到的产能与实际存在较大的偏差。虚拟仿真软件能够对分布函数及故障率等概率事件进行仿真模拟，从而能够相对准确地计算生产线的产能，并根据仿真统计结果发现生产线的瓶颈，为生产线的优化提供解决方案。

(3)家具制造车间物流仿真

随着物流自动化的逐渐普及，车间物流运输工具由传统的叉车和人力车向AGV转变，由于AGV的价格普遍较贵，因此，根据车间物流配置合理的AGV数量和物流路线对企业节约成本非常重要。虚拟仿真软件可以对车间物流系统进行建模仿真，同时对得到的方案进行验证，采用DOE实验设计，最终得到最优的AGV数量。

(4)组装线平衡仿真与优化

在家具组装流水线中，一个家具部件由多个小工序组成，且工序存在前后约束关系。虚拟仿真软件可采用遗传算法可行解进行不断的优化，在满足生产节拍的条件下和工序间先后顺序约束的条件下，将多个个工序分配到对应的多个工站，实现生产线平衡率达到最高。

板式家具的生产过程包括裁板、封边(开槽)、打孔和包装等，为了实现智能制造，结合板式家具制造设备参数和加工工艺，在企业进行工厂建造之前，根据客户的需求和家具制造生产线规划原则，基于软件系统对即将建造的生产线进行模拟，并基于模拟结果对生产线进行多次改进，图7-14~图7-17分别给出了电子开料锯、封边线、开孔线和实木家具生产厂房的虚拟仿真，通过虚拟仿真可以分析和优化生产布局，得到资源利用率、产能和效率、以及物流和供应链等信息，为实际生产线建立过程中减少不必要的投资，减少人力资源分配不合理造成的浪费，最大可能提高设备利用率、机器开通率和产能，制定出最接近理想的投产顺序，减小生产节拍、劳动力、缓存区大小、AGV数量，最终制定出最合理的家具生产策略，争取车间的最大利润。

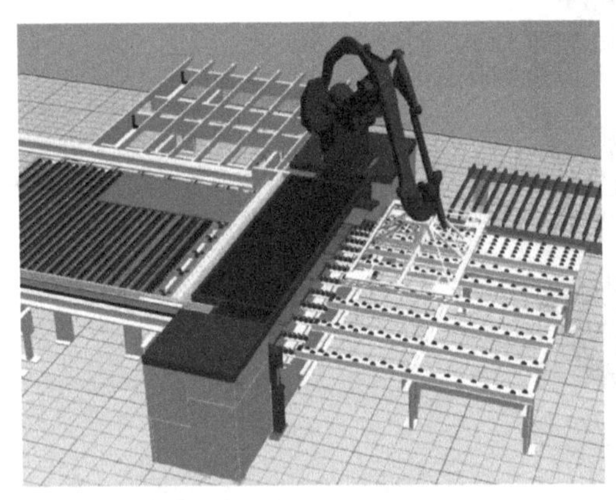

图7-14　电子开料锯虚拟仿真

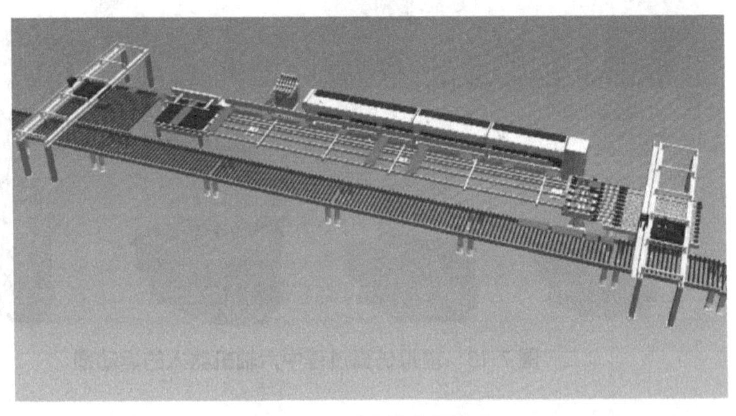

图7-15　封边线虚拟仿真

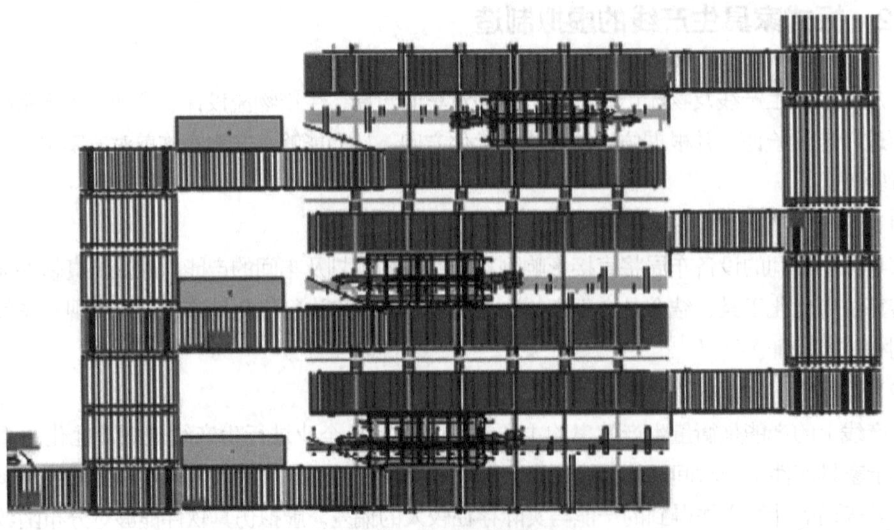

图7-16　开孔线虚拟仿真

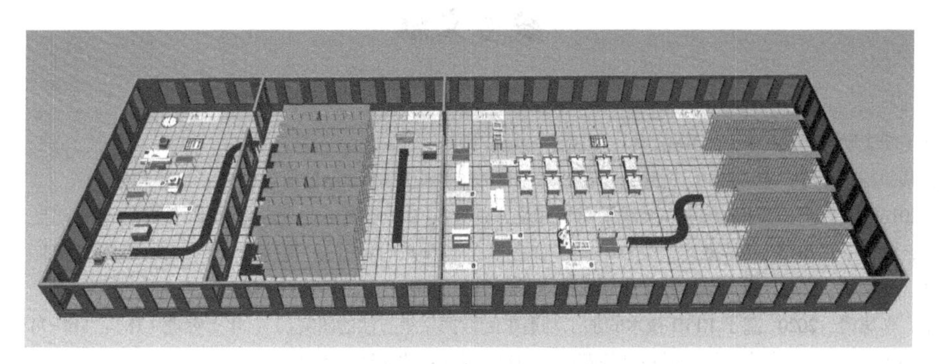

图 7-17 实木家具生产厂房虚拟仿真

参考文献

埃尔文·托夫勒，1970. 未来的冲击[M]. 北京：中信出版社.
蔡锴，蔡争耘，李瑜，等，2019. 边缘计算在智慧制造领域的应用[J]. 电信科学(35)：119-125.
蔡磊，2016. 基于遗传算法的汽车焊装线平衡研究及仿真验证[D]. 合肥：合肥工业大学.
蔡文欢，陈于书，2013. 品牌家具企业 O2O 电子商务模式应用状况探析[J]. 家具与室内装饰(2)：22-23.
曹平祥，王福镇，2013. 板式家具数字化制造技术浅谈[J]. 木材工业(27)：35-38.
曹善甫，李珺涛，2020. 基于 RFID 技术的加工制造车间数据采集方法的研究[J]. 化工管理 (18)：114-115.
曾虎，2009. 小户型住宅多样性空间设计策略研究[D]. 武汉：武汉理工大学.
曾鸣，宋斐，2013. C2B——互联网时代的新商业模式[J]. 哈佛商业评论(2)：78-79.
柴卓，杨卉，2020. 5G 网络的移动边缘计算架构及应用研究 [J]. 信息与电脑(理论版)(32)：170-172.
陈程和，2007. 基于仿真优化的制造企业生产线平衡问题研究[D]. 合肥：合肥工业大学.
陈俊凯，李光耀，2020. 基于 RFID 技术的板式定制家具企业生产过程监管系统研究[J]. 家具与室内装饰(7)：71-73.
陈敏，2015. O2O 定制家具设计模式研究[D]. 长沙：中南林业科技大学.
陈绍文，2010. 从管理的角度看数字化制造[J]. CAD/CAM 与制造业信息化(4)：25-30.
丁鹏，薛裕颖，熊小敏，等，2020. 5G+边缘计算在智能汽车柔性制造中的应用[J]. 电子技术应用(46)：26-31.
丁正星，2014. 板式家具数字化制造数据库建立与应用的研究[D]. 南京：南京林业大学.
丁志勇，2020. 边缘计算在智慧制造领域的应用论述[J]. 电脑知识与技术(16)：73-74.
董海波，2005. CIMS 环境下企业业务流程重组探讨[D]. 成都：四川大学.
董雄报，程茜，2018. 生产线的平衡及优化研究[J]. 价值工程(3)：261-262.
窦以德，2007. 关于中小型住宅产品设计技术路线的探讨[J]. 建筑学报(4)：1-3.
杜耀，2020. 基于无人机的移动边缘计算资源分配算法研究 [D]. 成都：四川电子科技大学.
范君艳，樊江玲，2019. 智能制造技术概论[M]. 武汉：华中科技大学出版社.
范天伟，胡云，林晨，2018. 边缘计算及其在制造业中的应用模式研究[J]. 信息通信技术(12)：50-51.
方忠民，2018. 基于 PlantSimulation 的离散生产系统仿真文献综述[J]. 物流工程与管理(11)：70-74.
冯斯原，曹乐田，2020. 现代物流技术助推模块化家具生产[J]. 国际木业(50)：46-48.
傅耀威，孟宪佳，2019. 边缘计算技术发展现状与对策[J]. 科技中国(10)：4-7.
甘瑞蒙，2020. 信息物理系统中的无线干扰策略研究[D]. 成都：四川电子科技大学.
高浩，闫献国，梁波，等，2020. 基于区块链的边缘计算 IIoT 架构研究[J]. 计算机应用研究(37)：2160-2166.
高烁，2020. 虚拟仿真技术在初中物理实验教学中的应用[D]. 岳阳：湖南理工学院.
高征兵，2006. 面向中小企业 CAPP 系统的应用研究[D]. 扬州：扬州大学.
苟尤钊，2014. 尚品宅配 VS 索菲亚私人定制的深浅[J]. 商界评论 (7)：104-109.
郭慧，2018. 基于仿真技术的多品种小批量生产线优化研究[D]. 天津：天津工业大学.
国务院办公厅，2006. 国务院办公厅转发建设部等部门关于调整住房供应结构稳定住房价格意见的通知[J]. 中国房地产(7)：4-6.
行淑敏，徐雪梅，陈健敏，2004. 大规模定制家具设计流程初探[J]. 家具与室内装饰(2)：20-22.
郝俊虎，2019. 面向数字化车间的工业大数据研究与开发[D]. 沈阳：中国科学院大学(中国科学院沈阳计算技术研究所).
何军庆，2018. 现代机械工程设计领域虚拟制造技术融合路径研究[J]. 山东工业技术(20)：68.
胡博，2017. 射频识别(RFID)技术的应用[J]. 卷宗(27)：233.
黄阿童，2020. 基于机器视觉的增材制造铺粉缺陷在线检测方法研究[D]. 大连：大连理工大学.
黄丽芳，2011. 基于先进制造技术的大规模定制家具开发和生产解决方案研究[D]. 昆明：昆明理工大学.
黄培，2005. PLM，产品创新的利器——PLM 技术应用与发展综述[J]. CAD/CAM 与制造业信息化(5)：21-24.
黄瑞国，2015. 大数据技术在电子商务 C2B 模式中的应用分析[J]. 电脑知识与技术(11)：237-238.
黄炎，2007. 圆方软件成功拓展国际市场[J]. 家具与室内装饰(4)：7.
蒋玉婷，2008. 小户型住宅户内空间设计初探[D]. 武汉：华中科技大学.
康世龙，杜中一，雷咏梅，2013. 工业物联网研究概述[J]. 物联网技术(6)：80-82.

李福盛，曹宝香，闫伟，2009. 基于ESB的集成式PLM系统实现[J]. 电子技术(46)：40-42.
李海庆，2007. 协同产品开发的可视化技术与信息管理系统研究[D]. 成都：四川大学.
李辉，李秀华，熊庆宇，等，2021. 边缘计算助力工业互联网：架构、应用与挑战[J]. 计算机科学(48)：1-10.
李黎，1998. 木材的数控加工与数控机床(四)[J]. 木材工业(12)：28-29.
李伟光，张占宽，2019. 木门制造工艺与专用加工设备[M]. 北京：中国林业出版社.
李庄，2013. 五轴机床运动学通用建模理论研究及应用[D]. 成都：西南交通大学.
廉学勇，2008. 论中小户型城市住宅及其优化设计[D]. 天津：天津大学.
林海，2005. 家具模块化设计方法实例分析[J]. 家具与室内装饰(9)：20-22.
林金灯，2016. 小户型住宅室内收纳空间设计剖析[J]. 江西建材(3)：13-14.
刘光帅，2005. 基于过程协同的计算机辅助工艺设计[D]. 成都：四川大学.
刘贵文，李婧，2007. 我国家庭住房适宜居住面积研究[J]. 住宅科技 (2)：5-9.
刘沛，2020. 基于虚拟现实技术的粮情监管信息可视化设计研究[D]. 郑州：河南工业大学.
刘伟，2013. 基于智能标签的防伪系统设计与研究[J]. 科技资讯(9)：6-7.
刘伟，张月明，2013. 面向MC个性化家具柔性设计制造系统关键技术研究[J]. 软件(34)：83-85.
刘晓强，2008. 集成制造环境下面向产品的CAPP系统研究与应用[D]. 杭州：浙江大学.
刘辛燕，2008. 射频识别(RFID)技术在家具制造业中的应用[J]. 家具与室内装饰 (9)：94-95.
刘长毅，张格伟，丘飞燕，等，2003. 组件结构的可集成CAPP系统的开发[J]. 中国机械工程(14)：2120-2123.
刘志峰，梁峰，朱柄发，2004. 基于产品结构树的CAPP系统开发技术[J]. 农业机械学报(35)：92-95.
龙红能，殷国富，成尔京，等，2004. CIMS环境下面向产品及管理的集成系统的研制[J]. 组合机床与自动化加工技术(1)：1-3.
娄旭伟，2017. 云制造环境下生产资源虚拟化的研究与实现[D]. 哈尔滨：哈尔滨工业大学.
陆锌渤，2018. 浅析射频识别技术[J]. 中国新通信(20)：67-68.
罗振，2020. 5G技术赋能离散制造业智能应用[J]. 信息通信技术(14)：12-18，30.
吕昕晨，2019. 移动边缘计算任务迁移与资源管理研究[D]. 北京：北京邮电大学.
马立川，裴庆祺，肖慧子，2019. 万物互联背景下的边缘计算安全需求与挑战[J]. 中兴通讯技术(25)：37-42.
马丽琼，高大庆，张玉梅，2019. 无线射频识别技术研究[J]. 信息与电脑(理论版)(31)：150-151，157.
马岩，2008. 我国家具加工机械数控技术的开发方向与应用前景[J]. 林业机械与木工设备(36)：4-12.
牟宁，龚舒蕾，林兴，等，2020. 5G边缘计算在智能制造中的探索和实践[J]. 通信世界 (11)：39-41.
聂志，冷晟，叶文华，等，2015. 基于物联网技术的数字化车间制造数据采集与管理[J]. 机械制造与自动化(44)：98-101.
牛禄青，2015. C2B定制引领消费新常态[J]. 新经济导刊(Z1)：69-73.
牛然，2016. 生产线混杂系统建模与仿真研究[D]. 石家庄：石家庄铁道大学.
潘红恩，2009. PDM/PLM系统中高性能工作流引擎的研究与实践[J]. 制造业自动化(31)：41-43.
潘祖聪，2010. PLM技术及其在汽车制造业中的应用研究[D]. 合肥：合肥工业大学.
庞国锋，徐静，郑天舒，2019. 大规模个性化定制模式——智能制造新模式探索与案例分析[M]. 北京：电子工业出版社.
钱宏荣，2018. D公司生长线现场管理优化研究[J]. 改革与开放(3)：159-160.
秦宝荣，2003. 智能CAPP系统的关键技术研究[D]. 南京：南京航空航天大学.
盛步云，罗丹，杨明忠，2001. CAPP中Agent冲突及其协商策略研究[J]. 机械设计与制造(2)：17-18.
史炜，2020. 5G技术赋能新型制造业[N]. 人民邮电，2020-07-07(008).
史彦军，韩俏梅，沈卫明，WANG Lihui，WANG Xianbin，2020. 智能制造场景的5G应用展望[J]. 中国机械工程(31)：227-236.
宋国强，2018. 试论我国先进机械制造技术的特点及发展趋势[J]. 湖北农机化 (4)：53-55.
宋夏，2020. 基于移动边缘计算的联合任务卸载及资源分配算法研究[D]. 重庆：重庆邮电大学.
苏剑萍，吕九芳，2017. 传统榫卯结构的现代化传承[J]. 家具(38)：50-52，86.
孙春荣，2009. “90/70”政策下小户型设计研究[D]. 咸阳：西北农林科技大学.
孙景，2019. 基于MES的SMT生产线智能制造改进[D]. 廊坊：北华航天工业学院.
孙军伟，2019. 基于虚拟制造原理的误差溯源方法研究[D]. 重庆：重庆理工大学.
孙秋雅，许艺瀚，肖雨彤，2019. 基于林业物联网的智能木材仓储管控系统研究[J]. 现代电子技术(42)：169-172.

汤琳，关惠元，代鹏飞，等，2019. 五轴机床在粽角榫加工中的运用研究[J]. 家具(40)：55-60.
汤胜龙，2018. 多品种小批量智能制造产线关键技术及应用 [D]. 广州：华南理工大学.
唐聪，黎晓东，孙浩香，等，2020. 面向烟草行业的智能边缘计算技术研究与设计[J]. 制造业自动化(42)：135-137.
王豹文，2014. 板式家具数字化设计与制造技术研究[D]. 南京：南京林业大学.
王芳，赵中宁，2018. 智能制造基础与应用[M]. 北京：机械工业出版社.
王红生，2020. 数字孪生技术研究及其在雕刻机中的应用[D]. 大连：大连理工大学.
王萌，2014. 模块快和生产线平衡技术在不锈钢车体制造商的应用[D]. 天津：天津大学.
王旻月，2018. 基于 Flexsim 的生产线仿真与精益优化[J]. 信息技术(8)：153-154.
王双科，肖伟红，2012. 家具企业的信息化系统第一讲：制造信息化系统概况[J]. 家具(1)：111-114.
王双科，肖伟红，2012. 家具企业的信息化系统第二讲：家具产品开发的信息化[J]. 家具(3)：110-113.
王硕，郑爱云，刘怀煜，2020. 应用于智能制造的边缘计算任务调度算法研究[J]. 制造业自动化(42)：98-105.
王玮龙，2013. 小户型居住空间弹性设计研究[D]. 大连：大连理工大学.
吴迪，2020. 边缘计算赋能智慧城市：机遇与挑战[J]. 互联网经济(6)：98-103.
吴东宇，2020. 基于工业物联网技术的产品全生命周期管理系统[D]. 杭州：浙江大学.
吴佳妮，王芳，2018. 柔性生产线立体库垛机路径优化研究[J]. 机械工程师(8)：51.
吴浩琼，蒋建洪，2018. 基于工作研究的包装生产线优化研究[J]. 价值工程(1)：276.
吴奇学，2020. 基于 CPS 的工业机器人运动监测与控制系统研究[D]. 哈尔滨：哈尔滨工业大学.
吴伟，2018. 一种型材生产线飞剪的研究与优化[J]. 机械研究与应用(2)：109-111.
吴长伟，雷国华，杨茹，等，2012. 基于物联网的木材管理系统设计[J]. 林业机械与木工设备(40)：42-44.
吴智慧，2000. 日本现代家具工业发展概况[J]. 国外林产工业文摘(5)：4-10.
吴智慧，2003. 信息经济时代的家具先进制造技术[J]. 家具(2)：13-16.
吴智慧，2012. 木家具制造工艺学[M]. 北京：中国林业出版社.
向中凡，2016. 生产线平衡与车间布局径路改进在制造业中的应用研究[D]. 成都：西华大学.
谢辉，周国辉，2018. 智能电表数字化工厂中自动生产线设计与优化研究[J]. 现代制造工程(8)：36.
熊熙，2000. 数控加工与计算机辅助制造及实训指导[M]. 北京：中国人民大学出版社.
熊先青，2015. 大规模定制家具客户关系管理构建与应用[J]. 林业科技开发(29) ：64-68.
熊先青，黄琼涛，吴智慧，等，2015. 木家具工艺过程数字化管理平台构建与应用[J]. 林产工业(42)：40-43，62.
熊先青，魏亚娜，方露，等，2016. 大规模定制家具快速响应机制及关键技术的研究[J]. 林产工业(43)：47-52.
熊先青，吴智慧，2011. 大规模定制家具生产过程的信息采集与处理技术[J]. 木材工业(25)：17-20.
熊先青，吴智慧，2013. 大规模定制家具的发展现状及应用技术[J]. 南京林业大学学报(37)：157-162.
徐成，2018. K 公司带式输送机托辊生产线平衡优化研究[D]. 淮南：安徽理工大学.
徐宏民，2020. 分布制造环境下多厂生产调度问题研究[D]. 沈阳：沈阳工业大学.
许佳佳，2020. 智能生产与仓储管理系统程序设计与实现[D]. 成都：电子科技大学.
薛坤，2009. 榫卯结构现代化转化的探索[J]. 家具(30)：60-63.
严婕，2014. 数控加工机床与加工中心在家具制造业中的应用[J]. 林业机械与木工设备(24)：56-57.
杨帆，2017. 基于 Flexsim 的生产线仿真优化[J]. 物流工程与管理(12)：125-127，133.
杨官山，2020. 汽车制造车身车间智能化研究 [J]. 汽车实用技术(8)：196-198.
杨立峰，程琼，施喆晗，等，2017. 基于汽车 MES 生产管理系统的精益物流应用研究[J]. 制造业自动化(39)：11-16，39.
杨珊，2011. 家装业定制家具设计模式研究[D]. 长沙：中南林业科技大学.
杨文嘉，2013. 关于维尚工厂走向数字化生产的思考[J]. 家具(34)：5-9.
杨星，2006. 从宏观调控看中小户型的发展趋势[J]. 中国房地产信息(12) ：42-44.
杨莹莹，2013. 面向多品种小批量 A 公司 PCBA 柔性生产模式的应用研究[D]. 上海：华东理工大学.
杨铮，秦丽，2010. 关于我国家庭住宅中储藏空间设计的一点思考[J]. 中国住宅设施(10)：32-35.
叶芳，2012. 大规模定制家具设计方法研究[D]. 昆明：昆明理工大学.
叶力文，2020. 无人机辅助的边缘计算资源分配研究 [D]. 成都：四川电子科技大学.
于海峰，黄永，2018. 生产线流程管理优化研究[J]. 时代金融(6)：296-297.
余娜，2008. 中小户型住宅需求及设计研究[D]. 天津：天津大学.

俞圣梅，吴梅英，2005. 数控机床的选型(上)[J]. CAD/CAM 与制造业信息化(4)：70-73.
郁舒兰，2011. 基于大规模定制的橱柜产品族设计技术研究[D]. 南京：南京林业大学.
郁舒兰，吴智慧，2010. 家具产品协同定制数字化设计关键技术的研究[J]. 制造业自动化(31)：62-65.
袁恒星，2019. 液压元件数字化车间智能仓储管理系统研究[D]. 合肥：合肥工业大学.
圆方软件官方网站[DB/OL]. http：//www.yfway.com/index.html.
张臣，2002. 面向产品的 CAPP 工艺资源管理应用支持工具的研究和开发[D]. 天津：天津工业大学.
张国辉，庄皓，2017. 基于 Flexsim 仿真技术的文件柜生产线优化改善[J]，制造业自动化(11)：56-60.
张良，2014. 基于 RFID 的定点装配两级动态调度方法[D]. 广州：广东工业大学.
张平，2008. 汽车生产制造线多维配送模式探讨[D]. 天津：天津科技大学.
张平生，王登化，2009. 面向 PLM 的产品数据管理技术研究[J]. 装备制造技术(1)：102-104，116.
张胜文，赵良才，2005. 计算机辅助工艺设计：CAPP 系统设计[M]. 北京：机械工业出版社.
张伟，曾思通，2017. 基于 eM-Plant 的活塞混流生产线仿真与优化[J]. 龙岩学院学报(5)：28-34.
张于贤，陈亚茹，2018. 生产线的平衡优化研究[J]. 价值工程(8)：241-244.
赵宾，2020. 面向智能装备的边缘计算及应用的研究[D]. 青岛：青岛大学.
赵俊杰，2018. 工业工程在生产线优化中的作用[J]. 化工设计通讯(11)：181-192.
赵明，2020. 边缘计算技术及应用综述[J]. 计算机科学(47)：268-272，82.
赵强，黄欣，2017. 基于射频识别技术的实木家具个性化定制安装部件溯源系统研发[J]. 物联网技术(7)：27-28.
赵维莹，2017. 浅谈射频识别(RFID)技术及其应用[J]. 电脑迷(32)：74.
郑飂默，2010. 基于通用运动模型的五轴机床后置处理[J]. 计算机集成制造系统(16)：1006-1011.
郑蓬，2019. 基于虚拟制造的汽车无刷发电机爪极自动化去毛刺机的研发设计[D]. 杭州：浙江科技学院.
中国制造 2025[OL]. http：//www.gov.cn/zhengce/content/2015-05/19/content_ 9784.html.
钟振亚，2005. 家具产品设计标准化与生产效率的研究[J]. 家具与室内装饰(8)：30-32.
周炳海，林松，2018. 基于多环返工串行生产线的性能优化建模[J]. 湖南大学学报(自然科学版)(10)：38-43.
周高峰，2018. 生产线节拍精益优化的方法研究[J]. 现代制造设备与技术(6)：60-62.
周坤，2019. 基于边缘计算的电力网关设计与实现[D]. 厦门：厦门理工学院.
朱剑刚，2003. 中国家具制造业信息化进程[J]. 木材工业(17)：3-5，20.
朱剑刚，2004. 家具制造业信息化的构想及关键技术[J]. 南京林业大学学报(自然科学版)(28)：77-80.
朱剑刚，2004. 中国家具制造业信息化与竞争力提升[D]. 南京：南京林业大学.
朱剑刚，2006. 实木五轴电脑数控加工中心技术及应用[J]. 木材工业(20)：21-24.
朱剑刚，2011. 面向大规模定制的家具数字化设计技术[J]. 木材工业(25)：30-33.
卓泳，2012. 未来定制家具市场发展趋势分析[J]. 中国行业研究网(1)：111-114.
卓泳，2013. 未来定制家具市场发展趋势分析[J]. 中国行业研究网-7-5.
邹萍，张华，马凯蒂，等，2020. 面向边缘计算的制造资源感知接入与智能网关技术研究[J]. 计算机集成制造系统(26)：40-48.
《智慧工厂》编辑部，2019. 边缘计算协同云计算联合生长的工业 4.0 时代[J]. 智慧工厂(9)：32-34.
2020 年值得关注的边缘计算趋势[N]. 中国信息化周报，2020-11-09.
Acimall，2003. The Italian wood working machinery indusrtry annual report[R]. Italy：Acimall.
Alvin Toffler，1984. Future Shock[M]. New York：Bantanm Books.
Amy J. C.，Trappey，et al，2016. A review of essential standards and patent landscapes for the Internet of Things：A key enabler for Industry 4.0[J]. Advanced Engineering Informatics，33.
Arcus AL，1965. A computer method of sepuencing operations for assembly lines[J]. International Journal of Prodution Research，4(4)：259-277.
Azevedo A，Almeida A，2011. Factory templates for digital factoriesframework[J]. Robotics and Computer-Integrated Manufacturing，27(4)：755-771.
Bangsow S，1984. Teenomatix Plant Simulation：Model-Based Metbodologies：An IntegrativeView[J]. Journal of the Operational Research Society，36(10)：970.
Berna Dengiz，Yusuf Tansellc，Onder Belgin，2016. A meta-model based simulation optimization using hybrid simulation-analytical modeling to increase the productivity in automotive industry[J]. Mathematics and Computers in Simulation，120：120-128.

Billhardt K, Charles, 2020. 利用边缘计算和物联网实现制造业转型[N]. 计算机世界, 2020-12-21.

Cheng H Y, She C H, 2000. Studies on the combination of the forward and reverse postprocessor for multiaxis machine tools [C]. Proceeding of the Institution of Mechani-cal Engineers, Part B, 32(5): 77-86.

Greenwood AG, Hill T W, Vanguri S, et al, 2005. Simulation optimization decision support system ship panel shop operations[C]. Proc Winter Simulation Conference. Orlando: IEEE Computer Society Press: 2078-2086.

Hong Jun Wang, Ting Dong, Jing Zhang, et al, 2010. Simulation and Optimization of the Camshaft Production Line Based on Petyi Net[J]. Advanced Materials Research, 1037: 1506-1509.

Jan Wiedenbeck, Jeff Parsons, 2010. Digital technology use by companies in the furniture, cabinet, architectural millwork, and relatedindustries[J]. Forest Products Journal, 60(1): 78-85.

Jiao J, Ma Q, Tseng M M, 2003. Towards high value-added products and services: mass customization and beyond [J]. Technovation, 23(10): 809-821.

Laney D, 2001. 3D data management: Controlling data volume, velocity andvariety[J]. META group research note, 6 (70): 1.

Lee R S, She C, 1997. Developing a postprocessor for threetypes of five-axis machine tools[J]. The International Journal of Advanced Manufacturing Technology, 13(9): 658-665.

Li X, Li D, Wan J, et al, 2017. A review of industrial wireless networks in the context of industry 4.0[J]. Wireless networks, 23(1): 23-41.

Lihra T, Buehlmann U, Beauregard R, 2008. Mass Customization of wood furniture as a competitive strategy[J]. International Journal of Mass Customization, 2: 200-215.

Lihra T, Buehlmann U, Graf R, 2012. Customer preferences for customized householdfurniture[J]. Journal of Forest Economics, 18(2): 94 -112.

Naken Wongvasu, 2001. Methodologies for providing rapid and effective response to request for quotation (RFQ) of mass customizationproducts[D]. Boston: Northeastern University.

Sakamotos, Inasaki I, 1993. Analysis of generating motionfor five axis machining centers[J]. Transact ions of the Japan Society of Mechanical Engineers, C59(561): 1553-1559.

Sara Colautti, 2003. Ups and downs. Trend of Product segments in 2003[J]. World Furniture(1): 17-21.

Shao M K, Wang Z, Zhi J Z, et al, 2011. Research on postprocessing of 5-axis linkage machines[J]. ICFMT, Applied-Mechanics and Materials, 141: 438-441.

Tom Burke, 1998. The information age[J]. FDM. 7.

Wan J, Tang S, Shu Z, et al, 2016. Software-defined industrial internet of things in the context of industry 4.0[J]. IEEE Sensors Journal, 16(20): 7373-7380.

Witkowski K, 2017. Internet of things, big data, industry 4.0-innovative solutions in logistics and supply chainsmanagement [J]. Procedia Engineering, 182: 763-769.

Xinsheng Xu, Xizhu Tao, Dan Li, 2012. Generating NC program based on template for mass customizationproduct[J]. Assembly Automation, 32(3): 251-261.

Y. H. Chen, Y. Z. Wang, M. H. Wong, 2001. A web-based fuzzy mass customization system[J]. Journal of Manufacturing Systems, 21(6): 204, 480.